郭昭第 著

Wisdom in Esthetics

审美智慧论

人民出版社

绪　论

　　经济全球化和信息网络化为人们跨越空间和时间的交流提供了更多方便,但也引发了人们对于文化殖民主义与民族主义以及整个世界文化格局的重新反思与定位。关于美学的重新反思与改造也成为历史发展的必然选择。随着第三世界文化的逐步觉醒,20世纪西方文化中心主义美学开始受到挑战,构建真正具有世界襟怀并关注人类发展重大问题的美学应该成为21世纪最伟大的历史使命之一。全面而深刻地检讨传统美学尤其20世纪美学,是构建21世纪美学世界格局的首要任务。只有彻底反思美学发展的历史进程,才有可能使新兴的美学在未来获得长足发展。

一、传统美学的反思:美学的二难选择与主要缺憾

　　自从美学成为独立学科以来,人们一直对它寄予厚望,最基本的愿望是通过学习提高审美能力。在他们看来,只要学习了美学,就能将自己打扮得漂亮,就能把房屋收拾得美观,就能轻而易举地创造出形形色色的美来。在美学最辉煌的时期,似乎绝大多数人觉得,如果不能在茶余饭后谈论一点美学话题,或对美学一窍不通,就是一种耻辱。美学似乎有更广大的神通,除了解决审美问题,还能解决人们期待解决的其他问题,人们甚至还赋予美学思想启蒙与人类解放的神圣使命。但希望越多,失望就必然越多。随着历史的发展和时代风尚的变化,人们或出于现实的考虑和思维的惰性,不再愿意徒废脑力去思考晦涩、艰深的美学命题;或因为美学不仅不能解决他们所遇到的现实和精

神问题,甚至对自身存在的诸多问题都不能给予令人满意的解决。对一般人而言最明智的办法就是抛弃,但对美学研究者来说,则是一个不容回避的问题。

有些美学研究者可能并不这样思考。在他们看来,美学本身就是一门十分高深的学问,本来就不是一般人所能了解和把握的。也许还会有人认为美学本身就应该遭到冷遇,寂寞是十分正常的,倒是热闹显得不正常。甚至会有人聊以自慰地说,对一个美学问题兴师动众,本身就是荒唐透顶的。虽然这些看法也许并不是全然没有道理的,但它不应该成为我们放弃反思的理由。反思,不仅是对过去的一种否定,同时也是一种进步,因为它不仅需要否定的勇气,同时还需要发现的胆识。我们不必深入思考,就会发现美学自身存在的问题实际上是相当突出的。其中最大的问题就是,美学从来没有确定的思想,举棋不定、进退维谷是其发展的常态。这固然可以说是长于反思、推崇创新的学科精神的体现,但也在相当程度上暴露出徒有其表的空虚与无奈,许多看似宏伟壮观的理论体系其实只是一些不堪一击的海市蜃楼。导致美学游移不定、外强中干尴尬处境的主要原因,在于它面临诸多自身无法定夺的二难选择:

在研究角度方面,如果选择了形而上的哲学视域,虽然在研究大自然和具有宇宙意味的宏大艺术方面可能成就突出,乃至形成了诸多相信美的事物有普遍属性和规律可循的形式美学和物质美学甚或艺术美学,但由于对普遍性的过分追求与依赖,使其只能建立在本身就疑点重重的形而上假设之上,这样一来所形成的诸多哲学美学实际上也必然疑点重重。可是如果选择了形而下的心理学视域,在研究与美的艺术相关的某些感受和个人趣味方面虽然可能颇有成绩,乃至在一定程度上形成心理学美学,但由于心理学连自身经常使用的诸多核心概念都无法清楚阐释,对极其复杂的心理现象的描述更显得幼稚滑稽,其结果只能使美学由于所推崇的审美趣味和纯粹感受本身莫衷一是,由于过分迷恋趣味与感受的个体差异性而陷入模棱两可的混乱境地。阿多诺对此也有这样的认识:"美学最深层的二难抉择困境似乎如此:既不能从形而上(即借助概念),也不能从形而下(即借助纯经验)的角度将其聚结为一体。"①

---

① 阿多诺:《美学理论》,四川人民出版社 1998 年版,第 576—577 页。

在研究倾向方面,如果选择了推崇艺术而贬斥自然的美学思想,虽然在揭示各种艺术类型及其发展规律方面显出建构庞大哲学美学的优势,并且也造就了黑格尔等伟大的美学家,但对艺术普遍规律的探讨事实上总是与具体艺术作品并不完全相符,且艺术的进步恰恰建立在对既有模式的否定与创新方面。所以艺术美学所能抓住的只是暂时的并终将被背离的所谓规则。就其实质而言,这种自认为十分重视和善待艺术的美学,实际上是以规则的方式束缚并封杀了艺术,如韦尔施所说,"局限于艺术的美学,甚至不能成为艺术的美学"。① 这种美学由于对艺术无以复加地吹捧与对自然的不明智贬低,总是暴露出人类自尊的盲目膨胀和利欲熏心的利己目的,并最终因环境恶化和生态破坏而遭否定。事实上,从康德、谢林、黑格尔到海德格尔、阿多诺,一直延续了将美学作为艺术哲学来界定并一味抬高艺术的传统,直到现在,仍有人认为这种传统天经地义,不能改变。但将美学限定在艺术领域甚而隔离与生活乃至自然宇宙的联系,既狭隘保守,也不符合传统艺术尤其现代艺术的实际。可是如果选择了推崇自然而贬斥艺术的思想倾向,可将美学拓展到一个更广阔的领域,并由于对人类主体意识的低调与对自然规律的重视而显示出较博大的宇宙襟怀和开阔的学术视野。当他们肯定自然界一切事物及其发展过程都具有不可分割的整体性,如同每个生物都依赖于周围的生命群体一样,风景的任何特征都与其整体相联系,这就在一定程度上抵制了科学由于分门别类而导致的对自然的分割与肢解。但是人类对自然的了解实际上并不比对艺术更多,即使科学也只是对自然有分门别类的局部了解,许多情况也还总是以自己的思想图解自然,以为自然的价值将体现为一种意识的形式,至少是环境意识的一种形式。这种情况下所形成的诸多自然美学和生态美学,所反映的其实仍然不是自然,而只是人类思想的一种曲折表达。如果把这种倾向推广至人类的日常生活,乃至科学、政治、伦理等领域,不仅可能由于全面审美化而走向其反面,由万物皆美走向万物不复为美,甚至还可能由于持续的审美快感而导致审美冷淡。这种试图拓展美学研究领域的倾向,虽然可能由于视野开阔而拓宽研究空间,提供更多创新机会,但并不会从根本上改变强调艺术的传统。

---

① 韦尔施:《重构美学》,上海译文出版社 2006 年版,第 113 页。

虽然在席勒之前,以及在尼采、克尔凯郭尔、杜威、马尔库塞等人的论述之中已经表露出将美学研究拓展到其他领域的迹象,但他们并不想实际上改变艺术至高无上的学科格局,甚至还默认了这种传统,因此不可能改变自然低于艺术的传统定势。中国现代实践美学、后实践美学、生命美学等同样没有改变艺术的中心地位以及以艺术作为显现形式的人的主体力量。所谓自然美学、生态美学、生命美学,只是变了一种方式来张扬人的主体地位而已,与艺术美学没有质的区别。

美学面临的二难选择甚至体现在研究环节的各个方面,如倘若采取艺术家的观点,就势必否定消费者,但如果强调消费者的观点,势必又会否定艺术家。倘若选择了理性的判断,就必然否定感性的直觉,但如果选择了感性的直觉,就必然否定理性的判断。由于这些水火不容的问题似乎如幽灵一般一直困扰着美学,致使它从开始起到现在一直没有找到解决问题的最佳方案。正是这种现象所暴露出来的美学的无能为力,最终使人们丧失了关注的热情。因为既然没有一种选择是无懈可击的,那么所有的选择、论争和阐释都可能毫无价值。美学也因此陷入了这种看似毫无价值的徒劳之中。

近年来人们似乎十分欣赏维特根斯坦的观点,认为是他指出了摆脱困境的主要途径。但他所谓没有事物具有可以用语言描述的普遍性的说法,其实并没有真正解决美学所面临的问题。如果所有关于事物的语言描述只能针对特殊个体,无法概括全体所具有的普遍性,那么美学事实上就丧失了存在的必要。语言在抽象最大限度的普遍性方面无能为力,并不证明在具体描述事物的特殊性方面就卓有成就。实际上它描述具体情况比概括普遍性更无能。绝大多数词语所显示的正是某类事物的相对普遍性而非特殊性。一个浅显的例子是,当我们说"山"这个词语的时候,它充其量只是描述了所有山所具有的普遍性,而不是具体地分析了各种各样的山的特殊性。其实美学选择的这种二难困境主要是由西方文化的二元论思维导致的。对任何事物,总要分析出对立的两个方面,并选择其中一个作为研究对象或立论基础的做法并不高明,至少不是一种周全的思维方式。因为虽然能够使分析似乎更深入,但往往顾此失彼。按照西方文化传统,似乎不采取一分为二的二元论思维方式,就无法认识事物的规律,但事实上所有这些将完整事物强行分为感性与理性、普遍与特殊、物质与精神的做法，虽然也在一定程度上反映了世界的事实情况，但也必然导致生理、心理甚至精神方面的矛盾对立。而对这些分析所导致矛盾对立特征的探究，其最终结果只能是一种精力浪费。许多问题并不会因为这种简单分析而得到解决。

在我们看来，以西方文化传统为基础的美学，真正令人失望之处，不在于游移不定和顾此失彼，而在于沉溺于西方中心主义观念，满足于对琐碎问题的探讨及相关知识谱系的建构，对真正关系人类发展的重大问题、能提升人类生命境界的审美智慧则讳莫如深。其实无论哲学美学、心理学美学，还是艺术美学、自然美学，最重要的是关注人类发展的诸多重大问题，促进人与自我、社会和自然的和谐发展，而不是津津乐道于美的主客观性，以及艺术与自然孰高孰低的问题，因为对这些问题的辩论并不能从根本上提高人类生存的质量，反倒诱导人们放弃了对重大问题的思考。

其一，西方美学唯我独尊的思想决定了他们总是从西方文化传统出发反思美学的困境，思考走出困境的途径。尤其在近代以来，受西方文化的影响，以中国和印度文化为代表的东方文化，不仅逐渐丧失了自己的文化传统，而且在亦步亦趋的模仿之中不断地呈现出滞后色彩。但这并不证明以中国和印度为代表的东方文化一开始就是落后的。事实上，人类文化发展到今天，许多西方现代思想倒与中国和印度等古代东方文化不谋而合，在美学方面亦是如此。以中国和印度为代表的东方文化确实是一种早熟的文化，它对生命智慧的思考是后来的西方文化所无法比拟的。西方文化与印度文化的共同点在于成功实现了生命智慧的宗教化，而独树一帜的中国文化除了以禅宗为代表的佛教文化呈现出一定程度宗教化的特征，作为中国文化主体的儒家和道家文化则主要以伦理范式与生命智慧的方式得以传承。柏格森和怀特海虽然在生命智慧的阐发方面卓有成就，但他们的理论产生较晚，且思想的广大和谐与东方相比也是望尘莫及。应该说苏格拉底和柏拉图是对生命有睿智体悟的，只是在亚里士多德后来的继承与发展中被逐渐丢失。

因此，整合西方文化、中国文化和印度文化是美学走出困境的必然选择。已经有美学家开始了这方面的探索，如舒斯特曼就从中国儒家文化中受到启发，试图为其实用主义美学寻找理论依据。他说："近年来最能巩固我对将生活与艺术结成一体的观念的信念的,不只是希腊,而且是中国的儒家传统,它让我确信将生活变得更有审美魅力的目标并不必然地是西方的、自恋的个人主义的、后现代资本主义的自由主义的一个颓废产物,它让我确信审美的自我修养对于公众领域的更广泛的伦理改善是至关重要的。"①近年来有些哲学家不约而同地把中国传统文化作为后现代主义思想的重要资源,甚至明确认定可以从中国传统文化之中寻找解决后现代问题的有效途径,如霍尔指出"中国的古典哲学具有真正意义的后现代性"②。我们总是责备西方世界并不了解中国,但是,从个别西方研究可以看出,中国人对自己文化的认识也并不比西方人更深刻。一句话,真正完整的美学体系,不可能只是以随意选择的某一种文化作为研究起点,而是尽可能以全面体现人类思想文化基本精神的所有文化作为理论支柱。

其二,西方美学唯我独尊的思想决定了他们总是通过分门别类的学科研究反思美学的困境,思考走出困境的途径。西方文化注重矛盾对立的二元论思维方式决定了他们在任何时候任何情况下都能够轻而易举地将事物分裂为矛盾对立的两个方面。唯其如此,西方美学乃至西方文化总是孤立地看待人与自我、社会和自然的关系。他们不仅将自我、社会和自然孤立起来,而且面对人与自我、人与社会、人与自然的关系,仍用孤立的甚至对立的方式来看待。在他们看来,不仅人与自我之间存在着矛盾,而且自我内部也矛盾重重,经常存在诸如精神与肉体、人性与动物性等方面的冲突。不仅人与社会之间存在着矛盾,而且这种矛盾常常演化为"他人即地狱"的观念,似乎人与人之间只有通过激烈的竞争甚至极端的战争才能解决问题。不仅人与自然之间存在着矛盾,而且人似乎必须通过征服自然才能实现自身的价值,似乎必须通过弱肉强食的优胜劣汰,才符合自然发展规律。正是矛盾对立的二元论思维方式决定了他们在美学上也总是孤立地看待问题,总是从矛盾对立的一个方面入手来研究。如因为强调自我因素而出现了重视审美趣味和经验的身体美学和心理美学等,因为强调社会因素而形成了伦理美学、政治美学和社会美学等,因

---

① 舒斯特曼:《生活即审美》,北京大学出版社 2007 年版,第 17—18 页。
② 霍尔:《现代中国与后现代西方》,《后现代经典文选》,东方出版社 2004 年版,第 663 页。

为强调自然因素而形成了自然美学、生态美学和环境美学等。但是所有这些各有偏重的美学实际上并不能真正解决他们根据二元论思维所构想出来的矛盾冲突。如身体美学和心理美学标榜个人趣味与经验神圣不可侵犯,并不十分在乎社会伦理道德与政治法律制度的要求,伦理美学的极端发展又常常以牺牲个性和禁绝个人欲望为代价;政治和社会美学夸大人类自身的价值,生态美学却总是强调生态的重要性。正是这种二元论思维方式与分门别类研究,导致了美学的各种无法克服的矛盾,最终既困扰了美学家,又使美学遭到了人们的厌弃。

西方美学二元论思维方式决定了他们总是用对立的分析眼光看待世界,似乎凭借分析以及分门别类研究所形成的美学,才可以具有科学至少是学科的性质。在他们看来,所有分析和研究只要上升到学科乃至科学的层次,才是真正靠得住的。他们总是力图在所谓学科门类和科学体系之中为美学找到栖居之地,于是认为美学属于人文科学范畴的哲学学科的观点就屡见不鲜。虽然在西方美学发展的较长时间里,人们似乎并不看好美学与科学的趋同,甚至有些美学家一再提醒,美学的价值在于能在科学无法施展才华的地方显示其独特优势,如果走向科学化,就只能导致衰亡。但是现代以来美学走向科学似乎成为一种时髦的趋势,甚至成为一种潮流,似乎美学不走向科学化,就必然没有生存的空间甚至存在的必要。

西方文化长于分析与分门别类的研究,使他们自柏拉图尤其亚里士多德开始就形成了明确的科学意识,并促使他们在长期历史发展过程中,不断地积累和成就了丰硕的科学成果。西方科学意识的早熟和科学的高度发展,使他们在单纯发扬理性分析精神,将世界分割为破碎残片的分类研究上取得了一定成绩。这不仅使他们赢得了自信,而且发展为无节制的盲目自尊,最终形成了根深蒂固的人是宇宙万物主宰的观念,并且成为西方人文科学和社会科学的基本精神。虽然自然科学似乎更尊重自然,但他们通过诸如植物学、动物学、解剖学之类的所谓科学肢解宇宙万物的生命整体,放弃对宇宙万物相互协调、自由创化生命精神的热情关注与深入思考的行为本身,同样暴露了人类的盲目自大。可见推崇分门别类研究,放弃对宇宙万物生命的整体思考,是西方人文科学、社会科学和自然科学的共同学科特征。如果说古希腊时代的伊壁

绪
论

鸠鲁和卢克莱修还生活在一个和谐的宇宙之中,认为人与宇宙万物是和谐的朋友,同是宇宙大家庭的成员,但后来的科学则似乎以打破这种和谐为使命,认为宇宙万物都是人类的敌人,人的价值就在于征服这些危险的敌人。这样一来,科学所放弃的就不仅是对宇宙万物生命的整体思考,甚至是对人与人尤其人与自然和谐关系的彻底破坏。其实中医是最重视人与自然和谐关系的,在中医看来,一年四季关乎生长收藏的自然规律,往往是春生、夏长、秋收、冬藏,人们的生活习惯必须遵守这一规律,春夏养阳,秋冬养阴,才能延年益寿。如《黄帝内经·素问·四气调神大论》有云:"阴阳四时者,万物之终始也,死生之本也。逆之则灾害生,从之则苟疾不起,是谓得道。"但遗憾的是科学至少在目前的水平上并没有支持,甚至在某种意义上似乎还存在与中医作对的现象。

与此同时,西方科学还将对生命整体思考的任务拱手让给了宗教。对生命的整体思考,虽然在宗教中有不同程度的体现,但宗教本身就是一种信仰,总是将人们按不同教义和仪轨等进行分类,并牢固地分别捆绑在不同宗教团体中。不仅制造不同宗教之间的分裂、冲突、对抗甚至混乱,而且为人们的狭隘、自私和残忍寻找不同的神圣理由。更为严重的是,宗教常常将自然看成上帝的创造物,乃至将对自然生命的发现与阐释,转变为对上帝这个神圣造物主的廉价赞美。所以我们不能奢望宗教美学尤其基督教美学会关注宇宙万物的生命精神,即使有所关注,也仅仅是为了赞美那万能的上帝罢了。其实分裂的科学与宗教的共同特点,就是放弃了对生命的整体思考。如果说科学是通过诸如生物学、心理学、人类学等不同领域的分类研究,最终使生命丧失了整体性乃至真实性的话,那么,宗教则是通过派别的分裂,以及对不同神灵的迷信而引导人们逃避自我生命的真实存在,乃至由迷信不同神灵而达到否定自我乃至整个人类和宇宙万物生命存在的真实价值。

宗教的欺骗性已经被马克思等思想家进行了深刻论述,但对于科学,人们还是存在许多美好幻想,可是科学的发展最终还是使人们认识到了它的特质:科学技术诚然是第一生产力,但也存在着不可避免的缺陷。这个缺陷集中地体现在科学的学科化常常导致人们的片面化、单向度化甚至异化,而且科学技术的意识形态化甚至还导致政治权力的合法化。这一趋势在西方发达国家已经引起一些思想家的高度关注。

首先,科学的学科化常常导致孤立地、静止地、片面地研究专门学科的倾向,导致日益严重的闭关自守、孤芳自赏甚至夜郎自大的学科堡垒。这种从简单事实出发孤立研究问题的方法,似乎为科学研究提供了诸多方便,似乎显得特别科学,然而这只是一种假象:它不仅使本来完整的世界被人为地分割成支离破碎的学科碎片,而且导致了严重学科偏见以及片面化、单向度的人。其次,在科学技术并不发达的时代,人们常常用某种自造的天赋权力的意识形态作为其伪装权力的方式,通过声称和标榜代表着上帝、神灵或人民的意志,并依赖这种似乎天经地义的理由行使和享受着政治权力,但随着科学技术的进一步发展,其意识形态的欺骗性日益暴露,使其权力结构的合法性也变得脆弱不堪。于是日渐受到人们信服,甚至较少具有令人讨厌的意识形态性,且被视为第一生产力的科学技术,如今就理所当然地成为使政治权力合法化的最为有力的新基础。如哈贝马斯指出:"它不仅仅为一种占统治地位的特殊的阶级利益作辩护和压抑另一个阶级的局部的解放需要,而且又侵袭了人类的要求解放的旨趣本身。"①哈贝马斯的论述具有深刻意义。科学技术意识形态化的极端恶果是使人们的反抗显得更加困难,甚至丧失了明确目标。

美学尤其西方美学的科学化和宗教化,其共同的弊端在于,使人们逃避了对宇宙万物生命整体的真实存在的关注以及对生命精神的体悟与发现。不同之处是科学通过培养人们的盲目自尊诱导人们,宗教却依赖对神灵的迷信误导人们。世界本来就是一个完整的系统。我们得完整地看待整个世界,而且完整通常也并不总是通过对立面构成,其实除了对立因素,更多因素并不总是完全对立。人们只有放弃矛盾对立的思维方式,放弃对于科学和宗教的迷信,才有可能整体地看待世界。生命本身就是一个完整的自由创化过程,生命的美也只有通过整体感知才能被把握。世界的发展也许并不总是遵循达尔文的进化论,各种生物共同依存的协同学原理也有其道理。自然界一切生物之间还存在一种协同关系,往往通过协作间接地决定自身的命运。正如《礼记·

---

① 哈贝马斯:《作为意识形态的技术与科学》,《二十世纪哲学经典文本》西方马克思主义卷,复旦人学出版社1999年版,第436页。

中庸》所描述："万物并育而不相害,道并行而不相悖。小德川流,大德敦化。此天地之所以为大也。"美学尤其西方美学迷信二元论思维以及科学和宗教,只讲矛盾对立而不讲协调共存,只强调人的盲目自尊或上帝的至高无上,却不重视对宇宙万物和谐与创化的生命精神真实存在的整体关注与深入思考,致使不同美学之间常常矛盾重重,也许正是这一切最终使人们产生了对美学的冷漠情绪。实际上,对宇宙万物协调共存、生生不息进行整体思考,真正体现天地之大美,使美学具有启迪人们智慧的功能,才是使美学尤其西方美学走出堕落与低层次困境的一个有效途径。

其三,西方美学唯我独尊的思想决定了他们总是从知识谱系角度反思美学的困境,思考走出困境的途径。西方美学崇尚二元论思维和分门别类研究,这使他们从柏拉图尤其亚里士多德开始就形成了明确的知识概念,总是以构建相应知识谱系作为理论研究的终极目的。所以在西方美学中最发达,并对世界产生深刻影响的也正是以构建知识谱系为宗旨的知识美学。西方美学虽然在长期发展中也曾出现过强调审美趣味和经验的趣味美学,但这些美学如果同样热切追求知识谱系的建构,它们事实上同样也具备知识美学的属性。美和美学是什么的问题总是他们构建美学知识谱系的理论基点。西方美学长期以来徘徊于美的客观与主观属性的探讨,如相信美是事物的客观属性,就形成了相应的参与论美学;支持美是人的主观感受,就形成了体验论美学;强调美的主体间性,就在一定程度上形成了惯例论美学。所有这些美学虽然在核心命题上存在很大差异,但有一点是共同的:张扬人类的自尊与自傲,自恃人类头脑想象和思维的资质制造各种各样的知识,无视宇宙万物相互和谐、共同创化的生命精神,构建自以为美轮美奂的知识谱系,以上帝和造物主的姿态将自己制定的各种法则强加于自然界,甚至美其名曰自然法则。李约瑟在描述培根认为的自柏拉图和亚里士多德以来的西方哲学之所以永远徒劳无功就在于他们罪孽深重的观点的时候,做了这样的说明:"他们的罪就是心志的骄傲,他们仗恃心智的神通去制造知识,而不肯潜心在自然的书本中去寻求万物的道理。"[①]与西方美学不同,中国儒家美学虽然热衷于社会伦理秩序,但"畏

---

① 李约瑟:《中国古代科学思想史》,江西人民出版社 1999 年版,第 110 页。

天命"等尊重自然的态度还是十分明显的,而且这种态度在《周易》等文化典籍之中获得了非常系统的阐述。

我们虽然不能如培根那样武断地认定亚里士多德等思想家所构建的美学知识谱系就是罪恶的体现,但西方美学深切期待的知识谱系在某种意义上阻碍人类智慧的发展却是事实。不仅亚里士多德等所建构的知识谱系如此,其实一切知识都存在这种负面效果。尽管知识的力量应该在于引导人们不满并竭尽全力突破和解构现有知识秩序,重构具有原创性的新型知识秩序,然而知识的体系化尤其权力化却总是无一幸免地束缚和禁锢人们的思想,使人们放弃对运动、变化和发展的社会和自然及其规律的深刻洞察和重新阐释,而将权力化的知识视为衡量自然和社会运动、变化和发展的至高无上的标准,以知识之所是为是,以知识之所非为非。如果这种权力化的知识受到集权社会的赏识和重用,成为某种政治或宗教的主要支持力量,成为政治家或宗教家达到自己目的的一种舆论工具和统治思想时,就不再仅仅是一种权力,甚至可能发展为霸权,其束缚和禁锢的力量常常会达到异常残酷的地步。当然这仅仅体现了知识权力极端化的结果。虽然不能说知识即权力,但知识与权力的相辅相成和密不可分即使在民主社会也表现得相当突出和普遍。虽然管理者的真正权力并不一定与其所拥有的知识成正比,拥有权力的管理者所依赖的主要是掌握在他手中的权力,但他所行使的权力如果要真正获得权威性和震慑力,就必须依赖知识,以知识作为其增强权力行使的合理性和权威性的有力工具,否则就不可能真正卓有成效地行使其权力。虽然在集权社会,没有以知识作为支撑的权力也可能达到目的,但这种权力往往带有极大强制性,只能暂时收到某种效果,不能让人心悦诚服和永远发挥力量,且随着强制性权力的结束,可能导致更强烈的反抗。没有以知识作为支撑的权力往往缺乏深刻的说服力乃至震慑力,这种现象在民主社会尤其明显。人们历来强调政治集权的恶劣后果,却没有充分认识到知识集权可能导致更加可怕的后果。因为它所导致的并不仅仅是学术的严重腐败和霸权,以及民主、平等和自由精神的缺失,而且是人类原创思想的缺失和人类自身的退化和堕落。因为人类的文明史其实就是原创思想的发展史,没有原创思想就是停滞不前和行将衰亡的标志。

美学尤其是西方美学走出困境的又一途径,应该是放弃知识谱系的建构而直接面对宇宙万物生命的真实存在,善待自我,对其他所有人充满慈悲与怜悯的心情,甚至将这种博爱推广到宇宙万物,真正达到《周易》美学所谓的"范围天地之化而不过,曲成万物而不遗"(《周易·系辞传上》)的生命境界。那些只是为了制造所谓知识,对宇宙万物生命缺乏整体感知与博大爱心的知识谱系,无论看似多么美妙绝伦,都无法启迪人们的生存智慧,无论被怎么源源不断地制造出来,都不会增加人们的生存智慧。这种知识谱系,除了对人们有一定束缚作用,是很少有启发性的。中国和印度美学对美和美学是什么的问题似乎并不感兴趣,却总是对与美相联系的伦理道德感兴趣,总是对与人类乃至自然宇宙相联系的生命智慧感兴趣。这虽然使美学在很长时间内没有形成真正的独立学科,更没有形成相应的知识谱系,但却成就了辉煌的智慧美学。因为美学只有与宇宙万物的生命精神联系起来,只有揭示了相互和谐、共同创化的天地之美,才有可能起到开启智慧的作用。

最大限度地吸收和整合各种理论观点乃至体系,并使其有机统一而形成一个具有极大兼容性的完整美学知识谱系,无疑是一个十分诱人的想法。但由于许多看似相互对立的矛盾观点,却可能仅仅是因为某种无法明言的话语运用,即特定语境所赋予的特定意义不同而造成的,其观点本身也许并没有话语表述所显现的那么矛盾,甚至完全统一;有些知识谱系和观点运用了同一话语,似乎表达了完全相同的思想,其实这些表面相同的话语在特定语境中被赋予了并不相同甚至全然矛盾的含义,因而其理论观点可能并不像话语所显现的那么完全相同,甚至可能完全矛盾。而且许多不同的知识谱系及其观点并不是轻而易举就能够整合的,有些甚至根本对立,永远难以通过磨合而成其为整合各种不同知识谱系和观点于一体的具有兼容性和综合性的有机知识谱系。

尽管忽视宇宙万物生命精神的知识谱系构建实际上是没有价值的,尽管西方美学在不同时代已经形成了相互矛盾的知识谱系,但中国现代美学并没有放弃建构知识谱系的努力,往往以美论、美感论和艺术论为理论模块,虽间或有范畴论或形态论、价值论的变化,但并没有从根本上改变模式化缺憾,也没有形成富有个性创造性的知识谱系。许多美学教材仅仅将各种知识谱系及其观点十分牵强地拼凑在一起,而各种知识谱系及其观点之间的区别和联系并没有得到清晰地剖析。这种拼凑在一起的知识谱系及其观点其实并没有被有机统一起来,甚至还前后矛盾、难以自成一体。包括中国现代美学在内的所有美学,要真正走出困境,其根本的途径,就是放弃实际上存在很大困难甚至不可能的知识谱系建构,将宇宙万物相互和谐、共同创化的生命精神及其所蕴涵的生命智慧作为最主要的研究宗旨。这不仅能够帮助现代美学走出传统困惑,而且能够因关注自我、社会和自然等核心问题,而使其成为能真正提高人们生存智慧、创造和谐完整的世界的高层次美学。

二、美学的改造:美学的理论来源、核心课题和理论形态

美学反思的根本目的,在于改造美学,使其走出西方中心主义困惑,围绕人类面临的自我、社会和自然等核心问题,重新思考和定位美学的宗旨,使其真正成为能够解决人类生存所面临的重要问题,能够提升人类生命境界,促进人类自我、社会和自然协调发展的最高层次美学。

其一,美学的理论来源:西方美学、中国美学、印度美学。

就对人类文化产生影响的深度与广度而言,人类的思想范式应该主要包括以苏格拉底为代表的古希腊文化、以佛陀为代表的佛教文化、以孔子为代表的中国古代文化和以耶稣为代表的基督教文化。但由于基督教文化与古希腊文化珠联璧合共同形成了西方文化,中国古代文化虽然也与佛教文化相互融合乃至构成了东方文化,可以说中国文化在很大程度上吸收并兼容过佛教文化,但印度文化却没有融合中国文化,而且直到现代仍然表现出相对独立的发展态势。正由于文化的这种发展趋势,使得我们将最具原创性,且对人类思想范式构建产生过最为深刻和广泛影响的文化,粗略地概括为西方文化、中国文化和印度文化三大体系。按理,完整美学的理论来源应该包括以古希腊为代表的西方美学、以先秦诸子为代表的中国美学、以《奥义书》和佛经为代表的印度美学等世界美学的全部理论。但不可否认,长期以来的现代美学,无论西方美学、中国美学和印度美学基本上还是以西方美学作为主体,中国现代美学尤其如此。中国现代美学之所以选择了以西方美学为主体的理论形态,这与中国现代文化发展的历史选择密切相关。

中国现代文化人的构成主要有二种系统:一种是本土派,如熊十力、梁漱

溟、张岱年、唐君毅、牟宗三等；一种是欧美派，如蔡元培、胡适、冯友兰、汤用彤、方东美、宗白华、朱光潜等；一种是日本派，如鲁迅、郭沫若等。在这三种系统的文化人中，本土派一般偏向中国文化，但如熊十力、梁漱溟也不乏世界眼光；日本派则主要偏向西方文化且对中国文化持批判乃至否定态度，当然也由于中国文化的影响，不时暴露出矛盾色彩；欧美派则或重西方文化，如朱光潜，或重中国文化，如冯友兰、汤用彤、方东美，或先重西方后转中国文化，如蔡元培、胡适、方东美。但中国现代文化话语体系却总是由重视西方文化乃至批判中国文化的文化态度所主导。一个有趣的现象是，对中国文化，真正留学过欧美的文化人大体情有独钟，那些没有去过欧美，只在日本间接了解过一些欧美印象的却基本上持批判乃至否定态度。值得一提的是马一浮，初涉欧美与日本，终以通透中国文化且深具信心而给人留下了深刻印象。中国 20 世纪的悖论是选择了日本派，而不是其他派。这一历史悖论直到近年来才引起人们的关注，但历史已经过去了一百多年。被誉为新文化运动主将的鲁迅就是一个典型代表。他这样表明了自己的文化态度："我看中国书时，总觉得就沉静下去，与实际人生离开；读外国书——但除了印度——时，往往就与人生接触，想做点事。中国书虽有劝人入世的话，也多是僵尸的乐观；外国书即使是颓唐和厌世的，但却是活人的颓唐和厌世。我以为要少——或者竟不——看中国书，多看外国书。"①虽然鲁迅关于中国文化与西方文化特征的认识也还是有一定道理，但他对中国文化存在一定偏见。我们曾经深信不疑的这种文化态度严重影响了中国现代文化特征。但仔细思考这种态度却存在严重问题：一是对欧美等西方文化缺乏真切感受。二是对中国文化精神优秀成分缺乏认识。鲁迅对中国文化的一些优秀经典缺乏了解，至少没有认真阅读和翔实引用，他对中国文化的印象主要限于孟子思想。三是对中国文化的态度基本上是源自日本《东洋史说苑》之所谓"中国人只有除去自身的缺点，如妥协和猜疑，才有望真正彻底的改造"②的观点，其实鲁迅终其一生所追求的就是揭示诸如妥协和猜疑等国民性而已。

---

① 鲁迅：《青年必读书》，《鲁迅全集》第3卷，人民文学出版社1981年版，第12页。
② 桑原隲藏：《东洋史说苑》，《中国人三书》，北方文艺出版社2006年版，第230页。

事实上,西方文化、中国文化和印度文化作为世界三大文化体系,是有着各自民族精神的,也表现出了各自美学的民族智慧。一般来说,青年人血气方刚,思维活跃,积极上进,但往往偏激冒失;中年人身强力壮,刚健沉稳,进退有度;老年人饱经风霜,成熟老练,深刻睿智,但往往消沉退缩。青年时代是生命的孕育与奋发阶段,中年时代是生命的创造与收获阶段,老年时代是生命的总结与反思阶段。西方文化及其美学就是人类青年时代乐观进取而偏于粗暴武断的风格的体现,中国文化及其美学则是人类中年时代进取而不粗暴,深刻而不致退缩的风格的体现,印度文化及其美学则是人类老年时代成熟深刻而偏于消沉退缩的风格的体现。这样三种文化及其美学精神,就其外向开拓性而言,西方文化及其美学显然最有发言权,但就内向深刻性而言,则印度文化及其美学精神最有发言权。中国文化及其美学精神介于二者之间。就人类智慧本身的发展水平而言,西方美学智慧显然是最低级的,中国美学智慧较高,而印度美学智慧最高。正如一个完善的人,应该既有青年人的进取,又有中年人的稳健,还有老年人的深刻一样,一个完整美学体系理所当然应该是将青年、中年和老年智慧兼而有之。所以,真正完整的美学体系至少应该以西方美学、中国美学和印度美学作为主要理论来源。

一个只知道西方美学,不知道中国美学和印度美学,或者一个只知道西方美学和中国美学,不知道印度美学的美学,都是不完善的。西方人研究美学往往只以西方美学为理论视界,于是他们所理解的美学史,虽然美其名曰美学史,实则仅仅是西方美学史。中国人和印度人研究美学也多将中国或印度美学与西方美学联系起来,而且更多时候是用西方美学的概念与体系来阐释中国美学或印度美学。真正富于意义的中国美学或印度美学,即用中国或印度特有观念与体系来构建的中国或印度美学还没有形成,充其量也只是刚刚起步。这里需要做的事情还很多,它们对我们构建真正具有世界格局的美学是有借鉴意义的。西方美学、中国美学和印度美学比较对读、齐头并进,自然是最理想的,但青年时代钻研西方美学、中年时代研究中国美学、老年时代体悟印度美学,似乎更符合人类的生命节律。这样两种方式也许是整合美学理论资源的最好方式,同时也是构建完整美学的主要途径。

其二,美学的核心课题:自我问题、社会问题和自然问题。

哥白尼提出太阳中心说,使得人类唯我独尊的宇宙中心地位随之丧失;达尔文提出进化论,人类起源于动物的事实,使得人类自以为是地球上一切生物精英的地位随之动摇;弗洛伊德提出精神分析学,认为推动人类一切生命活动最深层最持久的原始动力是心理结构之中的无意识即动物性本能的观点,使得人类聊以自慰的地球上最高等动物的自尊也随之缺失。正是这些人类文化的发展,为人类提供了逐渐学会正确认识和评价自己及自己创造的文化的可能。既然人类并没有像西方文化所吹嘘的那种唯我独尊的地位,那么人类的哲学乃至美学研究就不能仅仅局限在人类自身,还得考虑其他更加广泛的课题。自我问题、社会问题和自然问题理所当然应该成为包括美学在内的一切人类文化研究的核心课题。

需要说明的是,我们这里所说的自我问题,主要以自我为限度,社会问题虽然也涉及自我的态度,但已经从很大程度上超越了自我,以人类社会共同问题作为限度。至于自然问题,不仅指自我的自然本性甚或动物性本能,还囊括宇宙一切有生命和无生命事物,并将其作为生命存在物来看待。更简单地讲,所谓自我问题实际上就是人与自我的关系问题,即人如何对待自我的问题;所谓社会问题实质上就是人与人之间的关系问题,即人如何对待自我与其他人的问题;至于自然问题实际上就是人与自然的关系问题,即人如何看待与宇宙一切自然存在物关系的问题。其中因对自我问题的关注而形成了自我身体美学、心理美学等,因对社会问题的重视而形成了政治美学、伦理美学和实践美学等,因对自然宇宙问题的关注而形成了生态美学、生命美学等。虽然我们所说的诸如身体美学、政治美学、伦理美学、实践美学、生态美学和生命美学有时候并不与人们的分析完全对应,但就其主要方面而言大体反映了这种情形。综观人类发展史,尤其是西方美学发展史,绝大多数思想家和美学家过于实际,过分全神贯注于人类自身的问题,尤其是人与人之间关系的问题;有些甚至仅仅关心自我问题,尤其是自我的审美趣味和经验问题,有些虽然超越了自我的局限,但只是对社会和政治秩序感兴趣;当然也有些思想家和美学家将研究视界局限于人类赖以生存的地球,开始考虑生态问题等;只有为数极少的思想家和美学家才可能超越人类及其赖以生存的地球限制,将目光扩展到整个宇宙的领域,考虑宇宙的自然规律等。虽然这些思想家和美学家都可能取得了令人尊敬的成绩，但当人类历史发展到今天，如果有人还没有彻底领会这个事实，没有同时囊括自我、社会和自然三大核心问题，那么他就没有资格声称自己构建了完整的美学体系。

对自我、社会和自然问题的关注，并不仅仅是一个研究的视界问题，它甚至涉及美学研究的层次。大体而言，我们可以这样评价迄今为止的世界美学：绝大多数西方美学热衷于审美经验和趣味的研究，很大程度强调审美者的个体性，基本上属于自我问题研究的层次。但如果将这种研究拓展到人类共同的审美规律比如艺术问题，如席勒以及西方马克思主义美学强调审美对抵制异化社会的功能，就勉强上升到社会问题的层次。中国美学如儒家美学虽主要强调自我伦理道德，但由于主要着眼点在社会秩序，所以基本上也属社会问题层次。但当它强调与天地自然的和谐关系时，就具有了自然问题层次的性质，老庄道家美学就是如此。印度美学大体上也属自然问题层次。所以就美学研究的视域和达到的境界而言，西方美学最低，中国美学较高，而印度美学最高。

虽然对具体美学似乎并不那么容易评价，但有一个基本精神是确定的，那就是最完整的美学应该囊括自我、社会和自然三大核心问题，仅仅注意自我问题的美学只能是最低层次的，而那些关注社会问题的美学理所当然是中等层次的，只有关注自然问题的美学才是最高层次的。较低层次美学不一定都能达到更高层次，但较高层次美学肯定包含着较低层次。具体来说，自然层次美学肯定关注自我和社会问题，因为自然本身就是一个自我、人类与宇宙万物阴阳化育、共同创化、生生不息、止于至善的宏大系统；社会层次美学肯定注意自我问题，因为自我的自由创造是形成整个人类社会共同创造的基础，和谐的社会系统是由作为生命存在物的人类的每一个个体共同构成的自由创造系统。一般来说，低层次美学常常对什么是美和美的本质属性等涉及美的细节趣味与知识的问题津津乐道，高层次美学主要关注天地之大美及其所蕴涵的自由创化的审美智慧，并不关心什么趣味类型或知识谱系的建构。尽管这种观点显然存在一定程度的中国情结或东方情结，但这种情结是有真正的世界眼光的，并不只是一种狭隘民族意识的体现。

其三，美学的理论形态：趣味美学、知识美学、智慧美学。

趣味美学，不是将美学理论趣味化所形成的通俗美学，而是主要关注人的

绪论

17

感性审美趣味和经验的主观美学;如果人们把超越了个体感性审美趣味和经验,经过理性概括、抽象而上升到关于某些审美规律的概念范畴与知识谱系层次,这种美学实际上就是知识美学;如果超越了知识的限制,上升到审美智慧层次,就具有了智慧美学的性质。趣味美学、知识美学与智慧美学不仅有质的区别,而且呈现出逐级提升的理论形态。

总体来说,至少对整个西方美学而言,主要体现了从趣味美学向知识美学转变的特征。事实上自苏格拉底、柏拉图以来的美学,直至鲍姆嘉通、桑塔亚那都不同程度强调了个体审美趣味的重要性,因而基本上属趣味美学范畴。只是这些趣味事实上存在一定差别,有些属于感官趣味,有些属于反思趣味。反思趣味比感官趣味似乎接近知识美学,但无论如何其作为趣味的重要性远远超过了概念和知识谱系的重要性。这种美学甚至在西方浪漫主义时代得到了超乎寻常的发挥和极端发展。这就意味着西方美学从参与论到体验论仍然主要属于趣味美学范畴,其中参与论美学虽然强调客观实体性,但本质上仍是对这种客观实体的合乎主观趣味的感知,只是没有对主观趣味进行理论概括。这种审美趣味事实上仅处于潜在理论层次。当西方美学发展到体验论美学的时候,审美趣味以及经验常常被作为显在理论形态受到更极端的强调,但这并不意味着没有置疑。

康德和黑格尔就力图通过某些理论改造而贬低审美的主观趣味。只是二人采取了不同的方法与途径。康德潜在地承认了审美的主观趣味,但他却企图通过对客观的普遍有效性与主观的普遍有效性的区分,以及对普遍性的强调而表现出了企图摆脱主观审美趣味的愿望。黑格尔则试图通过对很大程度上依赖于主观审美趣味的自然美贬低与对蕴涵着人的理性精神的艺术的张扬来实现他企图摆脱主观趣味的愿望,但实际上他们的摆脱都是有限的。阿多诺对康德和黑格尔的评价不一定都正确,但他的这个观点是有一定道理的:"以往的美学的严重弊病之一就是以主观的趣味判断为开端,因此出卖了艺术对真理性的要求权。只有极少数哲学家将此要求看得很重,同时突出强调与愉悦性或实用性游戏相对立的艺术的重要意义。"①康德和黑格尔虽然抨击

---

① 阿多诺:《美学理论》,四川人民出版社 1998 年版,第 576 页。

了审美趣味的主观性和偶然性,但他们的美学著作对审美趣味的分析仍占有一定分量。他们因此构建的宏大知识谱系,毕竟是有目共睹的。他们那种对审美以及艺术的长于逻辑思维的严谨思辨甚至达到了无以复加的地步。这可以看成是对知识美学登峰造极的贡献。知识美学虽然与趣味美学之间没有十分明显的界限,但知识美学常常以严密宏大的知识谱系取胜,至少在主观上不再标榜趣味的重要性,虽然整个知识谱系仍然不可避免地存在着趣味的潜在影响,但极力克服甚至贬斥趣味的观点和倾向是比较鲜明的。

对西方知识美学的怀疑应该说是从维特根斯坦开始的。在此之前,几乎所有哲学家和美学家都自以为是地认定他们所进行的美学研究事实上在揭示一种客观规律,这种观念在参与论美学时代已经存在,到体验论美学并没有得到削弱。在他们看来,无论主观趣味还是客观规律本身似乎都有一定普遍性。为此,他们不惜创造大量自认为能反映美和审美普遍性的概念,或对这些概念所指称的普遍性进行大量看似严密的阐释。在此基础上通过建构关于美和审美规律的知识谱系来自以为是地完成着他们研究美学的神圣使命。从维特根斯坦开始,才对语言能否抽象与概括美和审美的普遍性产生了怀疑。他认为关于"美"和"美好"的形容词仅仅是一种类似于某种表情和姿态的赞美表示,并不具有与其本质密切相关的十分普遍的意义。在维特根斯坦看来,尽管人们总是企图用语言来抽象和概括出事物独特、深邃、本质的东西,但事实上人类所面临的一切事物及其现象是无法用语言概括其全部的,所谓能够用语言抽象和概括出事物本质的说法,其实只是在创造各种各样的"胡说"。人们所能做的只是把一切现象搜集起来陈列在人们的面前,既不作说明也不作推论。维特根斯坦有一句名言:"当语言休假时,哲学问题就产生了。"①他实际上在引导人们放弃对形成关于美的普遍性以及描述普遍性的知识谱系的努力。但他的这些努力只是引发了西方本质主义美学的终结,并没有成功实现美学由知识美学向智慧美学的转变。尽管西方马克思主义美学有了这种转变的迹象,但仍然没有完全脱离知识谱系的构建。

智慧美学的特点是,它既不强调审美趣味,也不看好知识谱系的构建,它

① 维特根斯坦:《哲学研究》,商务印书馆1996年版,第29页。

绪
论

甚至宁愿牺牲审美趣味和知识谱系,也绝对不允许趣味和知识给智慧可能带来的干扰与影响。中国美学和印度美学则从一开始就具有智慧美学的特质。正如人们所说,中国美学和印度美学是缺乏严密知识谱系的,虽然不是说不十分依赖知识谱系,就一定便是智慧美学,但不大追求知识谱系,而期望通过对自我的调节,以及与其他人乃至整个宇宙的联系来证悟并参透生命智慧,这就具有了智慧美学的特质。西方通过对自我、社会和自然三大核心课题的分门别类研究,形成了诸如针对自我的人体解剖学、行为心理学,关于社会的政治学、社会学,以及关于自然的生物学、天文学、地理学等以专门揭示某一领域特殊规律为目的的科学知识谱系,体现在美学领域就是仍然热衷分门别类研究,乃至形成了许多专门的美学知识谱系。中国和印度美学则并不渴望那种能揭示所谓客观规律的知识谱系,而将主要精力用来整体体悟与把握蕴涵在自我、社会和自然之中的生命和其他智慧,这里一般没有分门别类的专门研究,也没有严密的理性研究和抽象概括,更没有具有明显学科门类的严密知识谱系,有的只是一种对智慧的感性领悟与宏观把握。只是这种智慧美学事实上仅仅处于潜在形态,至少中国儒家《周易》美学、道家美学、禅宗美学和印度美学明确否定知识乃至智慧的现象就表明了这一点。整体地而不是分门别类地感知人与自我、社会、自然的和谐关系与创造精神,并以体悟和安顿生命而不是以建构关于审美的知识谱系作为宗旨,是智慧美学区别于知识美学的主要特质。

相对知识而言,智慧是对知识否定与超越之后所形成的高度自由创造,是高度自由解放的生命心性的圆满体现。但如果连这种本来就关涉高度自由解放的智慧都被作为否定的对象,那就证明已经否定和超越包括智慧在内的一切可能的束缚因素,达到了生命的绝对超越与自由,以及人与自我、社会乃至天地万物共同自由创造、生生有条理的至高无上境界。如果说否定知识、崇尚智慧的智慧是一种初级智慧的话,那么连同智慧一并否定的智慧才是真正的最高智慧。因为知识并不就是智慧,知识是有特定用途的,只能解决人类面临的它所属领域的特殊问题,对这一领域之外的其他问题则无能为力,而且并不涉及人自身生命的再造与升华;智慧却直接与人的整个生命相联系,常常促成生命的再造与升华。知识是经验的积累与延续,是记忆,而记忆是可以培养、强化、塑造和限制的;智慧则是对当下的体悟,是对因为延续而束缚自由的知识的终止,是脱离一切积累的对真实的观照。知识是对开放和未知的阻隔;智慧不是来自知识,而是来自词语、思想的空隙,来自未被知识打断的宁静,是知识缺席时候的领悟与发现。克里希那穆提甚至这样认为:"刻意求知是愚昧,不知是智慧的开端。"①

西方美学未能实现由知识美学向智慧美学的转型,但中国和印度美学却从一开始就具有智慧美学的特质,这是由各自文化传统所决定的。在思维方式方面,中国文化和印度文化向来推崇一元论或主张合二为一,崇尚二元论或一分为二论的倒是西方文化。其实无论一元论还是二元论,合二为一还是一分为二都是认识事物的思维方式,这里没有真理与谬论之别,所不同的只是强调的重点略有不同:中国和印度文化更强调统一性,西方文化更加重视对立性。其中任何一种都并不比另一种更具有科学性。可惜的是中国现代美学却在后来的发展中很大程度上舍弃了一元论或合二为一,而屈从二元论或一分为二。在价值观念方面,中国文化向来强调天人合一,印度文化向来主张梵我不二论,西方文化则重视天人对立。其实每一种价值观念的合理性都是相对的。天人合一的价值观念在重视宇宙秩序和一切生物的生命存在的同时,也强调社会秩序,而对社会秩序的过分强调则容易导致严格社会秩序观念,在许多情况下常常以藐视甚至扼杀人的价值作为代价。天人对立的价值观念使西方国家普遍重视人自身的价值,乃至导致了更加张扬人的个性和自由的民主政治,更有利于充分发掘人类自身的潜能,以及社会的进步和发展,但也导致了对自然的过分掠夺和占有,以及人类生存环境的极大破坏。然而中国现代美学却广泛张扬天人对立的思想,对天人合一采取了相对低调的态度。在言说方式方面,无论儒家的"辞达而已"(《论语·卫灵公》)、道家的"得意而忘言"(《庄子·外物》),还是禅宗的"以心传心,不立文字"(《祖堂集》卷二),其实都在很大程度上表现出超越逻辑推理、直达思维结果,甚至并不依赖言说而力求感性领悟乃至直指人心的特征。但这种学术言说方式,自五四以来几乎被更重视严密概念阐释与逻辑推理的西方学术言说方式所取代。除了王国

---

① 克里希那穆提:《爱与思——生命的注释Ⅰ》,华东师范大学出版社 2005 年版,第 260 页。

维、钱钟书等学者之外,恐怕很少有人敢用这种言说方式与被奉为正宗的西方学术言说方式分庭抗礼或平分秋色了。

按照庄子的阐述,人类智慧主要有三个境界:"古之人,其知有所至矣。恶乎至? 有以为未始有物者,至矣,尽矣,不可以加矣。其次,以为有物矣,而未知有物矣,而未始有封也。其次,以为有封焉,而未始有是非矣。"(《庄子·齐物论》)我们可以这样理解庄子的观点:最高境界的智慧常常遗忘天地万物与自我,外不察乎宇宙,内不觉其自身,旷然无累,自我与天地万物和谐统一,共同自由创化;中等的智慧虽然意识到天地万物与自我,但没有彼此分别;最低的智慧虽则对天地万物与自我有所分别,但没有厚此薄彼、孰是孰非的计较。按照庄子的智慧标准来分析,以黑格尔为代表提倡艺术美而贬斥自然美的美学显然是难以达到这些智慧层次的,相形之下,只有中国和印度美学才有可能不同程度地达到这些智慧境界,其中儒家《周易》美学、道家美学、禅宗美学和印度吠檀多美学、佛教美学应该是这些智慧的集中体现。在最高智慧层次,人与自我、社会和自然的和谐达到了极致。不仅自我与人类社会之间没有隔阂,整个人类社会与宇宙万物之间没有隔阂,而且每个自我的生命,与人类的生命乃至宇宙万物的生命相互贯通,交相催化,共同创化。具体来说,有了人与自我的和谐,就有了作为生命存在物的人类的每一个个体自我从肉体到精神的协调与宁静,就能够从根本上克服现代社会肉体的疲惫与精神的焦虑;有了人与社会的和谐,就有了作为生命存在物的每一个个体之间的协调与融洽,就能够从根本上克服现代社会人与人之间关系的隔膜甚至冲突;有了人与自然的和谐,就有了人与自然的交融感化、相与创化,就能够克服现代社会人与自然的仇隙与对立。

美学由趣味美学向知识美学和智慧美学的依次转型与嬗变,是人类探索审美及其智慧的一种跨越式发展。而智慧美学由于涉及人与自我、社会和自然高度和谐与共同创化的宇宙智慧,是美学的最高级理论形态。虽然我们对审美智慧的探讨,可能涉及学科智慧、观念智慧、心理智慧、创造智慧、认知智慧、艺术智慧、生命智慧和教育智慧等方面的美学智慧,但联系各部分内容的基本纲领则是生命的和谐与创造精神,其中和谐是创造的基础,创造是和谐的根本。生命的和谐与创造既是天地之美的集中体现,也是审美智慧的最高体现。在方东美看来,"天地之美即在普遍生命之流行变化,创造不息"①。所以智慧美学的最高使命就是庄子所谓"原天地之美而达万物之理"(《庄子·知北游》),就是阐发和彰显天地之美及其所蕴涵的宇宙万物协调一致、自由创化、生生不息的自然规律,就是通过对天地之美的推究,参透宇宙生生之条理,体悟天人合一,协和天地万物,相与俱化,生生不息的宇宙创意。

智慧美学常常以艺术、哲学和宗教等形式表现出来,或者更具体地说,常常表现在艺术、哲学和宗教等领域。相形之下,艺术所蕴涵的美学智慧是最为表层化的,而哲学所涵盖的美学智慧较深刻,宗教所包含的美学智慧最透彻。唯其如此,艺术蕴涵第三层次的美学智慧,哲学涵盖第二层次的美学智慧,宗教包含第一层次的美学智慧。虽然它们都代表了人类文化的最高智慧,但是具体层次毕竟是有差异的。美学的使命就在于攀缘而上,依次提高美学智慧,使美学真正成为启发人们生命活动的最高智慧,真正成为提升人们生命境界的最高智慧,真正成为促进人类自我、社会和自然协调发展的最高智慧。

---

① 方东美:《中国人的艺术理想》,蒋国保编:《生命理想与文化类型》,中国广播电视出版社 1992 年版,第 366 页。

第一章

美学的学科智慧

第一节　美学的性质

一、美学的研究对象

历史上关于美学的研究对象问题,主要有这样三种看法:一种看法以柏拉图为代表,认为是研究美尤其是现实实体美的;一种看法以鲍姆嘉通为代表,认为是研究审美感觉和审美经验的;一种看法以黑格尔为代表,认为是研究艺术的。但是这只能代表美学史尤其是西方美学史的一个基本脉络,并不能作为美学研究的唯一对象。其实美学的进步与人类的任何进步一样,真正的发展是依赖于人们的创造力的。对于美学以及研究对象的创造性反思与改造是使美学走出困惑的重要途径。

在我们看来,美学应该是研究和描述审美现象并在此基础上阐发审美活动的美学智慧的:最低层次的美学研究是描述自我的审美现象,诸如自我的审美感觉和审美经验等,其研究的基础是人与自我的关系,这是最基本的,也是最关键的审美现象,常常涉及审美的物质层次,因为一切审美现象最终以自我而起作用;中等层次的美学研究是描述社会的审美现象,诸如艺术、审美文化等,其研究基础是人与社会的关系,常常涉及审美的文化层次;最高层次的美学研究是描述自然乃至宇宙的审美现象；诸如自然、生态、身体乃至生命问题等，其研究基础是人与自然乃至宇宙的关系，常常涉及审美的生命智慧乃至美学智慧层次。完整的美学研究对象应该同时包括三个层次的审美现象。

二、美学的学科属性

人们通常将美学归属于人文科学范畴的哲学学科。实际上美学的归类历来是很难的。当美学选择了哲学的角度并且具有了哲学学科属性的时候，自然可以归属于哲学范畴，但是当美学采取了心理学的角度，并且具有了心理学学科属性的时候，理所当然应该属于心理学范畴。将美学定位为艺术哲学的时候，虽然仍属于哲学范畴，但与艺术学的联系似乎更密切。美学的跨学科研究，固然没有从根本上改变美学的学科属性，但是超学科研究的美学就没有那么容易归类了。真正具有完整理论和开阔视界的美学尤其如此。完整的理论应该能够包容人类的一切文化成果，它不仅超越时代的局限，而且超越地域甚至国家、民族的局限，具有真正的世界意义。在许多情况下，常常并不仅仅选择一个理论角度进行所谓跨学科研究，而应该是超学科的。超学科性决定了它同时属于任何学科，又不属于任何学科。在这种意义上，所有的美学事实上应该是属于大文化范畴的，应该是文化美学，而不是什么心理美学或艺术美学或哲学美学之类，理所当然应该属于文化学范畴。

通常情况下，那些对人类文化发展产生过深远影响的学者和思想家，常常同时涉猎许多领域，并且在绝大部分领域都有创造性成果，如马克思、弗洛伊德、爱因斯坦等。因此他们常常属于许多学科，又不属于其中任何一个单一学科。如同对于这些伟大思想家的简单学科归类并不能准确地、全面地体现其成果的学科属性一样，对于真正有价值的美学的学科归类同样是存在极大困难的。事实上，传统哲学本身就存在难以归类的现象，至于经过改造的美学就更加难以进行学科归类了。它研究自我问题，关注人的身体与心理，于是有身体美学和心理美学的属性；它研究社会问题，涉及伦理道德、社会制度与政治秩序，于是就有伦理美学、社会美学和政治美学的属性；它研究自然问题，涉及生态和环境问题，就具有了生态美学和环境美学的属性。而且这种分析和阐释本身就不十分准确,明显存在挂一漏万的情形。经过改造的美学常常反对那些以特定概念与知识谱系为标志的学科分类,总是在更加广阔的超学科层次上把握美学的最高智慧。所以真正完善的美学,至少是经过改造的美学,应该是反学科的,应该是方方面面智慧的总结与描述。

如果人们只能将美学归属于某一学科领域的话,那么只能将它归属于哲学。人们似乎也更愿意将美学归属于哲学。这并不是说美学本身就一定是哲学的一个分支,而是哲学可能具有更加广泛的普适性,以及普遍性和包容性。美学的这一学科属性,不仅决定了它应该是真正的第一哲学,而且应该是真正的第一智慧。但美学要真正成为第一智慧,显然还有很多的路需要走。

三、美学的学科趋势

假如人们能够充分地发掘中国美学广大和谐的生命精神,用与兼爱同施,与天地合德,与大道同行,促进人与宇宙的交相和谐、共同创进、生生不息、止于至善的观念来审视和展望美学的前景与功能,也许会发现美学将真正如李泽厚所说,成为第一哲学,真正成为人类走向诗意栖居的希望之舟。近年来美学发展的某些趋势尤其应该引起人们的注意。

一是身体美学(包括养生美学)的自觉与享乐主义危险。身体美学几乎是传统美学发展的一个盲点。尼采、维特根斯坦、梅洛·庞蒂对于身体及其感受的强调使其逐渐拥有了至关重要的美学地位,甚至成为20世纪以来美学研究的一个热门课题。据说,身体美学的出现可以有效超越传统美学尤其是艺术美学的学科界域,能够帮助人们改善关于身体感受的认识,形成更多关于身体的知识,尤其能够提高身体器官的效能,甚至德行品质。其中养生美学的出现和重新受到人们的重视,显然是因为能够提高人们的生命质量和审美情趣。但是这种张扬身体,将身体视为衡量和判断事物的标准,并且使其占据美学重要地位的发展趋势,也同样可能助长围绕身体而形成的享乐主义趋势,以及审美的浅表化与庸俗化倾向。

二是实践美学的反思与现世主义。实践美学(包括艺术美学、伦理美学、政治美学)应该对传统美学进行深刻反思,应该超越艺术和哲学问题,关注现世,关注日常生活,强调审美的行为化倾向。这确实会形成对于人类个体乃至集体行为的张扬倾向,将使曾经被束之高阁的理论美学日益贴近日常生活,日益走向普通百姓,将在很大程度上改变美学作为思辨哲学与现代日常生活格格不入的窘境。但是这种美学如果仍然强调所谓以人为本,而不大关注人与自然的和谐,就会在很大程度上继续助长人类自尊的盲目膨胀,以及在审美的日常生活化和普及化过程中导致审美的过分泛滥和过度追求时尚的缺憾。因为普遍存在的审美将可能由于丧失特性而堕落为漂亮,甚至会显得毫无意义,导致审美的疲劳、厌倦、冷漠、焦虑、恐惧,以及可能产生的逃避乃至抗拒倾向,如对于过分装饰的厌倦最终将可能形成返璞归真的审美倾向。

三是生态美学(包括自然美学、环境美学、生命美学)的复兴与复古主义。生态美学的崛起是历史发展的必然趋势,是人类长期以来变本加厉地开发利用甚至掠夺自然的结果。人类盲目自尊的直接后果是丧失了对自然的依赖,并总是遭到自然的报复。于是尊重自然以及环境本身存在的独立价值,最大限度地尊重自然界一切有机物甚至无机物,并且将其一并作为生命存在物而平等看待,就成为一种必然。但是这种选择很大程度上是对古典美学的一种复兴。因为在美学没有成为独立学科之前,它本身就混同于其他文化载体之中。那时候,虽然程度有所不同,但包括古希腊文化、中国文化和印度文化在内的人类文化似乎都表现出了对自然的重视。尤其是中国文化和印度文化的万物有灵论似乎更加集中地体现了这种普遍生命意识。尽管西方人类学家总是将其看做原始思维或者野性思维,但它所表现出来的对宇宙万物的普遍尊重意识,在今天看来仍然是难能可贵的。这当然可以看成是人类生产力比较低下、对自然缺乏必要驾驭和征服能力的表现,但是事实并没有这么简单。我们主张尊重自然界一切事物,并将其作为普遍的生命存在物来平等看待,绝不是要人们相信万物有灵论,重新进入原始神秘主义时代。这些年,伴随着社会的发展与一定范围宗教意识的死灰复燃,以泛神论为特征的迷信思想也开始出现,甚至也可能出现以生态美学或者别的什么科学作为包装的复古主义倾向。这是应该警惕的。

第二节 美学的意义

一、美学的学科品质与人的优良品质的形成

社会劳动分工是人类历史发展的必然趋势,正是劳动分工的进一步发展最终导致了学科化、专业化。但是无论劳动分工,还是学科化与专业化,只是人们限于精力迫不得已采取的一种简易便捷地获得一定劳动成果的手段。这种手段的选择使投机取巧的人们付出了惨重的代价,最终导致了人类的严重片面化与单向度化。这种后果的恶劣发展已经成为现代社会人们思考的中心问题之一,如卢卡奇和马尔库塞就有非常深刻的阐述。即使对于人文科学而言仍然存在类似问题,如文学空灵而肤浅、史学充实而刻板、哲学深沉而空洞,所有这些同样会导致相应专业人们的片面而畸形地发展。相形之下,只有经过改造,围绕人与自我、人与社会和人与自然三大核心问题,系统阐发人类在自我、社会和自然方面的生命智慧的美学,才可能兼备文史哲之优势,而力避三者之缺憾。美学兼顾文学、史学和哲学的属性决定了学习美学可以兼容众家之所长,避免众家之所短,乃至形成良好性格品质。

文学之空灵:虽然美学并不以专门的文艺研究作为终极目的,而且以文艺作为终极目的的美学只能体现人类自尊盲目膨胀的结果,只能导致狭隘与衰败的危机。但美学研究毕竟是不能离开文艺的,而且文艺的创作起源于空灵的美感,美感的形成主要得力于心无挂碍的静观,如宗白华认为:"灵气往来是物象呈现着灵魂生命的时候,是美感诞生的时候。"①同时,文艺也成功于空灵的境界,艺术的最高境界不是对生活细节的真实描写,这是现实主义与自然主义的成功之处;艺术的最高境界也是其失败之处,也不是对自我情感的生动宣泄,这是浪漫主义的成功,也是其失败的根源;所谓的艺术的最高境界是宇宙生命的空灵感悟,如王夫之所谓:"以追光蹑影之笔,写通天尽人之怀,是诗

---

① 宗白华:《论文艺的空灵与充实》,《美学散步》,上海人民出版社 1981 年版,第 26 页。

家正法眼藏。"①这种境界是陶渊明、王维、苏轼诗歌意境的体现，也是象征主义、表现主义的追求。

史学之充实：虽然历史学家仍然不可避免地受到历史资料所造成的观念的影响而进行叙事，并在此基础上超越具体的历史阶段，探讨人类世界的普遍历史，但毕竟在很大程度上依赖于充分的历史资料，而不是主观想象与臆测。尽可能占有充分而真实的历史资料、探索真实的普遍历史是史学的第一要务，这是其充实之体现。美学对美学史上多种审美观念的认识、梳理与评价，同样能够体现历史的充实品质，并且与历史著作一样，"不但可使我们多闻博识，并且可以给予我们深刻和纯真的乐趣"②。同时美学还得在人类历史之外，探讨真实宇宙的普遍审美历史。中国古代所谓"其文直，其事核，不虚美，不隐恶"的实录精神，不仅是一种历史精神，其实也是一种美学精神。

哲学之深沉：完备的哲学体系应该包括自我、社会和自然三大课题，应该涉及人与自我、人与社会、人与自然三大关系的深刻论述，并由此显示出深沉的品质，否则就是不完备或者残缺的哲学体系。美学作为哲学的分支学科，理所当然应该包括三大课题，并由此而分别出层次。美学的深沉不能仅仅体现在对审美客体之实体属性乃至审美主体之认识属性的深刻探讨方面，这只能是美学深沉之浅表层次，美学的深沉最主要的应该是在对人与自我、人与社会、人与自然三大关系的深刻论述方面。人与自我、人与社会、人与自然的和谐是美学乃至一切人类生命活动的最高理想，也是美学奉献于人类的最为深沉的思考："人生若欲完成自己，止于至善，实现他的人格，则当以宇宙为模范，求生活中的秩序与和谐。和谐与秩序是宇宙的美，也是人生美的基础。"③ 美学的深沉在于将人与自我、社会乃至自然的和谐看成美的最高境界，而且如孔子和亚里士多德都将适度与中庸作为实现自我、社会与自然和谐的原则。

---

① 王夫之：《古诗选评》，《中国历代美学文库》（清代卷·上），高等教育出版社 2003 年版，第 349 页。
② 黑格尔：《历史哲学》，上海书店出版社 2006 年版，第 3 页。
③ 宗白华：《希腊哲学家的艺术理论》，《美学散步》，上海人民出版社 1981 年版，第 236页。

二、美学的学科追求与高尚人生追求的确立

人类在探讨自我、社会和自然及其关系三大问题的基础上形成了宗教与伦理、科学和艺术乃至哲学等掌握世界的方式，其中科学求真，宗教与伦理求善，艺术求美，而哲学尤其美学则将三者有机统一起来，并且由此形成了美学将真、善、美有机统一起来的人文品位。学习美学可以形成高尚的人生追求。

一是真。美学虽然并不直接地或者单独地张扬科学精神，但是与科学一样存在求真精神。这正是人们不断地探讨和描述审美现象的根本原因。虽然美学在真的探讨上，总是存在某些不尽如人意的地方，但这并不应该成为人们谴责美学的理由。汤森德指出："科学理论与哲学理论不应因为未被完全证实而遭受谴责，因为它们始终都是质疑和改变的对象。"①只要美学不放弃这种精神，其求真的人文品位就必然存在。事实上美学如同科学一样，没有一种理论是永恒的。所有理论都是在认识和质疑过去理论的基础上形成的新理论，但是每一种新理论一旦形成就意味着即将被更新的理论所认识、质疑乃至改变。正是在这认识、质疑乃至改变的过程之中，形成了科学乃至美学的不断进步与发展。在这不断发展变化的理论之中，唯一不变的就是科学的求真精神。正是这种不断的发展变化过程所体现的对于真的不变追求，最终形成了美学求真的人文品位。

二是善。虽然善与美并不经常是统一的，但是宗教与伦理所追求的善与美实际上是有密切关系的，至少真正圆满的美应该是善的。善虽然是宗教与伦理的主要追求，但是善所具有的非本能性、利他性决定了它总是与责任和义务相联系的，是维持自我、社会、自然乃至宇宙和谐秩序的伦理乃至宗教基础，而这种善其实也是实现自我、社会与自然和谐关系这一最高美学理想的思想基础，如果适度和中庸是实现和谐关系的原则，那么，这个适度和中庸就是善的伦理乃至宗教精神统帅所形成的丰富生命的和谐形式，是"'善的极峰'，而不是善与

---

① 汤森德：《美学导论》，高等教育出版社 2005 年版，第 171 页。

恶的中间物"①。美学对善的追求也同样决定了美学所具有的善的人文品位。

三是美。美学的研究对象并不仅仅限于文艺，但文艺显然是其研究的主要内容之一。文艺从哲学获得了人生智慧和宇宙观念，从宗教获得了宗教热情和终极关怀，并且共同地获得了广大和谐的生命精神。文艺尤其在科学无法施展才能的地方显示了它独特的优势。科学技术和现代工业文明虽然创造了物质生活的极大丰富，但是也导致了人类生命的物化与异化、模式化与碎片化。文艺的优势在于能够将哲学、宗教尤其是科学所无法统一的属性统一成自足的、圆满的、和谐的生命整体，用以揭示生命的真谛乃至宇宙的奥境，而这恰恰就是文艺之美的所在。美学不仅追求文艺之美，而且追求宗教乃至科学之美，并且在宗教尤其是科学所无法处理的主观体验领域发挥着自己的优势。这是因为宗教以各自的教义作为最高评判标准，科学以所谓客观规律作为最高标准，唯独美学却以主观审美趣味作为标准，而任何审美趣味都是无可争辩的，既不能强制其他趣味，也不能接受其他趣味的强制。从宽容一切审美趣味开始，美学理所当然地拥有了包罗万象、广大无垠的生命精神，并且因此而具有了最为广大无垠的生命品位。

三、美学的学科层次与人类生命境界的提升

美学不仅包括自我的物质生活层次，而且包括人类的社会文化层次，甚至包括宇宙的自然本性层次。在自我的物质生活层次，人们追求的是吃穿用度乃至物质器皿方面的和谐，最终所追求的是自我的和谐，属于生命的自我境界；在人类的社会文化层次，人们所追求的不仅仅是生活用度乃至自我的和谐，而且是维系人类生活秩序的礼乐乃至所有社会文化的和谐，它实际上已经较多地涉及精神生活的层次，属于生命的社会境界；至于宇宙的自然本性层次，则不仅是人类个体的和谐以及个体之间的和谐，更是宇宙万物生命本性之和谐，属于生命的自然境界。中国《周易》美学所谓"夫大人者，与天地合其德，与日月合其明，与四时合其序，与鬼神合其凶吉"（《周易·乾文言》）的思想集中地体现了人类生命可能达到的最高境界。宗白华的论述更加深刻地揭

---

① 宗白华：《希腊哲学家的艺术理论》，《美学散步》，上海人民出版社 1981 年版，第 236 页。

示了美学的学科层次以及与人类生命境界逐步提升的关系。在他看来："在中国文化里,从最低的物质器皿,穿过礼乐生活,直达天地境界,是一片混然无间,灵肉不二的大和谐,大节奏。"①可见,学习美学可以有效地提升人的生命境界,使人们不断地超越自我物质生活层次,逐步走向社会文化层次,最终提升到宇宙自然本性层次。

虽然冯友兰、唐君毅、宗白华等学者对生命境界的概括和描述有所不同,但其精神实质却有相通之处。虽然人类的生命境界是由较低层次向较高层次依次提升的,甚至较高层次往往以较低层次为基础,但是达到较低层次并不证明就一定能够提升到更高层次。生命的自然境界,是以服务自我作为终极目的,而生命的社会境界是以服务人类作为终极目的,生命的自然境界是以服务整个自然和宇宙为终极目的的。

第三节　美学的发展概况

一、中国美学发展概况

中国历史上虽然有两次外来文化进入中国,影响中国文化的情形。但是第一次佛教文化的进入,并没有从根本上改变中国文化的基本精神,只是与儒家、道家文化融合在一起,构成了儒释道三家文化合流的现象,其中儒家文化与道家文化的基础地位并没有发生根本动摇。第二次马克思主义乃至其他西方文化的进入,则从一定程度上动摇甚至否定了中国传统文化的正统地位,使中国文化的基本精神发生了根本改变。因而中国美学的发展,大体可以分为古代和现代两个阶段。尽管古代美学有儒释道三家,但其文化基础大致相同,其美学的基本精神大体相似。现代美学虽然为期不长,成就不大,但其文化基础乃至基本精神差别很大,因而具有多元性。

第一阶段是传统的生命体验与超越美学即生命美学。其哲学基础是主体

① 宗白华:《艺术与中国社会》,《宗白华全集》第2卷,安徽教育出版社1994年版,第412页。

与客体合而为一乃至不可分论,即或前主体间性论,甚至可以说是生命哲学。认为人与自我、人与社会、人与自然乃至整个宇宙是相互交融、有机联系、共同创造进化与绵延的和谐整体,主张通过自我的内在超越,依次实现人与自我、人与社会乃至人与自然的和谐,主要以儒家、道家、墨家、佛教为代表。这种理论既不在乎客体的审美属性,也不关注主体的审美感受,而是重视通过自我生命的内在体验与超越,与仁爱乃至兼爱同施,融自我、社会与自然乃至宇宙于一体,从而获得灵魂的适意与宇宙本体生命的整体超越的"大美"。其中修身为本的自我超越精神、和而不同的社会交往原则,以及天人合一的宇宙和谐观念,是中国古代美学的思想基础,主要涉及和谐、境界、妙悟、形神、养气等美学范畴,其核心概念主要是和谐与境界。这种理论的最大优势在于成功地阐释了生命的内在体验与超越的方法、途径以及真人、至人、圣人乃至神人的人格理想,确立了诸如无言之美、永恒之美、空灵之美等生命美学的诸多审美境界。这种理论虽然没有形成关于审美的专门知识,但却能够提供给人们生命的安顿之学,其中儒家美学使人善良、充实而合乎道德伦理规范,道家美学使人豁达、洒脱而符合自我自由解放的本性,佛教美学空灵、超越而具有广大和谐的平等意识。儒家美学具有非常鲜明的礼乐美学、伦理美学、教化美学的性质,道家美学更加具有养生美学乃至生态美学的性质,佛教美学甚至发展成为生态伦理美学,且无一例外地贯穿于人们的行为实践之中,因而具有非常明显的行为美学或实践美学的性质。可以说儒家美学能够教人涉世,道家美学能够使人忘世,佛教美学使人超世,彼此相得益彰地发生作用并且形成一定的内倾性格。值得注意的是,这种内倾性格的美学,虽然在数千年的历史发展中表现出顽强的内在韧力,但是也确实可能造成忍让妥协甚至颓废厌世的消极影响。

第二阶段是现代的多元化美学。以蔡元培、朱光潜为代表,系统翻译和介绍西方美学理论,其理论虽然有系统、有体系,但缺乏原创性;还有以王国维、宗白华、方东美、徐复观为代表,力主发掘和阐释中国美学精神所形成的美学理论,也可以笼统地说成生命美学;以及以蔡仪、朱光潜、李泽厚、蒋孔阳为代表的马克思主义美学理论,也可以笼统地说成实践美学。其中现代生命美学主要是运用诸如柏格森、怀特海等西方思想家的生命哲学来重新发掘和阐发中国美学的生命精神,其核心概念仍然是和谐与境界,他们所关注的并不仅仅是人类的生命个体，而是宇宙普遍生命的创造与进化，即所谓宇宙"生生而具条理"的绵延流动，认为天地之大美在于宇宙普遍生命的绵延与创化，有所谓天地之美寄于生命，生命之美形于创造的说法。虽然其方法论的基础仍然是西方式的，但是在与《周易》美学、老庄美学以及禅宗美学的融会贯通方面，尤其在中国艺术精神乃至美学智慧的重新发现方面取得了显著成就。由于这种理论常常停留于艺术乃至美学的理论阐释层面，未能继承或发掘出中国传统生命美学中行为美学和实践美学的优势，因而未能在人们的日常生活中产生应有的影响。该理论是中国现代美学多元格局中最具中国生命精神、最具原创性的美学理论，必将在未来的历史发展中产生越来越大的影响。至于实践美学，严格来说是以李泽厚为代表的，其理论资源主要是马克思、康德与中国传统哲学尤其是儒家哲学，主要在儒家美学天人合一思想的基础上，结合康德哲学，重新阐释了马克思《1844年经济学—哲学手稿》"人的本质力量的对象化"的理论，提出美是人的本质力量的对象化，是自然的人化和自由的形式的核心命题。这个曾经在中国20世纪下半叶产生过极其广泛的影响，甚至占据主流美学话语地位的实践美学，其最大优点在于将美落实在人类的具体行为和实践活动之中，但是这种理论只是将马克思普遍性结论具体化为美的本质，其实并没有揭示出审美活动区别于其他生命活动的真实特征，因而并没有形成实际的理论贡献。而且，主张美是自然的人化，即美是人类制造和使用工具改造客观世界的劳动生产活动的产物的观点，实际上又将美限定在极其狭隘的人工制品的范围之内，并不能成功地解释自然美所具有的不可抗拒的力量。这种理论在理论形态、观念命题和方法等方面主要是西方式的，主要是康德哲学的引申，并没有真正深入到中国艺术和中国审美经验的内部，未能解释中国传统艺术的根本特征和内在精神，尤其是中国美学的生命精神。此外，还有后实践美学和生命美学，虽然对实践美学的批判较为深刻，但自身仍未能有效超越西方美学范畴的束缚，仍存在未能很好地吸收中国传统美学的生命精神，未能成功解释中国传统艺术的根本特征和内在精神等缺憾。

二、西方美学发展概况

西方美学大体经历古代(古希腊、古罗马、中世纪)、近代、现代三个阶段。

第一阶段是参与论美学。其哲学基础是实体本体论,认为存在是客观的实体,具有客体性。主要以毕达哥拉斯、柏拉图、亚里士多德、贺拉斯、朗吉弩斯、普洛丁、西塞罗、阿奎那、奥古斯丁、荷加斯、科瓦奇等为代表。认为美是实体的客观属性,诸如和谐与秩序、匀称与明确等,其核心理论术语是美,其终极审美目标是参与美的客体或者与美的实体的融合。其最大影响表现在模仿论与理式论方面。在研究大自然和具有宇宙意味的宏大艺术方面颇为成功。对于大自然的参与常常引起人们的宗教敬畏感以及自然归属感,甚至具有说教性质,对于宏大艺术的参与可能导致所谓全神贯注以及忘我的境界,乃至狂热的情绪。但是这种美学常常是建立在公共体验和感觉是实体性的而非心理性的形而上学假设的基础上,这就会陷入人们参与某个实体,而这个实体只有通过人们的参与才能有所感知的循环怪圈之中。如果其形而上学的假设存在疑点,那么其美学理论也必然是可疑的。

第二阶段是体验论美学。其哲学基础是主体认识论,认为存在是主体的客观化,具有主体性。主要以休谟、柏克、鲍姆嘉通、席勒、康德、黑格尔以及桑塔亚那等为代表。认为美是某种审美感受或者快感,美学的标志就是这种直接感受到的独特体验,也就是所谓审美态度、审美感知和审美直觉等,其核心理论术语是表现。其最大影响存在于表现论中。在研究与美的艺术相关的某种感受和个人趣味方面颇有成功之处。体验论美学放弃了古典模式以及他者性的形而上学思想,强调了审美的自主性乃至无利害性,但是纯粹无利害的审美常常是很罕见的,其后虽然从布洛开始用心理距离说实现了认识论到心理学的转变,但是这种美学理论求助于心理学的方法,只能使美学理论自身更加模糊不清,因为在描述诸如思维、意识和情感时,处于婴儿期的心理学本身面临诸多困难,处处暴露出力不从心的现象。这种美学理论通过审美客体来识别审美体验,又通过审美体验来认同审美客体的循环解释现象,以及特殊情况特殊对待,缺乏审美体验的同一性准则的缺憾使其面临更大的挑战与批评。

第三阶段是惯例论美学。其哲学基础是主体间性论,认为存在是由人的存在即此在揭示的,而此在是共在,是具有主体间性的。主要以胡塞尔、海德格尔、伽达默尔、拉康、尧斯为代表,以审美现象学、存在主义、解释学乃至法兰克福学派作为主要理论形态。但是作为惯例论美学的直接理论主要是由迪基完成的。这种理论常常把美学看成一门类似历史一样的经验性学科,不仅考察纯粹的个体经验,而且考察由艺术家、观众以及博物馆、艺术学院等支持艺术的各种结构所组成的艺术界内部的种种关系,认为艺术界是由各种各样的惯例或机构组成的,如果艺术界有人认为某物是审美对象,那就会使其成为供人们鉴赏的候选品。其核心理论术语是惯例或者习俗。这种理论的最大优势在于擅长解释历史上转型变化的艺术与反映形式,不仅看重艺术家与观众的主体间性关系,而且强调接受或者审美反映的意义大于模仿或者表现的意义。由于惯例论美学将艺术界作为供人鉴赏的候选品的提供者,而这种候选品其实可能从来不被人们去鉴赏,因而显得过于宽泛;由于仅仅将艺术限定在人工制品的范围内,而显得过于狭隘,更为严重的缺陷是其模糊性。惯例有赖于没有界定的惯例,而在惯例内部又有赖于没有界定的用途。这就会使惯例以及所生成的术语变得更模糊。

第四节　美学的中西不同生成与精神

中国美学是早熟的具有前瞻性的美学,是高层次的美学,但长期以来人们总是视相对落后甚至低层次的西方美学为正宗,而将中国美学边缘化。其实如果用西方美学史上出现的美学观来衡量,则中国没有真正的美学;但如果用中国美学观来判断,则西方同样没有真正的美学。正是由于这种情形,使中国美学长期在西方话语体系之中处于边缘化的尴尬境地,也正是凭借这些特性,必将使因为拥有西方美学所没有的古老而现代的生命精神与和谐理念的中国美学,在未来美学发展中显示出独特的话语优势。

一、中国美学与西方美学的不同生成

(一)思想渊源与传统:中国美学是生命体验与超越美学,而西方美学则是审美知识与经验美学

中国美学主要由儒家和道家思想家奠定,诸如老子、孔子、庄子,他们虽然是哲学家,但并不重视知识谱系的构建与传授,而重视人自身生命的体验与超

越。其中儒家虽然也有重视诸如礼仪规式等一定知识的倾向，但他们更感兴趣的不是建构伦理知识学，而是提供一种行为规范，用以约束人们的行动，使之落实在人们的日常行为之中，要求人们达到圣人的生命境界。道家则明确主张"为学日益，为道日损"（《老子》第四十八章）、"绝学无忧"（《老子》第十九章），提出了反对知识的观点，要求人们在自由与解放之中达到神人、至人、真人的境界。西方美学主要由柏拉图、亚里士多德所建构，他们不是强调生命的体验与超越，而是提倡知识，以传授知识而谋生。虽然苏格拉底也曾经有过一定的生命体验，但是至柏拉图、亚里士多德则越来越走向了知识化，似乎在生命体验与知识体系的构建方面，更加在乎知识的整合、引申与超越，以及知识体系的构建，尤其是亚里士多德。所以中国美学是生命体验与超越美学，具有非常鲜明的重直觉体验不重逻辑分析、重视零星生命感悟而不重视逻辑体系的实践性特征，而西方美学则是审美知识与经验美学，以逻辑分析和理论体系见长。中国美学是一种生命美学，它既区别于以阐释审美的客观特性为中心的客体论美学或者模仿论美学，又区别于以阐述审美的主观特性为中心的主体论美学或者表现论美学，同时还区别于以阐释审美的主体间性或者惯例为中心的主体间性论美学或者惯例论美学，是以中国哲学即生命哲学为基础，以研究人类乃至宇宙生生不息和自我超越的生命本性为中心的生命美学。其理论不仅包含对于生命绵延与流动过程之中所表现的自我超越与创造进化的真实认识，而且包括丰富的自我超越与创造进化的修持和实践方法的总结和凝练。既具有重要的理论意义，也具有较高的实践价值。

（二）社会历史与背景：中国美学是以人与自然的和谐关系为基础的生态美学和意境论美学，而西方美学则是以人与人的商品交换关系为基础的艺术美学和典型论美学

西方社会主要是宗教性商业社会，而中国社会则主要是宗法性农业社会。由于商业社会更重视生产者与消费者之间的商品流通，以及由此而获得的交换价值和利润，因而人与人之间的关系甚至利益关系成为一切社会关系的基础。在农业社会，人与人之间的商品交换关系显得不是十分重要，农业生产对自然的依赖性非常突出，于是人与自然的关系显得十分重要，而且由于生产力的限制以及对自然很大程度的依赖性，决定了人们不仅能平等对待自然，甚至

达到崇拜程度。所以,西方美学总是发展成为张扬人的主体性的艺术美学,但是中国美学却常常以尊重自然,甚至崇拜自然的自然美学和生态美学作为主体。西方社会宗教性特征决定了他们总是将至高无上的美归之于他们共同信仰的上帝,而且将上帝作为美的典型,西方社会由于有至高无上的上帝作为他们共同的思想基础,于是无须用政治的等级制度和专制来维持社会秩序,这就形成了其政治民主而宗教专制的社会形态。这种形态决定了其美学常常以典型论美学为主。中国美学很大程度上存在泛神论甚至无神论倾向,即使对神灵有所信仰,也并不承认至高无上的唯一神灵,因而中国社会在不能依赖宗教统一社会思想基础的情况下,只能依赖专制的政治宗法制度来维护其社会秩序,这就造成了中国社会政治专制而宗教民主的社会形态,这种形态决定了以意境论美学为主的中国美学特征。所以,总体来说,中国美学更加重视现实世界秩序的构建,强调人与自我、社会乃至自然的和谐秩序;西方美学则突出自我的人性与自然的规律的对立,处处凸显人类或神性的价值。因此,中国文化有着不同于西方文化的生命美学精神与和谐理念:所谓生命不仅包括人类,而且包括一切生物,乃至宇宙间一切事物;所谓生命的绵延与流动过程,其实是宇宙间一切事物各依其性、各尽其性、生生不息、并行不悖的自我超越与创造进化的过程;其修持原则是与天地合德、与大道同行、与兼爱同施,使宇宙间所有人和事物各尽其生生不息的生命本性,不能使任何人和事物的生命本性受到压抑甚至伤害;其宗旨是达到人与自我、人与社会、人与自然交相和谐、共同创化的"止于至善"的生命境界,即《礼记·中庸》所说的"中也者天下之大本也,和也者天下之达道也。致中和,天地位焉,万物育焉"。而西方美学所谓和谐只是指数量与种类的多样统一,如毕达哥拉斯学派所谓"和谐是杂多的统一,不协调因素的协调"①,德谟克利特有所谓"互相排斥的东西结合在一起,不同的音调造成最美的和谐"②。故而《周易》以所谓"广大配天地,变通配四时,阴阳之义配日月,易简之善配至德"(《周易·系辞传上》)作为最高理想,而西方美学则不是标榜至高无上的神灵,就是讴歌膨胀的人性,很少平等

---

① 《西方美学家论美和美感》,商务印书馆 1980 年版,第 14 页。

② 同上书,第 15 页。

地看待自我、社会乃至自然。

（三）语言文字与文艺实践：中国美学多是重视生命体验的抒情美学，西方美学则是强调故事结构的叙事美学

中国抒情美学发达而西方叙事美学发达的原因，最直接的是中国艺术之中抒情艺术更成熟，而西方艺术之中叙事艺术更成熟。导致这一现象的原因是多方面的。在这些原因之中，除了中国人重视思维结果而不重视思维过程的思维习惯之外，还有中国语言文字的原因。中国文字是以象形文字为主的表意文字，缺乏严密的语法规则，不便于表达严密的理性思想，但长于通过句式的灵活变化以及鲜明音节声调表达强烈的感情，并且通过一词多义的语言文字特性浓缩各种复杂内涵，所以多是长于抒发情感的抒情艺术，其艺术理论也多是诗言志或者诗缘情之类。在美学论著方面，也多是抒情性和艺术性特别鲜明的著作，属于十分发达的重视生命个体体验的抒情美学。导致西方美学叙事美学发达的原因除了西方重视思维过程而不是思维结果的思维习惯之外，也有语言文字的原因。西方文字是表音文字，决定其具有严密的语法规则，适于表达严密逻辑思维，表现在艺术创作方面多是善于设置严密故事结构的叙事艺术，其艺术理论也多是模仿说和表达说之类。在美学论著方面也多是长于逻辑推理和宏大结构的叙事美学。

二、中国美学与西方美学的不同精神

（一）知识美学与智慧美学精神

西方美学是知识美学，中国美学则是真正的智慧美学，具有丰富的智慧美学精神。知识美学的特质在于热衷美和审美的所谓本质与规律的研究，常常不是以阐释美和审美的客观特性为中心的客体论美学或模仿论美学，就是以阐述美和审美的主观特性为中心的主体论美学或表现论美学，发展到现代也不过是以阐释美和审美的主体间性或惯例为中心的主体间性论美学或惯例论美学，其中关于美、美感和艺术之类的概念范畴与知识谱系的阐释常常是其终极目标。中国美学区别于西方知识美学的性质是，它从来不关心美和审美客观特性、主观特性以及主体间性，从一开始就具有超越二元对立的特征，它更加注意以中国生命哲学为基础，以发掘和展示中国修身为本的自我超越精神、

和而不同的人际交往原则和以天人合一的宇宙和谐理念为中心的生命智慧，是一种智慧美学。

智慧美学不同于知识美学的核心表现在对知识的不同态度上。西方美学虽也崇尚智慧，但它只看到了智慧与知识不相统一的情形，并不将二者对立起来，如古希腊哲学家赫拉克利特就表达了这样的观点："博学并不能使人智慧"，"智慧只在于一件事，就是认识那善于驾驭一切的思想"①。但是智慧美学则将智慧看成对知识的忘却与超越，甚至是对智慧本身的否定与批判，如老子不仅认识到了智慧与知识的不相统一性："知者不博，博者不知"（《老子》第八十一章），而且提出了所谓"绝圣弃智"（《老子》第十九章）等观点。否定知识与智慧是中国道家美学以及后来的禅宗美学的共同特征。如禅宗一直强调的"无念"，其实也关涉知识的记忆与智慧俱忘的意思。知识确实不是智慧，无法解决人类生存的困惑与焦虑，而智慧则是对知识的否定与超越，是对生命存在的真实体悟。虽然中国美学与西方美学都崇尚生命直觉而反对科学的理性精神，但西方常纠缠于逻辑分析与推理过程，中国则更关注直觉思维的结果，因而西方很大程度上仍然不能摆脱其重视逻辑推理、概念阐释乃至知识谱系的文化传统，中国则并不在意逻辑推理、概念阐释尤其是知识谱系，最大限度地张扬了关于生命本体的个人直觉体验与证悟。

（二）人的生命美学与宇宙的生命美学精神

西方美学和中国美学都存在生命美学，但在西方美学中生命美学并不占据主体地位，且产生时代较晚、影响较小；中国美学则从一开始就体现了对生命的极大热情与终极关怀，且表现出较为独特的生命美学精神。虽然中国美学与西方美学都阐发生命，但如叔本华、尼采、狄尔泰、柏格森、西美尔、怀特海等西方思想家仅限于人类，至多也只是扩展到一切生物，中国则拓展至人类乃至宇宙本体；虽然中国美学与西方美学都承认生命是运动、变化和发展的，但西方在承认生命的绵延和流动的基础上，只停留于本质论层面，或如柏格森将生命本质界定为创化，或如西美尔界定为自我超越，中国则不仅承认生命创化与自我超越，而且更加重视寻求生命创化与自我超越的修持原则和方法；西方

---

① 《古希腊罗马哲学》，商务印书馆1961年版，第22页。

美学将生命创化与自我超越看成无目的的本能冲动,将自由与合目的性相对立,视无目的的行动为人类的真正价值,中国虽然也不主张具体的生命目的,但将生生不息和自我超越的生命本性本身作为目的,这就使生命的本性与自由有机统一起来。所以西方美学的生命美学充其量只是一种关于人的生命的本质论美学,而中国生命美学则是一种宇宙生命的体验论甚至实践论美学。

熊十力对中国生命之精神有深刻的认识。在他看来,从无机物到有机物乃至人类都是有机的生命整体,而且无机物到有机物乃至人类,本身就体现了生命的渐次创化的过程。这个创化过程,并非西方生命美学所认为的是由于盲目的冲动,而是由一种幽深的生生不已生命计划而非预定计划所决定的。他这样概括道:"谈生命者,自其为全体言之,只是唯变所适,绝没有如何去构成物的预计。自其为全体而有分化言之,则生命表现于其所不期而成之物质中,即成为各个独立的生物时,乃用物而能随缘作主,因以见其有计划或目的,前面所谓无预定计划,而又未始无计划者,至此,则其义蕴已竭尽无余。"①中国美学的生命精神即是以这种思想作为基础的,或者说熊十力的论述真正准确概括了中国生命美学生命精神的深层意蕴。

(三)对立美学与和谐美学精神

西方美学是一种对立美学,中国美学则是一种和谐美学,具有广大的和谐美学精神。西方美学虽然既强调对立又强调统一,但主要是对立,它习惯于二元论思维方式,总是将人与自我、人与社会、人与自然的关系对立起来,把自我看成精神与肉体的对立统一体,将社会看成矛盾斗争的产物,将自然看成征服和统治的对象。西方美学虽然也强调和谐,但是所谓和谐仍是对立基础上的和谐,强调了对立的重要性。如毕达哥拉斯学派这样认为:"一般地说,和谐起源于差异的对立,因为'和谐是杂多的统一,不协调因素的协调'。"②赫拉克利特也表达了类似观点:"互相排斥的东西结合在一起,不同的音调造成最美的和谐;一切都是斗争所产生的。"他并不认为一切结合物都是和谐的,他还说:"结合物既是整个的,又不是整个的,既是协调的,又不是协调的,既是

---

① 熊十力:《新唯识论》(语体本),《熊十力选集》,吉林人民出版社 2005 年版,第 160 页。
② 《西方美学家论美和美感》,商务印书馆 1980 年版,第 14 页。

和谐的,又不是和谐的。"①

中国美学所谓和谐,则如孔子所谓"和而不同"以及《国语》所谓"和实生物,同则不继"等,不是将和谐建立在对立的基础上,而是将和谐与同一相对来论述。这样,中国之所谓和谐就与西方美学之和谐有了不同的思想内涵:它充其量只是肯定了差异性,而且这些差异的东西并不总是对立的,甚至常常能够各自独立发挥作用,并且共同形成协调的整体效果。既强调多样性,尊重宇宙间一切事物各自的个性差异与独立,又强调彼此之间的协调统一与共同发展。如所谓"和五味以调口"、"和六律以聪耳"、"和七情以平其心"等。不仅如此,中国美学还将和谐推广到宇宙间一切事物。它提倡广大和谐的生命精神,尤其重视人与自我、人与社会、人与自然交相和谐、共同创化。在中国美学看来,人与自我、人与社会、人与自然绝无矛盾对立,而是交感俱化、浑然一体的。这里既没有因为对所信仰神灵的崇拜而将宇宙万物看成它的创造物,并因此贬低自然宇宙的价值,将至高无上的美归结于宙斯或上帝等神灵;也没有对关于宇宙事物所谓客观规律的单纯理性探索与专门科学推理所导致的对人类乃至宇宙普遍生命的整体性破坏。在这一点上,中国美学与西方美学相比,是有独特的生命美学精神的。

方东美这样概括了中国美学精神:"中国的大人、圣人,是与天地合德、与大道同行、与兼爱同施的理想人格,如果宇宙间的普遍生命有任何斫丧、任何堕落或任何缺憾,便足以阻碍人道之止于至善,中国道德人格的同情心是博施普及,旁通统贯的,若有一人伤其生,有一物损其性,则是我们做人未尽其善。这确是中国人生哲学的伟大所在。"②《周易》作为中国美学最高智慧的集中体现,最为突出地体现了中国美学广大和谐的生命精神:一是"富有",即中国美学之所谓生命不仅包括人类,而且包括一切生物,乃至宇宙间一切事物;二是"日新",即所谓生命绵延与流动的过程,其实就是宇宙间一切事物各依其性、各尽其性、生生不息、并行不悖地自我超越与创造进化的过程;三是"生生",即其修持原则,是与天地合德、与大道同行、与兼爱同施,使宇宙间所有

---

① 《古希腊罗马哲学》,商务印书馆1961年版,第19页。
② 方东美:《广大和谐的生命精神》,选自蒋国保编:《生命理想与文化类型——方东美新儒学论著选辑》,中国广播电视出版社1992年版,第84页。

人和事物各尽其生生不息的生命本性,不使任何人和事物的生命本性受到压抑甚至伤害,从而达到人与自我、人与社会、人与自然交相和谐、共同创化的"止于至善"的生命境界。

第二章
审美的观念智慧

第一节　中西美学家关于美的本质问题的界说

美的观念问题是美学首先必须面对的问题,同时又是最为劳神的问题,甚至是永远没有终极答案但人们又必须作出回答的问题。正是这一难堪的悖论,激发着人们总是企图针对这一问题作出回答,甚至为此耗尽了精力,同时又以徒劳无获或半途而废而告终。

一、中国关于美的本质的探讨

中国人关于美的本质的探讨基本围绕生命体验展开,从起初对自我生理感官愉悦的感受,逐渐推广为人类共同的善的认识,再发展为宇宙万物普遍的生命本性即真的领悟,大体上可以粗略概括为三种或三个阶段。但这并不意味着三种观念是截然不同的,虽然美并不一定就是善,但善常常可以视为美。而生命本性的真,如果真的体现了万物并育而不相害的特点,就同样是一种善,而且是善的极致,是美的极致。即使最低层次的感官愉悦,如果与他者无害,又何尝不能看成善甚至真呢?当然,这也不意味着三种阶段是截然分明的,比如关于真的界定并不一定出现在善的观念之后,而是在善的观念出现的同时甚至更早的时候。至于关于美的探讨的三个阶段,只是体现了美观念的某种主流形态。

第一种观念是美即感官愉悦。从美的造字上看，如果我们把它理解为会意字，就是从羊从大，味甘美的意思，那就表明中国人对美的本质的认识是起源于味觉感受，并以此为基础，与嗅觉、视觉、听觉和触觉共同构成感官愉悦的。这种根源于味觉并推移至其他感官的美感，只是一种本能的生理快感，大多数时候是以满足审美个体的感官需要为限度的，具有本能性、生理性、个体性的感官享受。即使我们理解为象形字或指事字，即佩戴装饰品的人，即使这一感受上升为美色的层次，仍然是一种视觉范畴的感官愉悦，仍然无法摆脱异性本能的喜悦感，仍然属于本能的、生理的、个体的感官享受的范畴。如果说这种美观念仍然体现了人的自由与解放的思想，那也只是个体的生理本能层面的解放。这虽然不是一个具有较高层次的审美感受，但却是最原始、最基本、最持久的审美感受。这种审美观念深刻地揭示了美起源于个体生理本能以及这种生理本能快感的基本事实，但由于仅仅是一种生理本能的感受，只体现了人类作为动物所共有的审美感受，只体现了人类在从动物向人类演变的漫长过程之中审美的基本事实，反映了人类从野蛮时代向文明时代进化过程之中审美的基本事实，而未能真正体现出人之所以为人的审美特性。与此类似，西方美学从亚里士多德开始也有强调审美感官的观念，但他们只是将视觉和听觉作为审美感官，而将其他感觉作为低级审美感官，甚至否认其作为审美感官的价值和意义。相形之下，中国美学尤其是印度佛教美学所谓"六根"的提法似乎更加全面、系统。

第二种观念是美即善。善是一个伦理学观念。中西伦理学对"中庸"的属性有比较相似的认识。孔子和亚里士多德都对此有论述，他们都在否定过度和不足的情况下，肯定了适中或者适度的价值和意义。其实善还有其他特征，诸如出于责任而非本能，具有利他性而非利己等，康德对此有深刻论述。亚里士多德和康德都有将美与伦理联系起来的论述，但是似乎并不体现西方美学的主流话语，倒是中国美学较为持久地显示出伦理的影响。美首先被界定为对其他事物无害，如《国语》有云："夫美也者，上下、左右、内外、大小、远近皆无害焉，故曰美。"至儒家学派主要思想家则将其认识逐渐深化，孔子认识到"里仁为美"（《论语·里仁》），主要是以仁者为邻里的处所之美；至孟子则主张"充实之谓美"（《孟子·尽心》），已经涉及仁义礼智等品德之美；到荀子所谓"君子知夫不全不粹之不足以为美也"(《荀子·劝学》),则将品德的所有方面作为其内涵,并且强调了纯粹的程度。其中,孔子所谓忠恕的观点即"己欲立而立人,己欲达而达人"(《论语·雍也》)与"己所不欲,勿施于人"(《论语·卫灵公》)就是维系人类社会秩序的准则。由于善常是针对自我之外的他者而言的,是因为有利于他者而显示其善的本性的,所以将善与美相提并论的观念其实是将美作为维系人类社会秩序的道德准则而界定的。这一观念的特点是已经突破了原始阶段美观念的本能的、生理的、个体的感官享受范畴,开始关注和重视维系人类正常社会秩序所必须的伦理道德要求,具有了精神的理智的集体规范性质,表彰了人类之所以作为人类的道德特性。如果说这种美观念同样体现了人的自由与解放的思想,那么这种自由与解放就不仅仅是个体生理本能层面的解放,而主要是人类共同的自由与解放。这是人类战胜动物生理本能走向人之所以为人阶段的审美事实的体现,是人类用理智与意志控制和约束生理本能的必然产物,但这种美观念的发展同时可能限制人类本性的发展,并且也只是局限于人类自身的范围之内,未能体现更加开阔的宇宙观念,未能充分地尊重其他动物乃至自然宇宙的共同生命本性。

第三种观念是美即真。西方美学也强调真,但他们所谓真更多具有自然、真实乃至真理的意思,并不体现西方美学恒久的论题;中国美学所谓真则主要指宇宙万物的生命本性,这使其具有了更加开阔的宇宙视界。中国儒家美学、道家美学和佛教美学在此有比较一致的观念。儒家的观点并不仅仅局限于人类社会秩序之内,在《周易》之中就涉及周遍万物的观念。《周易》有云:"君子黄中通理,正位居体。美在其中而畅于四支,发于事业,美之至也。"(《周易·坤文言》)这是说君子在内以中和通理,在外居体于正位,与宇宙万物为一体,而能周遍万物,成就富有之大业,这才是美的极致。也就是说,所谓美的极点就是宇宙万物各尽其生命的本性,就是宇宙万物的真实本性。《中庸》有云:"唯天地至诚,故能尽其性,能尽其性,则能尽人之性,能尽人之性,则能尽物之性,能尽物之性,则可以赞天地之化育,能赞天地之化育,则可以与天地参矣。"(《礼记·中庸》)这其实也就是庄子所谓真知,即"常宽容于物,不削于人,可谓至极"(《庄子·天下》)。庄子以万物各守其分、各尽其性为美的极致,所谓美其实也就是万物的"性命之情",是谓"彼正正者,不失其性命之情"

（《庄子·胼拇》）。可见主张尽其情性，万物并育而不相害，其实是儒家和道家共同的美学思想。至禅宗更将真如本性作为美。在他们看来，真心或者真如是世界的本源，是宇宙的本体，不仅"一切众生，皆有佛性"，而且"青青翠竹，尽是法身，郁郁黄花，无非般若"（《祖堂集》卷三）。所以慧能主张"自识本心，自见本性"（《坛经·定慧品》），"自成佛道"（《坛经·妙行品》）。这种将宇宙万物的真实本性作为美的观念，显然是中国美观念的一大进步。它放弃了盲目膨胀的自尊，直接地突破了狭隘人类本位主义思想的局限，具有了更加宽阔的宇宙襟怀，以及宇宙间一切万物本来平等的审美意识。这是中国美学宇宙生命精神的体现，同时也是中国美学的伟大贡献。如果说善的观念主要体现了人类自身解放的追求和价值，那么真的观念显然体现了宇宙万物共同的自由与解放，是美学观念所能够达到的最高境界。

中国古代美学对美本质的探讨呈现出视域逐渐扩大、层次不断提高的趋势。至于中国现代美学的审美观念，除生命美学之外，其主要的认识只是重复了西方美学的观念，基本上沉溺于西方美学的低层次重复之中。

二、西方关于美的本质的探讨

西方人关于美的本质探讨同样也围绕真善美而进行，但这并不代表西方审美观念尤其是美观念的主流趋势。西方美观念的主流趋势是围绕美的客观性与主观性发展的，且大体上呈现由客观论向主观论，再向主体间性论发展的趋势。但这并不意味着在古代和中世纪就没有出现主观论，在现代就没有客观论。只是说，在古代和中世纪客观论相对得势，而在近代和现代主观论与主体间性论相继占有优势。

第一种观念是美即客观属性。该观念由毕达哥拉斯学派所创始，他们很早就将和谐、比例、度量和数目作为美的客观基础，在他们看来，是和谐构成了美，但是和谐来自秩序，秩序出乎比例，比例出于度量，度量本于数目。他们坚持认为美乃是宇宙的属性，宇宙之美是一切人为之美的尺度。斯多葛学派认为"身体美确实在于各部分之间的比例对称"①。这个观念后来被柏拉图所采

---

① 《西方美学家论美和美感》，商务印书馆1980年版，第14页。

取,他宣称:"保持度量和比例总是美的",而"缺少度量则是丑的"。亚里士多德也附和这个观点,认为美的主要形式是秩序、比例和限定。他认为:"美要倚靠体积与安排,一个非常小的活东西不能美,因为我们的观察处于不可感知的时间内,以致模糊不清;一个非常大的活东西,例如一个一千里长的活东西,也不能美,因为不能一览而尽,看不出它的整一性。"①类似的观点在宋玉《登徒子好色赋》所谓"增之一分则太长,减之一分则太短"的描述之中也能够见到痕迹。这种观念虽然也曾遭到非议,但从普洛提诺开始到中世纪都未尝废弃,甚至在中世纪产生了更加普遍的影响,常常被归结为上帝的安排,乃至在18世纪之前形成了诸如美包含在变化中的统一、完满,对其目的的适合性、适度、隐喻之中,甚至是原型的观念、永恒的模型、灵魂或内在精神的表现等观念。人们对这种观念的攻击或集中在美包含在比例与和谐的安排之中的中心观点,或集中在与美的客观性、合理性、数学特性相关的各种学说,或形而上学的基础及其在价值阶层上所居的顶尖地位。到18世纪这种攻击愈加频繁和犀利。或认为美不是捉摸不定,以致关于美的理论都不得要领,在他们看来,美甚至包含在缺少规则的气韵生动的丰富内涵之中,以及热情的表现之中,而这些都很少与比例有关;或坚持美只是一种主观印象,比例可以度量,但是美却是人们直接而且自然地感受到的无须计算也无法度量的东西。

第二种观念是美即主观认识。几乎与毕达哥拉斯学派相对,智者学派坚持认为人便是万事万物的尺度。既然人是真与善的尺度,那么也必然是美的尺度,相对于某一事物而言是美的属性,对另一事物而言则完全可能是丑的东西。类似的观点在庄子《齐物论》也有描述,他早就提出了人之所美与鸟兽不同的观点。但是类似观点在西方美学史上却一直未能改变客观论的统治地位,直至18世纪才逐渐有了优势。持此观点的美学家们坚持认为美是一种主观感受和认识。哈奇生认为,美并非事物的客观属性,而只是某种"内心升起的观念"、"心灵的知觉",并不依赖于固定的比例,也不靠理性的原理来加以界定。有些美学家甚至更加极端,认为一切美都是主观的、相对的,并且是世俗的事,任何事物都可以被当做美来感受。如艾迪生形式之美完全出于人们

---

① 亚里士多德:《诗学·诗艺》,人民文学出版社1962年版,第25—26页。

加于它们之上的态度,佩恩·耐特认定比例之美也"完全依赖于观念的联想",类似的观念还被休谟、博克、荷姆、杰拉尔德等所推广,如休谟表示:"美并不是事物本身里的一种性质。它只存在于观赏者的心里,每一个人心灵见出一种不同的美。"①而荷姆更加明确地指出:"美这个概念,最要紧的是涉及一个知觉者。"由于这种理论强调了主观感受和认识,因而也不可能形成关于美的一般性理论,充其量只能形成美如何被人体验的理论,于是人们不再关注对象的审美属性,而将主要精力用来探讨主体的心理属性。这使这种理论从一开始,就暴露出诸多缺憾。他们强调审美感受和审美趣味的直接性,乃至直观或者直觉,认为审美活动无须思想的参与,但是事实上只要有审美活动,就似乎不可避免地存在审美判断,而当这种判断体现为孰美孰丑的分析时,其思想参与与判断的情形就存在了。他们强调审美快感与其他快感的区别,主张无目的的合目的性,其实真正无目的的纯粹审美快感常常很难存在,即使是所谓无用之用,也绝对不是纯粹的无目的,反而可能是大目的。而且对某种事物的任何心理反应,其实都取决于反应者与反应对象共同的作用,尤其取决于反应者的感知力与反应对象的吸引力,这种对某种事物的心理反应,既受制于对象又为反应者所特有。

第三种观念是美即主客观统一。在毕达哥拉斯学派遭到智者学派的反对时,苏格拉底就尝试一种折中的解决方案,他把美的事物区分为两类:美在它们的本身的事物,以及相对于用到它们的人才显得出美的事物。也就是美一部分是客观的,一部分是主观的。客观性的以及主观性的美是同时存在的。后来康德又以另外的方式尝试结合美的客观论与主观论。在康德看来,审美经验不是由单纯的感觉所唤起,也不是由单纯的判断所唤起,而是由二者的共同作用,以及足以激发二者共同作用的事物所共同唤起的,而且只能由其结构适合于审美者本性的事物所成就。美观念的客观论与主观论的争执至此似乎有了结局。但是后来的西方美学事实上仍然各执己见,甚至到海德格尔所谓"美是作为无蔽的真理的一种现身方式"的观念②,仍然不十分清晰,仍然在相

---

① 《西方美学家论美和美感》,商务印书馆 1980 年版,第 108 页。
② 海德格尔:《艺术作品的本源》,《海德格尔选集》,上海三联书店 1996 年版,第 276 页。

第二章　审美的观念智慧

49

当程度上存在主观论的嫌疑。这种观念表面上似乎与黑格尔所谓"美是理念的感性显现"①相似,其实在黑格尔看来,艺术的内容就是理念,而艺术只是这种理念的感性显现形式。但是海德格尔所谓真理则是人进入大澄明境界,在与物对待、格物致知的基础上所形成的知识论或科学的真理,而且是自行遮蔽的真理以澄明无蔽的形式显现在艺术之中,这种澄明无蔽真理的闪烁光辉就是美。

类似观点在中国古典美学之中也屡见不鲜。他们常常强调审美者与审美对象的高度和谐统一,如庄子就有所谓"物化"、"物忘"的思想。庄子把这种自我与世界合而为一,不知有我,不知有物,所达到的自我与外物遂与相忘的性质,在《齐物论》之中表述为"此之谓物化",在《在宥》中表述为"吐尔聪明,伦与物忘"。无论庄子的物化,还是刘勰所谓"情以物迁,辞以情发"的物色理论以及王阳明都有相应论述。王阳明所谓"天下无心外之物",认为:"你未看此花时,此花同汝心同归于寂,你来看此花时,则此花颜色,一时明白起来。便知此花不在你的心外。"②不把审美作为单纯的客观或者主观的行为,而是作为共同行为的观点,在古代中国是十分普遍的。也许佛教的阐述最有见地,如《楞严经》早就有"汝今见物之时,汝既见物,物亦见汝"(《楞严经》卷二)的精辟论述。在西方美学中倒是后来的胡塞尔等才真正发展成为主体间性论。尧斯也指出:"我把日常世界的现实体验为一个我与其他人(同代人)共享的互为主体的世界。"③也许美之主观性与客观性问题,是不能仅仅依靠是与否来解决的,只能依靠一种多元的既是又否或者中间关系的既非是又非否来解决;也许是一个过于普通、马虎乃至陈旧的问题,无须人们探讨;也许是一个永远不会有定论的哲学问题,只能反复无常地从一个立场转变到另一个立场。

西方美学关于美本质的探讨基本上呈现出诸如从广义到狭义,从世界美到艺术美等视域逐渐缩小,以及从理性所把握的美到本能所领会的美等层次逐渐降低的趋势。中国现代美学由于长期以来存在依赖西方美学的思想,因而也不可避免地陷入同样的逻辑怪圈之中。其实保持美学发展的自身优势以

---

① 黑格尔:《美学》第 1 卷,商务印书馆 1979 年版,第 142 页。
② 王阳明:《传习录》,《王阳明全集》第 1 卷,红旗出版社 1996 年版,第 112 页。
③ 尧斯:《审美经验与文学阐释学》,上海译文出版社 1997 年版,第 443 页。

及民族精神是至关重要的,但中国现代美学乃至许多东方美学却丧失了这种自信,乃至为此付出了惨重代价。

第二节 美的本质界说及其困惑

美的本质界说构成了美学史发展的核心话语,在创造了许多美学理论的同时,也耗尽了许多美学家的宝贵精力,并且因此使美学遭到了人们的怀疑和漠然。本质主义美学理论在现代遭到了反本质主义美学的更猛烈而且深刻的批评,促使人们形成了对美学发展史更明确的反思。

一、本质主义、反本质主义以及本质界说的困惑

人们认为,任何事物都存在着本质,而且这种本质,并不是某种已经摆在人们面前只需安排就变得一目了然的东西,而是某种蕴涵于表象之中,只有透过这些现象才能被分析和挖掘出来的东西。几乎古往今来所有思想家不仅从来不怀疑,反而十分自信地认定包括自然、社会、历史事件或文本在内的一切事物,都存在一种客观的、自在的、不以人们意志为转移的本质规律,这种本质规律就是自然科学、社会科学和人文科学所孜孜不倦的追求与发现的所谓"真理",理解与阐释活动便是揭示这种"本质"、"规律"乃至所谓"真理"的必然选择。一旦发现了这种所谓本质、规律或真理,就认为发现了万古不变的自然法则、社会规律或者行为准则,就用它来规定、约束、指导人的一切活动。但是尼采所谓"上帝死了"的观点,似乎不仅宣告了中世纪宗教思维的结束,而且在更加深刻、广泛的意义上宣告了形而上学和本质主义的终结。

尼采在《道德谱系学》中指出,真理并不是客观存在的、等待人们去寻找的东西,而是人创造出来的,甚至为了权力意志的需要必须创造出来的东西。他甚至这样表达道:"假如现在某个思想家提出一个完整的认识体系的话,这有点孩子气或者根本就是一种欺骗手法。"[①]此后的后现代主义理论家继承了

---

① 尼采:《尼采遗稿选》,上海译文出版社 2005 年版,第 89 页。

尼采以及后来同样为本质主义批判作了理论准备的海德格尔与弗洛伊德等思想家的精神,对本质主义展开异常猛烈的批判。如利奥塔确信,并非所谓真理,而是权力的大小、强弱,即论证的力量决定了话语是否是真理,真理意志暴露出它是权力意志的一种狡猾变体。德里达也指出没有一种自在的、对一切时代都适用的对存在和世界的阐释,阐释并不意味着在事物或文本的外壳下找到了一种完整的、固定不变的意义,而是把人臆造出来的所谓意义强加于事物,植入文本。可见,人类的宗教、伦理、科学、艺术等一切自然科学、社会科学和人文科学其实都是首先假定研究对象本身存在一定本质及其规律,然后试图借助他们所特有的理解和阐释来描述他们所认为的本质和规律,并且将这种他们所"发现"的所谓本质和规律作为"真理"。其实他们是将自己的理解和阐释强加于研究对象并作为它们本身存在的本质和规律来看待的,不是他们"发现"了所谓"真理",而是发明这些所谓"真理"。事实证明,无论自然科学、社会科学,还是人文科学所寻找的本质、规律,所发现的真理,"都只不过是思维着的精神创造出来的神话"①。

美学史上出现的大部分理论尤其美的界定和观念几乎都产生于这种假设。这种本质主义美学的共同特征,就是假定所有审美体验乃至美与艺术之类都存在着所谓普遍规律和本质,都自信他们自己的理论或者观念就是透过审美现象而对审美规律和本质进行的概括。谢林、黑格尔等都是这种本质主义美学的突出代表。在美学上一般认为维特根斯坦及其追随者是反本质主义美学的代表。在维特根斯坦看来,事物的重要方面常常因为简单和为人熟知而不被人所见,哲学的任务只是为某一特定目的搜集提示物,把一切摆在人们面前,既不作说明也不作推论。真正的发现是使哲学得到安宁,不再为哲学本身成问题的问题所折磨。② 反本质主义美学认为,关于美和艺术的界定总是落后于审美经验和艺术的变化,任何关于本质的界定都不能把握审美特征。被当做本质特征的东西常常是成问题的。其实关于美的本质观念的批评既不开始于维特根斯坦,也不开始于尼采,而是从老子和苏格拉底开始的。老子明

---

① 曼·弗兰克:《正在到来的上帝》,《后现代主义》,社会科学文献出版社 1999 年版,第 40 页。

② 参见维特根斯坦:《哲学研究》,商务印书馆 1996 年版,第 76—78 页。

确提出:"道可道,非常道;名可名,非常名。"(《老子》第一章)"天下皆知美之为美,斯恶已;皆知善之为善,斯不善已。"(《老子》第二章)苏格拉底也有类似的认识:"没有任何事物仅凭自身就可以是'一'事物,你也不能正确地用某些确定的名称称呼任何事物,甚至不能说出它属于任何确定的种类。相反,如果你称它为'大',那么你就会发现它也小;如果你称它为'重',那么你会发现它也是轻,其他所有名称亦莫不如此,因为无物是'一'物或'某'物,或属于任何确定的种类。我们喜欢说的一切'存在的'事物,实际上都处在变化的过程中,是运动、变化、彼此混合的结果。把它们叫做'存在'是错误的,因为没有什么东西是永远常存的,一切事物都在变化中。"①此后的禅宗也有这方面的论述。

遗憾的是中国自从借鉴了西方美学以来就忘记了这一宝贵思想财富,乃至在 20 世纪津津乐道于客观论、主观论乃至主客观统一论的论争,真是既拾人牙慧,又徒劳无益。倒是某些印度美学家在此表现出了较为独特的思考。在克里希那穆提看来,对于美的思考与膜拜其实仅仅是一种对存在与自我的逃避,他指出:"那些野心勃勃、工于心计的美的追求者只是在膜拜他们的自我投射。他们完全是自我封闭的,在自己周围竖起高墙;因为没有什么能够在隔绝中生存,苦恼就产生了。这种对美的追求和对艺术喋喋不休的讨论是对生命即自我的逃避,这种逃避广受尊崇。"②

西方美学似乎更加不幸,虽然苏格拉底有这一深刻的认识,但是后来并没有引起美学家的足够重视,如果柏拉图还有一定的认识,认为美是难的,但是到亚里士多德则完全陷入本质主义的陷阱之中,并且将后来的美学家都诱入其中。直到维特根斯坦才又重新捡起反本质主义的观点,乃至从根本上改变了亚里士多德以来本质主义美学的统治地位,拉开了反本质主义美学的序幕。事实上老子和苏格拉底的反思本身已经意识到了美的界定存在的双重困惑:一是美本身混沌恍惚、变化不定,人们只是认识到他们所能认识的特征,总是忽略了同样有理由界定但没有被他们认识的特征;二是人们的界定总是依赖

---

① 柏拉图:《柏拉图全集》第 2 卷,人民出版社 2003 年版,第 665—666 页。
② 克里希那穆提:《爱与思——生命的注释 I》,华东师范大学出版社 2005 年版,第 239—240 页。

于语言,而语言本身存在不能穷尽一切意义和特征的局限,人们用语言只能界定那些能够用语言界定的特征,而对那些不能用语言界定的特征只能退避三舍,望而却步。

二、尚无结论的结论

由于反本质主义美学以及后现代主义对本质主义的批评,也由于本质界定自身存在的不可克服的困难,人们逐渐接受了反本质主义美学的观念,放弃了对美提供规范性界说的尝试,认为并不是所有美学概念都必须进行本质主义的界定才有意义。

一是人们或者接受了开放性观念,在给审美对象进行分类的同时,既排除某些特征,又容纳某些特征;既尊重审美对象的变化与不可界定的特征,又容纳了那些相对稳定的可界定的特征。但是,这样的界定其实也并不能够提供规范且确定的界定,尤其当人们将希望寄托于某些权威认定的时候,这种随意性和不确定性就显得更加突出了。二是人们或者避免在理论上使用美的概念,逐渐采用显然更加狭义的审美来取代美,使美这个美学核心概念仅仅被保留在人们的日常生活之中,但是用审美取代美也没有能够在根本上改变这种困惑。

本质主义美学的特征是相信美是普遍存在且永恒的绝对真理,但事实上人们对事物的认识,只能逐渐地接近真理,且永远不可能达到真理。或者更加具体地说,人们对美的任何探讨,充其量只能是一种对美的相对认识,一种阶段性成果,一种相对真理,永远不可能达到绝对真理。历来美学研究乃至美学教材的共同缺陷是,将相对真理当做绝对真理,将阶段性成果当做终极真理。《楞严经》在谈到修行佛道所遇到的诸多问题时,有三句话颇有普遍性意义。一句是:"暂得如是,非为圣证,不作圣解,名善境界。若作圣解,即受群邪。"一句是:"悟则无咎,非为圣证,觉了不迷,久自消歇。"一句是:"悟则无咎,非为圣证。若作圣解,则有一分好轻清魔入其心腑,自谓满足,更不求进,此等多作无闻比丘,疑误众生,堕阿鼻狱。"(《楞严经》卷九)用我们现在的话说,就是不能把阶段性成果即相对真理当做绝对的终极真理。如果当做绝对真理,就会骄傲自满、不求上进,闭目塞听、自以为是,就会贻误众生。只有明白了这一道理,才能领悟人生智慧,远离颠倒梦想和疑惑迷误。

尽管人们认识到本质主义美学关于美的界定存在诸多缺憾,尽管有史以来对于美的本质的探讨,充其量只是形成了一系列关于美乃至审美活动的知识与经验,积累了一系列与美有关的知识,但这并不意味着传统理论完全错误,只是并没有揭示人类的审美智慧。事实上,在美学上既没有完全错误的观点,也没有完全正确的理论。正是由于这个原因,人们既不能完全迷信传统理论,也不能放弃这些理论和界说。因为每一种理论和界说尽管存在诸多缺憾,但仍然是人们步入美学殿堂、认识审美智慧的主要途径和方法。人们只有深刻地认识到各种传统理论的诸多缺憾,才有可能进一步超越传统美学,发展传统美学,将美学研究推向一个新的发展水平。所以我们提倡反本质主义美学的目的,就是为了强调只有尚无结论的结论,只有相对真理,没有终极真理;就是提醒人们既不堵塞自己的悟门,也不堵塞别人的悟门;就是提倡所有人自己去体悟,去证悟,不要迷信语言以及概念阐释;就是提倡得意忘言,离名绝相的圆融领悟。

现在流行的许多美学著作乃至教材的共同缺陷是,将对审美知识的追求与阐述作为美学研究的宗旨。其实所谓关于审美的知识都是暂时真理,并不是终极真理,且充其量只能是一种自己闭目塞听,自以为是,以绝对真理自居自欺欺人地塞人悟门的行为而已。因为真正的审美智慧是与人类的生命体悟与感知有关,与审美知识没有必然联系。克里希那穆提的观点是有启发性的,他说:智慧不是知识的积累,"积累是自我封闭的反抗,知识加剧了这种反抗。知识崇拜是一种过度崇拜,它解决不了我们生活中的冲突和苦恼。知识的斗篷可以掩藏却无法将我们从日益加剧的困惑和悲哀中解脱出来"。① 中国古代也有所谓"绝学无忧"、"塞人悟门,罪莫大焉"等说法,只是没有获得很好的阐释与张扬。所以,我们的审美智慧论,其实是对西方美学的彻底反叛与颠覆,是对中国乃至东方古典美学的重新发掘与阐释,是对东方古典美学及其智慧的充分肯定与张扬。现代教育的最大弊端在于将知识的记忆与积累作为衡量教育质量的重要标准甚至唯一标准,但是知识仅仅是知识,并不能够转化为

① 克里希那穆提:《爱与思——生命的注释Ⅰ》,华东师范大学出版社2005年版,第23页。

第二章 审美的观念智慧

生命的智慧。有时知识只能束缚人们的头脑,制造更多困惑与负担,并不能真正促进人类的发展与生命的升华。

第三节　审美的智慧表征

尽管对美的本质界定存在诸多缺憾,往往出力而不讨好,不得不采取以审美来代替美的做法,尽管这一做法同样值得深刻反思,但毕竟成为近年来美学发展的基本事实。我们关于审美的描述,其实也只是为了进一步探讨审美的某些智慧,并不是为了形成关于审美的知识、重构审美的知识谱系。同时所有审美的描述也仅仅是对审美智慧表征的暂时感受,并不是终极认识,更不是终极真理。尽管这仅仅是一种描述,并不是一种理论界定,仍有可能陷入本质主义的危险。

一、审美是生命存在的自觉形式

人类不同于动物的特征之一,就是人类的生命活动具有自觉性,而动物的生命活动只是出于一种无意识的本能。在马克思看来,人类的生命活动区别于动物生命活动的特征在于,人类的生命活动是本身合目的的有意识的活动。首先人的生命活动是有意识的,而动物的生命活动是无意识的。马克思认为:"动物与它的生命是直接同一的。动物不把自己同自己的生命活动区别开来。它就是这种生命活动。人则使自己的生命活动本身变成自己的意志和意识的对象。他的生命活动是有意识的。这不是人与之直接融为一体的那种规定性。有意识的生命活动把人同动物的生命活动直接区别开来。"[1]人类区别于动物生命活动的特征之一在于人类生命活动的自觉性,作为人类生命活动特殊形式的审美活动理所当然是具有自觉性的。也就是说动物无法将自己的生命活动本身作为自己意识的对象或内容,人类却能够将审美活动乃至所有生命活动都直接地作为意识的对象和内容。古往今来所有艺术家的艺术创作

---

① 《马克思恩格斯全集》第 42 卷,人民出版社 1979 年版,第 96 页。

都可以看成是这种审美活动的自觉体现。

　　生命存在自觉形式的最基本事实是人类的自我意识。人类不仅能够与自我相比较,将自我作为认识的对象,而且能够将自我作为第三者来加以评判,既可以认同自我,也可以在不满的基础上寻求自我超越。正是自我认同、评判以及超越的意识构成了生命自觉的最基本内容。审美活动作为人类审美活动的一种特殊形式,理所当然是一种生命存在的自觉形式。人类从很早的时候就开始了这种对美的自觉探讨,而且总是与人类自身的生命本身相联系。人类对自身之美的意识内容是作为生命存在自觉形式的最为典型的体现形式。如古希腊人很早就开始了这种认同与超越。德谟克利特就有"人的美,若不与聪明相结合,是某种动物性的东西","身体的有力和美是青年的好处,至于智慧的美则是老年所特有的财产"。① 苏格拉底也有"美,节奏好,和谐,都由于心灵的聪慧和善良"以及最美的境界是"心灵的优美与身体的优美和谐一致,融成一个整体"的观点。②

　　相形之下,中国思想家同样谈到人的美,而且更热衷于将人与天地大美相提并论,具有更加广大和谐的自然宇宙意识。中国哲学家不仅认识到人类生命之美,而且认识到了宇宙生命之美。《老子》有"道大,天大,地大,王亦大"(《老子》第二十五章)的说法,《论语》有"大哉尧之为君也! 巍巍乎! 惟天为大,惟尧则之"(《论语·泰伯》)的慨叹,《中庸》则明确指出:"能尽人之性,则能尽物之性,能尽物之性,则可以赞天地之化育,能赞天地之化育,则可以与天地参矣。"(《礼记·中庸》)所有这些构成了中国美学广大和谐的生命意识以及审美智慧。事实上中国美学对自我、人类乃至整个宇宙美的意识实际上就是宏大生命的自觉形式,同时也是生命最为广泛而且普遍的自觉形式。方东美深入地阐释了这种生命的自觉形式,指出"天地之美寄于生命,在于盎然生意与灿然活力,而生命之美形于创造,在于浩然生气与醇然创意。这正是中国所有艺术形式的基本原理"③。人类生命活动的有意识性决定了审美活动的

　　① 《西方美学家论美和美感》,商务印书馆 1980 年版,第 16—17 页。
　　② 同上书,第 23 页。
　　③ 方东美:《中国人的艺术理想》,选自蒋国保编:《生命理想与文化类型》,中国广播电视出版社 1992 年版,第 366 页。

自觉性,决定了人们总是能够将生命之美作为美的最高境界。这个生命,不仅包括自我的生命,同时包括整个人类的生命,甚至整个自然宇宙的生命。这就使作为生命活动的一种特殊形式的审美活动,具有了最为广泛的生命存在的自觉形式。因为这里的生命实际上是包括自我、人类乃至自然宇宙的整体认识的,因而也最为广泛地体现了审美活动作为生命自觉形式的特征。

二、审美是生命体验的自由形式

虽然私有制下的人类劳动往往异化为一种以满足劳动之外的诸如报酬等需要为目的的生命活动,这就使劳动本身所具有的自由自觉生命活动性质,以及人们在劳动中能够全面占有自己的思维、情感、意志等生命本质的特点等,被异化为一种带有一定强制性的生命活动,使人们在这种劳动中不仅不能自由发挥自己的体力和智力,而且只能片面占有自己的本质,不仅不能使人在其中肯定自己感到幸福,而且常常否定自己,感到不幸,是一种自我牺牲和自我折磨。但是这并不代表人类生命活动的本身,因为人类的劳动应该是自由的,应该是一种具有本身合目的性的有意识的生命活动,即一种以劳动本身作为目的的生命活动,但是私有制使劳动产生了异化。

人类区别于动物的又一个特征,就是人类的生命活动是自由的,而动物的生命活动则是片面的、不自由的。在马克思看来,人类生命活动正是以自由的特点区别于动物的生命活动。在他看来,人的生产是全面的,而动物的生产是片面的。马克思指出:"动物的生产是片面的,而人的生产是全面的;动物只是在直接的肉体需要的支配下生产,而人甚至不受肉体需要的支配也进行生产,并且只有不受这种需要的支配时才进行真正的生产;动物只生产自身,而人再生产整个自然界;动物的生产直接同它的肉体相联系,而人则自由地对待自己的产品;动物只是按照它所属的那个种的尺度和需要来建造,而人却按照任何一个种的尺度来生产,并且懂得怎样处处都把内在的尺度运用到对象上去。因此,人也按照美的规律来建造。"①审美活动作为人类生命活动的一种特殊形式自然是一种自由的生命活动,是人类生命体验的一种自由形式。马

---

① 《马克思恩格斯全集》第42卷,人民出版社1979年版,第97页。

克思虽然没有清楚地论述审美与劳动和异化劳动之间的关系,但是他所谓劳动具有的自由自觉性、全面普遍性和本身合目的性,显然与康德、黑格尔所阐述的审美特性一致,他所谓异化劳动所具有的性质则与审美特性格格不入。只是马克思并没有把审美活动看成是使人类克服异化的片面性而获得自由解放的主要手段,而是将通过阶级斗争,消灭私有财产,实现共产主义作为主要途径。实践马克思主义在某种程度上也忽略了审美的价值和意义,只是将阶级斗争作为主要手段,倒是理论马克思主义似乎对阶级斗争丧失了信心,一味地强调了审美的价值和意义,甚至将审美直接地看成使人类克服异化、获得自由解放的手段。这就使审美活动所具有的自由解放性质获得了美学上最为明确的阐述。

但西方马克思主义美学并不是关于审美自由解放的最早阐述者。此前的西方哲学家就有精辟的论述。康德、席勒和黑格尔等就有论述,如在康德看来,鉴赏判断不是逻辑的,而是审美的,是"凭借完全无利害观念的快感和不快感对某一对象或表现方法的一种判断力"①。这种审美的自由性,也就是席勒所谓"纯粹的游戏"。在席勒看来,人对于舒适、善、完美只有严肃,但是同美是在游戏。"人同美只应是游戏,人只应同美游戏",而且"只有当人是完全意义上的人,他才游戏;只有当人游戏时,他才完全是人"②。事实上庄子的论述似乎更早。庄子所谓"游"同样可以解释为审美解放。庄子并不像现代美学那样将审美活动本身作为一种目的,而是以精神的自由解放为目的。这种精神的自由解放,在他看来,就是所谓"闻道",所谓"体道",就是所谓"与天为徒",就是所谓"入于寥天一"。庄子《逍遥游》即是这一思想的集中阐释。所谓"游"在段玉裁《说文解字注》中被释为出游、嬉游,在《广雅释诂三》中被解为戏。实际上也就是一种除了游戏本身可能带来的快感,再没有游戏之外的其他功利目的的活动,其特征就是无用,即庄子《逍遥游》所谓无用之用。这种审美的自由性,也就是康德所谓"自由的游戏"。朱光潜也明确阐述道:"人愈能脱肉体需要的限制而作自由活动,则离神亦愈近。'无所为而为的玩

---

① 康德:《判断力批判》上,商务印书馆 1964 年版,第 47 页。
② 席勒:《审美教育书简》,上海人民出版社 2003 年版,第 122—124 页。

索'是唯一的自由活动,所以成为最上的理想。"①

可见,审美是一种能够使审美者充分体验到精神自由和解放的生命活动,这反映了人类的共同追求,同时也体现了许多美学甚至哲学思想的共同目标。做一个具有丰富感觉的完整的人,应当是人类一切活动的终极目的。在这一点上,马克思的主张与一切哲学、宗教、艺术、科学等人类活动似乎没有什么差异。差异只是表现在对现实生命活动的不自由以及获得自由与解放的手段与途径的认识有所不同。但是无论如何,审美活动显然应该是一种行之有效的使生命获得自由解放与丰富完整的重要途径。

三、审美是生命超越的圆满形式

寻求生命超越似乎是古往今来人们的一种共同追求,而且也是人类一切生命活动的终极目的。无论宗教、科学、伦理,还是哲学、艺术,都是人类寻求自我超越的手段和途径,只是由于人们对生命局限的理解和认识不同,从而形成了不同的超越途径和方法。如宗教将人类生命的局限归因于欲望与邪恶,于是他们就将压抑一定欲望、调节人类欲望世界、进行神灵崇拜,作为完善和超越自我的途径;科学则将人类生命的局限和不幸归结为瘟疫、自然灾害、疾病、贫穷,于是将提高人们抵御自然侵害、创造物质财富作为寻求自我超越的途径;伦理学则认为人类生命的不幸则是由于不公平、不公正,于是将建构公平、公正、合理的伦理关系和分配原则作为寻求自我超越的途径。

在这些寻求生命超越的努力之中,有一个观点主张将摆脱身体束缚作为获得生命超越的主要手段。在他们看来,肉体才是束缚人类获得生命超越与自由的根源。《梵经》认为个我与最高我即梵的差别主要是身体等限制性因素造成的。而身体等主要由无明变幻出来的名色所构成,只有个我超越了身体等因素的限制,才能达到最高我的境界。"(个我)从身体中脱出时,(它才)这样(与最高我同一)"②的观点,有些像老子所谓"吾所以有大患者,为吾有

---

① 朱光潜:《谈美·谈文学》,人民文学出版社 1988 年版,第 97 页。
② 《梵经》,选自姚卫群:《古印度六派哲学经典》,商务印书馆 2003 年版,第 278 页。

身;及吾无身,吾有何患"!(《老子》第十三章)苏格拉底也将肉体视做束缚人类进行自由思考获得智慧的因素,他详细论述道:"只要我们还保留着不完善的身体和灵魂,我们就永远没有机会满意地达到我们的目标,亦即被我们肯定为真理的东西。首先,身体在寻求我们必需的营养时向我们提供了无数的诱惑,任何疾病向我们发起的进攻也在阻碍我们寻求真实的存在。此外,身体用爱、欲望、恐惧,以及各种想象和大量的胡说,充斥我们,结果使我们实际上根本没有机会进行思考"。"如果我们想要获得关于某事物的纯粹的知识,我们就必须摆脱肉体,由灵魂本身来对事物本身进行思考"。在他看来,"灵魂解脱的愿望主要,或者只有在真正的哲学家那里才能看到。事实上,哲学家的事业完全就在于使灵魂从身体中解脱和分离出来"。① 但是这种观点在尼采时代就受到了人们的怀疑,因为身体与灵魂的不可分最终决定了人们在否定身体的同时也必然地否定了灵魂的存在可能。

与将身体作为生命超越的突破口不同,马克思主义政治经济学将废除私有财产作为人类获得生命超越与自由的主要手段。在马克思及其继承者看来,无论人们为了获取劳动之外的某种报酬的生产活动,还是为了满足占有商品的荣耀感的消费活动本身,都不能真正体现全面占有人的感觉、情感和思维等本质的特征,都存在人被束缚、被奴役、被扭曲的特征。在马克思看来,有意识的生命活动是人与动物的根本区别。人由于是有意识的存在物,其活动才是自由的活动;但是正因为人是有意识的类存在物,异化劳动才使其生命活动变成仅仅维持其生存的手段,才使其类本质变成异己的本质。异化在有私有财产以来的全部人类历史中一直存在着,只是在资本主义社会达到顶峰。马克思指出:"异化劳动把自我活动、自由活动贬低为手段,也就把人的类生活变成维持人的肉体生存的手段。"② 这种异化诚然与本能欲望有关,但外界作为一种强制性力量也是一个极其重要的原因。贫困迫使人感觉到对私有财产的需要,以为只有拥有和消费私有财产时才是真正自由的,而且人们越湮灭在这种发财欲中,越成为私有财产的奴仆,其异化的本质积累得越多,越以为自

---

① 参见柏拉图:《柏拉图全集》第 1 卷,人民出版社 2002 年版,第 63—65 页。
② 《马克思恩格斯全集》第 42 卷,人民出版社 1979 年版,第 97 页。

由和幸福。现代社会商品的丰富性虽然可以使人们通过自由选择、占有和消费自己需要和喜欢的商品,并以其作为荣耀的行为,直至受到商品广告和政府指令的控制,成为商品和消费的奴隶,但是毕竟使人们摆脱了贫困,拥有了占有和消费商品的极大自由。决定性的差别在于是否把已有的和可能的、已满足和未满足的需要之间的对立(或冲突)消去。所谓阶级差别的平等化显示出它的意识形态功能。如果工人和他的老板享受同样的电视节目并漫游同样的游乐胜地,如果打字员打扮得同她的雇主的女儿一样漂亮,如果黑人也拥有凯迪拉克牌高级轿车,如果他们阅读同样的报纸,这种相似虽然并不表明阶级的消失,但是表明现存制度下的各种人似乎在分享着基本相同的需要,因此也最大限度地麻痹了人们的反抗需要。马尔库塞指出:"社会劳动的等级制的发展,不仅使统治合理化了,而且'遏制'了对统治的反抗",因为"统治使个体继续作为劳动工具并强令其从事苦役和克制时,已不再单纯是或主要是为了维护某些特权,而是为了更大规模地维护整个社会。于是反抗的罪恶被大大加强了"。"反抗成了对整个人类社会的犯罪,从而也不再能得到酬报和补赎了"①。现代社会极权主义的共同特征主要不是表现为是否施行恐怖和暴力,而是表现为是否允许对立派别、对立意见、对立向度的存在。这就使当代工业社会作为一个新型的极权社会,往往能够成功压制这个社会的反对派和反对意见,压制人们内心中的否定性、批判性和超越性的向度,从而使人们的任何关于力图推翻私有财产的想法倒像是一种犯罪,于是推翻私有财产的希望就变得有些渺茫。

相形之下,审美解放似乎显得更加切实可行。正由于人们对其他生命超越手段本身所存在的诸多问题的思考,才使人们有可能将生命超越的希望寄托于审美活动。虽然这一思想的被普遍接受是从西方马克思主义美学的大力倡导开始的,但对审美所具有的能够促使人类自我超越功能的认识却是从席勒、康德、黑格尔等思想家开始的,如席勒就有审美"使人类摆脱关系网的一切束缚,把人从一切可以叫做强迫的东西(无论是物质的还是精神的强迫)中

①　马尔库塞:《爱欲与文明》,上海译文出版社2005年版,第68—70页。

解放出来"的观点。① 审美活动之所以能够达到生命超越的目的,是因为它至少能够让审美者最充分、最完满地运用自己的各种能力,并达到所有力量的极致和顶峰,正如马斯洛所说,"达到了人的不可重复性、个性和特质的顶点",成为"一种纯粹精神而不再是存活在世界法则之下的世界之物"。②

而且审美解放还能促使人类最大限度超越自我本能的原始欲望、外界力量和文明戒律可能给人带来的束缚,以及现实生存体验的局限,达到对生存意义本真体验和深刻领悟的境界。人类作为生命存在物都是审美的主体,都拥有根据自己主观趣味乃至本能欲望建构其审美话语的均等权利。审美的这种主体性不仅能够使人类最大限度地摆脱私有财产以及以此为基础而形成的物的世界和社会政治环境等外界力量对人类自身的统治和奴役,使人类从其控制和奴役中从解放出来,由被外界奴役的异化主体提升为纯粹主体。审美活动的突出特征还在于能够消除审美者与审美对象的对立,达到审美者与审美对象的高度融合。在一般现实活动之中,人类与其对象的关系充其量是主体与客体的双向互动关系,甚至是互为主体性和互为客体性关系。但在真正的审美活动之中,这种关系常常发展为彻底的主体间性关系。在真正审美活动之中,实际上没有纯粹被动的客体,无论作为审美者的人类自我,还是作为审美对象的世界,其实都是能动的主体,而且显示出二者高度和谐与统一的特征。在西方胡塞尔是最早的阐述者,在中国庄子"物化"就是一种表述,在印度《楞严经》的阐述很有代表性。

审美活动之所以能够达到生命超越的目的,还在于能够使人类不再执著于表象的美与丑,乃至消除美与丑的对立,达到二者的高度统一,庄子有所谓厉与西施,"道通为一"(《庄子·齐物论》)的观点,而在此之前《奥义书》也有类似的看法,如所谓"爱憎无两触,美丑同不与"③、"遍处于美者不美者皆无所凝滞,无厌憎亦无乐欣"④的观点等。在他们看来,执著于美与丑的区别是

① 《西方美学家论美和美感》,商务印书馆 1980 年版,第 183 页。
② 马斯洛:《论高峰体验》,《西方二十世纪文论选》第 1 卷,中国社会科学出版社 1989 年版,第 290—291 页。
③ 《自我奥义书》,《五十奥义书》,中国社会科学出版社 1984 年版,第 780 页。
④ 《波罗摩诃萨奥义书》,同上书,第 996 页。

第二章 审美的观念智慧

肤浅的、片面的、谬误的。审美活动之所以能够达到生命超越的目的,在于能够帮助人类消除人与人乃至人与自然的对立,达到人与自然宇宙的高度和谐。中国美学家不仅认识到了人与自然乃至宇宙绝无对立与矛盾、浑然同体、浩然同流、生生不息的有机整体,如《管子·五行篇》有"人与天调,然后天地之美生"的观点,而且认识到了自然宇宙之大美在于无言之美。只是中国哲学家虽然十分崇尚天地大美乃至自然宇宙之美,但并不经常用十分清晰的语言加以阐释或界定。但这并不证明他们对自然宇宙之美的认识是模糊的肤浅的,反而由于他们对自然宇宙之美的认识最为透彻,乃至使任何语言阐释或描述都显得苍白无力。孔子有"天何言哉!四时行焉,百物生焉,天何言哉"(《论语·阳货下》)的感慨,庄子亦有"天地有大美而不言,四时有明法而不议,万物有成理而不说"(《庄子·知北游》)的主张。《奥义书》也有"涵括万事万物而无言,静然以定者,是吾内心之性灵者,是大梵也"①的说法。西方美学对审美所具有的圆满超越的认识总是停留在摆脱诸多现实束缚,达到主体与客体的高度融合的层次,中国、印度乃至东方美学达到了更高的认识层次。在中国、印度美学看来,天地之大美在于人类与普遍生命相与俱化,创造不息。如果过于执著于主体与客体、人类与自然,以及美与丑的对立,就难以真正达到对于生命的圆满超越。

审美活动能够成功地消除审美者与审美对象的对立状态,使人类在审美活动的和谐关系之中充分地体验到审美快感的价值与意义,获得自由幸福的生命体验。审美活动对美与丑、人与自然对立状态的消除,从根本上消除了人类现实生命活动的不自由与不幸福。人类只有最大限度地模糊甚至消除美与丑的人为区别与狭隘认识,才能从根本上改变由于过分计较美丑区别而获得审美的最大自由与解放;人类只有彻底消除人与自然的对立,才能使人类的自由与幸福获得最根本保证。人在现实生存之中常常受到衣食住行等日常生活需要的束缚,其对现实生存的体验常常带有功利化、平面化、暂时化的局限,只有在超越了现实生存束缚的情况下,才能由马克思所谓异化的人真正提升为自由的人。由于审美活动能够使人类消除主体与客体的对立、美与丑的对立

---

① 《唱赞奥义书》,《五十奥义书》,中国社会科学出版社 1984 年版,第 139 页。

以及人与自然的对立,达到最大限度的融合,能够促使人类超越现实生活的诸多束缚,获得生命的最大限度的超越与精神的高度自由,而且并不彻底否定身体和私有财产的存在,因此是人类生命超越的最圆满形式。

第三章

审美的心理智慧

第一节　欲望的逐步认识

人类的心境从低级到高级大体上可以描述为焦虑、迷狂和虚静三种形态。比较而言,关于迷狂与虚静已有公论,只是将焦虑作为一种审美心境是有疑虑的,至少还不是一个公认的美学概念。但现代社会普遍存在的焦虑迫使人们不得不对其引起关注。而且,审美心态从焦虑、迷狂到虚静的变化过程,无疑体现了心理智慧的发展轨迹。

一、焦虑及认识的多元模糊性

焦虑作为现代社会一种普遍心态,已广泛影响了人们的审美心境,甚至在很早时候就已经影响着人们的审美心境,只是没有引起必要的关注和重视而已。荀子早有这样的看法:"心忧恐则口衔刍豢而不知其味,耳听钟鼓而不知其音,目视黼黻而不知其状,轻暖平簟而体不知其安。故向万物之美而不能嗛也。"(《荀子·正名篇》)这可能是我们看到的较早关于审美焦虑的阐释了。在这里似乎引发焦虑的原因就是情感之忧虑与恐惧。其实欲望的满足与否才是导致焦虑心境生成的直接原因之一。

欲望的无法满足以及永远没有止境常常导致焦虑。这是因为人类本身就是各种欲望的综合体。如尼采所说:"与动物不同,人在自己体内培植了繁多的彼此对立的欲望和冲动。借助这个综合体,人成了地球的主人。"①由于集聚在人类本身的欲望总是不失时机地寻找着发泄与满足的机会,甚或由于某些欲望强烈驱使,其他欲望只能退避三舍,暂时潜伏下来,待时机成熟再爆发出来。而且各种欲望同时发作也是极其正常的。这些欲望或许并不真正矛盾,只是依次或重叠出现。即使如此也会极其残酷地导致人们由于无所适从而陷入焦虑之中。这种焦虑的最常见后果是直接影响到他们的情绪、审美活动以及身体健康。荀子论述道:"故向万物之美而盛忧,兼万物之利而盛害。如此者,其求物也,养生也? 粥寿也? 故欲养其欲而纵其情,欲养其性而危其形,欲养其乐而攻其心,欲养其名而乱其行。如此者,虽封侯称君,其与夫盗无以异,乘轩戴絻,其与无足无以异。夫是之谓以己为物役矣。"(《荀子·正名篇》)为各种物质欲望所奴役是现代社会焦虑情绪的基本特征。

但欲望的发作并不总是有条不紊、温文尔雅的,它们之间相互激烈的对峙与冲突,常常使人们因为无所适从而陷入严重人格分裂。虽然人们总是力图巴结讨好它们,但欲望并不因此产生同情和怜悯,它们照例会有恃无恐地要挟甚至强迫人们必须唯命是从,所有一切徒劳无益的周旋逢迎,并不能平抑焦虑,反而加剧焦虑的程度。人们面对激烈对抗的欲望,总是无法进行明智选择,也无法清楚判断并加以消除,这就使焦虑陷入更经常和更严重的境况。这种因焦虑而引发的痛苦、不安、焦急和无奈是可想而知的。虽然宗教美学历来给予欲望以不大光彩的名声,以为是它导致了痛苦及焦虑。但真正最重要、最直接的原因是不自量力的判断和选择,正是因为无法判断和选择,才导致并加剧了焦虑的程度。克里希那穆提有这样的观点:"我们大多数人并不觉知,因为我们已经养成了这样谴责、判断、评价、认同和选择的习惯。选择显然妨碍了觉知,因为选择始终造成一种冲突的结局。"②更多时候,不是因为欲望,而是因为对欲望无法成功地进行判断与选择,才导致了焦虑,并深刻影响了人们的审美活动。

欲望的多元性、复杂性是导致焦虑的条件,但不是直接原因。焦虑是多种

① 尼采:《权力意志》,中央编译出版社 2000 年版,第 4 页。
② 克里希那穆提:《生命之书——365 天克里希那穆提禅修》,华东师范大学出版社 2005 年版,第 104 页。

第三章 审美的心理智慧

欲望共同存在,致使人们无法辨别与选择而导致的必然结果,常常与孤独、无助、失望、绝望、恐惧、烦闷、无聊等心态密切相关,它们像一个坚固而不可分的原始存在物,既无法清楚分辨又无法整体感知,焦虑就这样飞扬跋扈地严密控制着人们,让人们窒息、迷惑,既难以捉摸,又难以摆脱。罗兰·巴特对此有这样的认识:"无所事事:无聊不是简单的事情。我们不能以生气或脱离烦恼的举动来摆脱无聊(面对一部作品、一个文本)。犹如文本引起的快乐需要间接地产生一样,无聊也不能利用任何自发性:没有真诚的无聊:就我个人来看,如果那种唠唠叨叨的文本使我感到无聊,那是因为我实际上不喜欢提问。"①无聊只是焦虑的 种最常见的心理反应,虽然没有恐惧那么强烈,但常带有慢性自杀的性质。这里没有幸福感,即使有片刻的幸福感,充其量也只是蒙在诸如恐惧、怀疑、挫折、厌恶乃至焦灼表面的一种不切实际的表象。

正是由于人们无法准确判断和选择,所以焦虑常常显示出起因不明的特征:"当人们面对非人的存在不知道他们在那里正做什么,也不知道最初这种遭遇的意图目的是什么的时候,他们必然会产生焦虑。"②其实起因的不确定只是体现了人们认识的模糊性,并不代表欲望本身的特征。焦虑与欲望的不确定甚至表面的没有欲望,是互为因果的:欲望的不确定可能导致焦虑,但焦虑又强化欲望的不确定甚至模糊性。焦虑的直接后果是影响人们的注意范围、思维的敏锐度,致使人们难以理出头绪,也无法弄清真正的起因。这与其说是欲望的无目的性和起因的模糊性造成了焦虑,不如说是焦虑所导致的感觉和认识能力的极度下降,最终强化了无目的性和模糊性。人们不能清楚判断自己的所作所为,甚至基本目的与动机,时而高兴,时而忧虑,时而感到成功,时而又体验到失败。这一切显得莫名其妙,似乎有一定目的性,似乎又什么目的都没有。但他们分明成为某种欲望交替控制或共同践踏的牺牲品。如果他们真的能够做到听天由命、顺其自然,那还可能意外地达到消除焦虑的目的。倒是他们越是一筹莫展,越企图有所作为,才越发加重了焦虑的程度,越发导致了各种判断、选择的能力,以及感觉和认识能力的整体下降。

---

① 罗兰·巴特:《阅读的快乐》,选自《罗兰·巴特随笔选》,百花文艺出版社 2005 年版,第 201 页。

② 詹姆逊:《快感:文化与政治》,中国社会科学出版社 1998 年版,第 239—240 页。

二、迷狂及认识的唯一可感性

如果焦虑的形成来源于欲望的多元尤其是人们无法进行判断与选择的困难,那么迷狂的形成则主要体现为欲望的唯一可感性。在迷狂心态之中,人们对欲望已有较清楚的认识,至少能够准确锁定某一特定对象。导致迷狂心境的不是对多种欲望的无法判断与选择,而是无须判断与选择,甚至是别无选择。他们全身心地投入到对特定对象的如痴如醉的狂热迷恋之中,乃至无法自拔。他们所能做的只是死心塌地为对象献出一切罢了,甚至为特定对象而生,为特定对象而死。可见,迷狂的特征是,不仅把欲望对象锁定在特定审美对象上,人们在焦虑心态所面临的各种无法判断与选择的矛盾已不存在,而且欲望对象已牢牢控制着人们的思维、情感和意志。与其说欲望控制人们,还不如说人们死心塌地臣服于欲望的控制。似乎一切生命存在的价值只是为了审美对象,他们的惊喜或痛苦都源自心甘情愿地接受欲望对象的控制。他们一切的期求只表现在对欲望对象的如痴如醉的期盼、回忆与把握方面,而且这种期盼、回忆和把握,即使是一种一相情愿的想象和虚构,即使并不具有真实性,也能够使他们获得最大的乐趣和幸福。

在迷狂心态下,人们的注意范围、思维敏锐度,明显比焦虑心态有所改观,虽然死心塌地臣服于某一特定对象,使他们的认识范围受到严重限制,致使冷静客观的理智也受到严重冲击,但毕竟有了确定的欲望对象,同时也能产生一定感性认识。这种认识虽然可能总是与错误联系在一起,但这种迷狂发展到疯癫的程度,甚至与天才有一定相似之处。叔本华这样看待疯癫与天才的区别:疯人能够正确认识个别眼前事物,也能够认识某些过去的个别事物,可是常常错认其间的联系和关系,因而发生错误和胡言乱语。"天才人物也是在这一点上把事物联系的认识置之不顾的。他静观中的个别对象或是过分生动地被他把握了的'现在'反而显得那么特别鲜明,以致这个'现在'所属的连锁上的其他环节都因此退入黑暗而失色了;这恰好产生一些现象,和疯癫现象有着早已被[人]认识了的近似性"。①

---

① 叔本华:《作为意志和表象的世界》,商务印书馆 1982 年版,第 271 页。

许多人总是将迷狂与现实恋情相联系，因为它所具有的性质与日常恋情有一定相似性。所以罗兰·巴特常借助恋人的特征来描述迷狂："我爱得发疯，我却无法说出来，我在分析我的形象：在我自己看来我精神失常（我自知我在疯狂），在别人看来我只是缺乏理智，我对别人冷静地讲述我的疯态：我意识到了这种病态，坚守对其诺言。"①虽然迷狂与焦虑比较起来，认识的水平有了一定提高，但我们不能因此夸大它的认识水平。迷狂所达到的认识水平同样十分有限，甚至对自我的认识也显得相当有限。它所具有的确定目的只是决定了对欲望对象的认识有唯一可感性，仅此就表明了它的进步与提高。其中某些少数人尤其是那些对人类某些文化命题感到兴趣的人们，依赖这种迷狂或疯癫甚至可能达到天才的认识高度。这不是说天才比普通人实际上有多少出类拔萃的天赋，而是说由于他们的欲望在相当程度上摆脱了利己性质，具有了间接或直接的利他性，可最大限度地使人们忘却自我的存在乃至与欲望对象融为一体，获得一定高度的认识。尽管我们将迷狂与崇高审美活动相联系，并达到相当认识程度，但这种迷狂毕竟与动物性本能纠缠在一起，甚至可以说，正是迷狂所具有的与动物性本能欲望乃至快感纠缠不清的特征本身，使其具有了鲜明的审美性质。尼采有这样的观点："陶醉感，同实际力的过剩相适应，两性发情期表现尤为强烈。"②尽管迷狂所能够达到的认识高度是焦虑所无法比拟的，但这种认识仅限于特定欲望对象，而且在许多情况下是以无视乃至牺牲其他事物的存在为代价的，所以并不能达到整体认识的水平，充其量只是一种片面发展的极端认识。

三、虚静及认识的全面整体性

体现人类认识达到相当高度的，显然不是迷狂，而是虚静。人们只有在虚静心态，才能达到对事物较为全面的整体认识。真正具有智慧的心态理所当然是虚静。人们在虚静心态下，就可以不受欲望的矛盾冲突的制约，也可以不受自我各种主观因素的干扰，这样才有可能达到对自我感受的整体把握，以及

---

① 罗兰·巴特：《恋人絮语》，选自《罗兰·巴特随笔选》，百花文艺出版社 2005 年版，第267 页。

② 尼采：《权力意志》，中央编译出版社 2000 年版，第 355 页。

对事物的整体性认识。人们一旦整体认识了事物以及自己关于事物的感受，他才会真正了解事物的真实存在以及自我的真实认识。也就是说，人们只有在虚静的心态下，才能对事物的认识达到参透"道"的程度。中国美学对此有精辟论述，如庄子有"唯道集虚"和"虚室生白"(《庄子·人间世》)的观点。他认为，人只有虚其心室，悉皆空寂，才能参透万物的真实存在以及道，生命的智慧才能随之获得萌发，并达到最高层次。虚静心态能达到对宇宙万物存在的整体感知，是因为没有任何事物能够扰乱其心斋，他们既不把事物安放在特定因果逻辑关系之中去认识，也不将自己的喜欢强加于事物本身，能够最大限度地超越时间和空间，并不受任何事物的妨害与限制。这是一种真正意义的心理解放。

各种外在和内在因素，对达到虚静心态以及形成对事物的整体认识，是有许多不利影响的。最大范围的整体认识，应该将人生与宇宙密切联系起来并融为一体，是对自我、社会乃至整个自然宇宙的整体认识。荀子有"虚壹而静"(《荀子·解蔽篇》)的看法。在他看来，不因为已经据有的知识而妨碍将接受的新知识，谓之虚；不因为感知其他事物而产生分心，妨碍对这一事物的认识，谓之壹；不让胡思乱想扰乱正常思维，谓之静。荀子认为消除已具有知识，对他物的感受，以及头脑自生的各种思想杂念的影响，达到"大清明"的状态，才能"坐于室而见四海，处于今而论久远，疏观万物而知其情，参稽治乱而通其度，经纬天地而材官万物，制割大理，而宇宙裹矣"(《荀子·解蔽篇》)。虚静对欲望的认识，其实也就是对人生与宇宙的整体性认识。这体现了人类认识所能够达到的最高层次，同时也体现了人类认识所能达到的最高生命智慧。在这种心态下，人们不仅平衡或消除了各种欲望，而且能达到对事物的整体性认识，甚至能参透人类与宇宙万物的生命本性，获得关于生命的最为全面和透彻的智慧。荀子这样表达了他的发现："心平愉，则色不及佣而可以养目，声不及佣而可以养耳，蔬食菜羹而可以养口，粗布之衣、粗紃之履可以养体，屋室、庐庾、葭藁蓐、尚机筵而可以养形，故无万物之美可以养乐，无埶列之位而可以养名，如是而加天下焉，其为天下多，其和乐少矣，夫是之谓重己役物。"(《荀子·正名篇》)

关于虚静心态所能达到的对事物乃至自然宇宙的整体认识，并因此而形成的对生命智慧的整体把握的优势,基本上赢得了中国乃至东方文化的较为普遍的支持。其实老子之所以能够"不出户,知天下;不窥牖,见天道"(《老子》第四十七章),关键在于他能够"致虚极,守静笃。万物并作,吾以观复"(《老子》第十六章)。韩非子也认为:"虚者,谓其意无所制也。"(《韩非子·解老》)这是说以无为无思为虚,实际上是不虚,而虚实际上就是不囿于任何既成的欲念和思想。《吕氏春秋》亦认为人只有保持清醒的头脑,处于虚静境界,才能无为而无不为。他说:"清明则虚,虚则无为而为不为也。"(《吕氏春秋·孟春纪》)《淮南子》的看法是:"夫唯易且静,形物之性也。由此观之,用也必假之于弗用也,是故虚室生白,吉祥止也。"(《淮南子·俶真训》)郭象也这样认为:"虚其心则至道集于怀也。"(《庄子·人间世》"唯道集虚"郭象注)禅宗美学虽然没有直接阐释虚静,但其主张"无念为宗,无相为体,无住为本"(《坛经·定慧品》),亦无非虚静。禅宗认为参禅,必须于念而不念,于相而离相,念念无住。这种没有任何其他因素干扰的心态其实是对虚静的另外一种表述。王夫之也这样阐发了他的看法:"心斋之要无他,虚而已矣。"[1]中国美学对虚静所能够达到的对事物乃至生命智慧的整体认识与把握的重视,已引起人们的注意。

现代社会的浮躁与焦虑,已经使绝大多数人无法体验虚静,更无法达到这种心态。虚静确实能够使人们的认识达到最富于智慧的高度。印度美学也强调这一点,他们早就有所谓"静虑"的说法:"静虑,诚大于'心'者也。地如静虑,空如静虑,天如静虑,水如静虑,山如静虑,诸天凡夫如静虑。故斯世凡人之得臻伟大也,似得'静虑'一分之赐焉。"[2]事实上人们要获得生命的伟大智慧,就必须使自己处于虚静心态。反之,如果认为宇宙万物是清净无染的,乃至产生在平静或寂静之中反观本心清净的欲望,就会使人陷入另外形式的追求与束缚之中。这种对清净的追求同样是一种欲望,而所有欲望都可能导致对于生命智慧的束缚。这不是说欲望具有不可饶恕的罪责,而是说欲望的存在常常影响人类智性的全面解放以及对生命智慧的整体感悟。倘若有一种欲

---

① 王夫之:《庄子解》,中华书局 1964 年版,第 38 页。
② 《唱赞奥义书》,《五十奥义书》,中国社会科学出版社 1984 年版,第 220 页。

望确实能最大限度地使人类的智性获得解放,并能使人最大限度地赢得生命智慧,那么这种欲望肯定是值得称赞的。

人们的心理从焦虑到迷狂乃至虚静的修习过程,其实并不是逐步否定欲望的过程,而是对欲望的认识逐步提高的过程。在焦虑心态,人们由于各种欲望的相互对立和矛盾冲突而不知所措,乃至因为无法判断与选择而无所适从。所有这些足以迫使人们陷入无法排遣的焦躁不安之中。这是对欲望认识的模糊不清阶段。到迷狂心态,人们已彻底摆脱了因欲望彼此冲突和自我无法判断、选择而导致的焦灼,已清晰感知到欲望的存在,并将这种欲望与相应对象明确联系了起来,一切欣喜与痛苦似乎皆因欲望对象而存在,许多情况下甚至可能发展到相当痴迷的程度。我们不能说这一阶段人们对欲望已有十分理性认识,但带有强烈感情色彩的感性认识还是存在的。这就是对欲望认识的单纯可感阶段。在虚静心态,连那种多少有些浅薄的欣喜与痛苦都不复存在,人们已从各种欲望所引发的矛盾纠葛中彻底解放了出来。虽然这只是意味着摆脱了各种外在和内在的限制与束缚,并不代表这些限制与束缚因素已经全部消失,但它们全部潜伏起来或形成共同目的,促使人们在貌似忘却乃至清净之中得以全力以赴形成对事物的最全面最深刻的认识,则是显而易见的事实。这就是认识的整体把握阶段。

我们说从焦虑到迷狂乃至虚静的修习过程,就是对欲望的认识获得逐步提高的过程,其实这还没有揭示出其最为根本的特征。这种心理发展的过程,其实更重要的是逐步获得更高层次生命智慧的过程。从人们面对各种矛盾对立欲望的干扰乃至无法判断与选择而形成的烦躁开始,逐步提高到能单纯感知事物以及自我感受,没有考虑判断与选择的苦恼,从而赢得一种自我陶醉,再到获得认识的豁然开朗和整体把握的清净结果,无疑体现了生命智慧不断提升的特征。

第二节　情感的逐步超越

人类心理由焦虑向迷狂乃至虚静的过渡,其实并不仅仅涉及对欲望认识的逐步提高过程,还涉及情感的逐步超越过程。因为情感同样是人类生命的基本属性之一。这里所谓情感的逐步超越,并不仅仅体现为由痛苦到悲喜交加再到淡泊豁达的过程,同时也体现为生命智慧逐步获得提高的过程。

一、焦虑及痛苦情感的完全垄断

焦虑最为基本的情感状态是恐惧以及由恐惧所引发的各种痛苦。人们实际上很难分清焦虑与恐惧的差别,有时候还将二者相提并论。在弗洛伊德看来,"真实的焦虑或恐怖对于我们似乎是一种最自然而最合理的事;我们可称之为对于外界危险或意料中伤害的知觉的反应。它和逃避反射相结合,可视为自我保护本能的一种表现。至于引起焦虑的对象和情境,则大部分随着一个人对于外界的知识和势力的感觉而异。"①这种与恐惧纠缠在一起的焦虑,其最为普通的情感就是痛苦。大概没有人会乐意选择焦虑以及痛苦情感。但这毕竟是一种最为基本的心理状态。事实上没有人能够彻底地或者经常地摆脱焦虑。当人们面对各种相互对立的欲望,力图做出不自量力的判断与选择的时候,当这种判断和选择总是无法令自己感到满意的时候,就会普遍地陷入焦虑所引发的恐惧与绝望之中。这里既有对因力所不及可能导致的后果的完全恐惧,同时还有对自我无能为力的彻底绝望。

在焦虑心态下,人们感到所有欲望似乎都以飞扬跋扈的主子身份在他身上显示着威力,而且这些相互矛盾的欲望虽然总是势不两立,但在对付他的这一点上,却异常团结,似乎都以最终彻底撕裂和毁灭他为快,只有他才是无能为力的。这种心态最容易导致的心绪是:只有焦虑的人在这个世界上才是真正无助的,孤立无援的。雅斯贝尔斯表达了类似看法:"畏惧或焦虑增强了这样的程度,以至其罹难者感到自己无非是在虚空中迷失方向的一个点,因为一切人的关系看来都只具有暂时的效力。把个人连接到一个共同体中去的工作只持续短暂的时间。在性的关系中,责任的问题甚至未被提出来。焦虑的罹难者不相信任何人,他不会同任何他人结成绝对的纽带。在别人正在从事的事情中未能占据一席之地的人被丢在一旁。可能成为牺牲品的危险唤起一种

---

① 弗洛伊德:《精神分析引论》,商务印书馆 1984 年版,第 315 页。

已被彻底遗弃的感觉,这种感觉迫使罹难者从他的无足轻重的苟且偷生之中走出来而进入玩世不恭的冷淡麻木之中,进而再进入焦虑之中。总而言之,生活显得满是畏惧。"①人们的这种无能为力常会助长恐惧与绝望情绪,乃至强化痛苦的情感。

当然焦虑应该与恐惧有那么一些微妙区别。事实上焦虑常常比恐惧更加难以对付。这是因为焦虑的危险源不能明确定位,而恐惧的危险源常常是确定的。人们既然能找到相应危险源,他就能想方设法排除这种危险。虽然也可能因力不从心而无济于事,可一旦有相应力量就可以排除它。至少相对确定的危险源本身就能够提供某种安慰。焦虑有所不同,人们既然无法确定危险源,他当然也就无法采取针对性措施来加以克服。卡斯特这样论述道:"焦虑是一种生理固有的合理的反应模式。机体这种情绪状态的特点是特别令人不快的兴奋积累,而且是在觉察到一种错综复杂而又说不清道不明的危险情境的时候,在这种情境中,个体是不太可能作出适当的反应的。"②而且,在许多情况下人们还因为这种不明危险源而形成更加复杂的危险联想,乃至在心理世界构想出铺天盖地的危险,这就会在很大程度上强化恐惧情绪,并因此导致更极端的痛苦。值得注意的是,人们大多数情况下所遭遇的可能还不是恐惧,而是焦虑,但这种焦虑又常常加剧恐惧的影响力。人们在日常生活之中所遭遇的最为常见现象往往就是这种不明危险源,并能在很大程度上加剧恐惧以及痛苦的焦虑。我们仅仅说恐惧中有焦虑或焦虑中有恐惧,事实上还远远不仅如此。如果人们遭遇的仅仅是某种能够使他们清楚危险源,并能采取针对性措施来预防的恐惧,那么这种恐惧所导致的焦虑常常也能够被预防。但焦虑的情况并非经常如此。它不仅无法清楚判断危险源,也无法采取行之有效的预防措施,而且常常因这种无法准确判断危险源,也无从采取相应预防措施,而导致更严重的恐惧,甚至会无意识地将各种明白危险源的恐惧也一并纳入焦虑范畴。这就使原来不是焦虑的恐惧,与本身就是焦虑的恐惧,全部纳入焦虑的范畴,最终导致更严重的焦虑和恐惧。因此焦虑常常是一种极其复杂

---

① 雅斯贝斯:《时代的精神状况》,上海译文出版社 2003 年版,第 6/ 页。

② 卡斯特:《克服焦虑》,三联书店 2003 年版,第 13 页。

乃至无法排遣的彻底绝望与绝对痛苦。焦虑对人们情绪乃至情感的影响基本上是否定性的，其根本的情感往往是否定性情感，是痛苦，其消极性是很明显的。

二、迷狂及痛苦和欢乐情感的全面释放

虽然迷狂也涉及痛苦，但这种痛苦之中已经夹杂着欣喜。如果说焦虑的痛苦是不容争辩的绝对痛苦的话，那么迷狂的痛苦则是一种带有幸福和欣喜的痛苦。柏拉图对迷狂的这些情感特征有深刻的认识。在他看来，所谓迷狂也就是爱情迷狂。每当人们看到尘世的美，就回忆起上界真正的美，惊喜若狂而不能自制，知觉模糊而不能知其所以然，尤其将下界的一切置之度外，于是被人们指为疯狂。当灵魂凝视到美，灵魂就得到温暖和滋润，就感到非常快乐，但如果离开了美的对象，灵魂就失去滋润，疼得发狂，如果灵魂回忆起那美，灵魂就转悲为喜。他认为："痛苦和欢乐这两种感觉的混合使灵魂处于一种奇异的状态下，它感到彷徨不知所措，又深恨无法解脱，于是就陷入迷狂，夜不能寐，日不能坐，带着焦急的神情在那美的处所周围徘徊，渴望见到那美。如果碰巧看到了，它就从那美中吸取情欲之波，而原来幽闭在灵魂中的情欲也得以释放，于是它又暂时摆脱了原先的疼痛，回到极为甜美的乐境，享受无可比拟的快乐。"[1]

痛苦与欢乐情感的奇异混合，是迷狂的主要特征。仅仅从这一点看，迷狂也明显比焦虑进了一步。至少焦虑是没有任何快乐可言的，即使有片刻的快乐也往往只是一种表象，其实质是绝对的失望与痛苦，而迷狂毕竟掺杂了一定的快乐成分，虽然这种快乐也还是与痛苦捆绑在一起的。就总体来说，迷狂心态所能获得的痛苦是次要的，主要还是快乐。快乐不仅是迷狂的起因，而且是迷狂的最终结果。如果说焦虑完全出于迫不得已，那么迷狂则显然具有心甘情愿的性质，虽然迷狂也不是在所有情况下都完全心甘情愿，当然也不可避免地存在相互吸引的作用，但即便是痛苦，也常常是一种能够让人充分体验到幸福感的痛苦。这说明迷狂与焦虑是有质的区别的，至少在情感的构成之中已

---

① 柏拉图：《斐德罗篇》，《柏拉图全集》第2卷，人民出版社2003年版，第166页。

显示了这种区别。

迷狂所导致的快乐常常远远超过痛苦。痛苦只是快乐的一种伴随物，随着欲望的满足，快乐常常能将痛苦一扫而光。尼采将迷狂的快乐描述为陶醉的快乐："人们称之为陶醉的快乐状态，恰恰就是高度的权力感……时空感变了，可以鸟瞰无限的远方，就像可以感知一样；视野开阔，越过更大数量的时间和空间；器官敏感化了，以致可以感知极微小和瞬间即逝的现象；预卜，领会哪怕最微小的帮助和一切暗示，'睿智的'的感性——；强力乃是肌肉中的统治感，是柔软性和对运动的欲望，是舞蹈，是轻盈和迅疾；强力乃是证明强力的欲望，是勇敢行为，是冒险，是对生死的无畏和等闲……生命的所有高级因素在互相激励；每个因素的图像和现实世界都足以成为另一个因素的灵感。——这样一来，各种状态最终混杂聚集在一处，它们本来也许有理由保持彼此的异在的。"①可见，迷狂真正超出焦虑的价值，主要还在于能导致人生日常界限和规则的毁坏，以及对个人所经历一切的完全忘却与淹没，同时还能极大地激发其生命的活力与灵感，使人类生命的意志以及权力感同时被彻底唤醒。所以迷狂实际上并不仅仅是一种快乐情感的获得，还涉及情感的解放。这种解放实际上还涉及自我与对象对立的消除。受这种心态影响，人们常常会觉得除自我与迷恋物之外的其他周围存在物全部消失，甚至连自我也成为迷恋物的自我，迷恋物也只能是自我的迷恋物。迷恋物与自我全然融合成为一个完整的存在，难以明确分析其区别与联系。

这就使我们不难发现，迷狂所获得的情感解放也是有限度的，充其量只是对自我与迷恋物之外事物的一种摆脱以及因此而获得的情感解放。对自我与迷恋物而言，情感解放仍受到很大限制，甚至被牢牢地捆绑在迷恋物与自我的视野之中。许多情况下还会使人们体验到与情感解放全然相反的情感体验。如罗兰·巴特有这样的体会："有人认为，凡恋人都是疯子。可是，想到过一位钟情的疯子吗？没有。我只有享有一种贫乏的、不完全的和隐喻的疯狂：爱情使我变得就像疯子，但是，我却与超自然现象无什么沟通，我身上无任何神性；我的疯狂，仅仅是不理智，是平淡的，甚至是看不见的；此外，它被文化全部

---

① 尼采：《权力意志》，中央编译出版社 2000 年版，第 355 页。

收回纳入:它不令人恐怖。(然而,正是在爱情状态之中,某些理智的主体突然猜测到,疯狂是可能的,而且近在咫尺;这是一种连爱情本身都会深陷而难以自拔的疯狂。)"①我们虽然对迷狂寄予一定程度的肯定,快乐虽然占据主体地位,也在很大程度上排除了焦虑之恐惧,但迷狂所获得的情感解放同样有限,人们被欲望对象乃至宇宙万物所奴役的情况也十分明显。人们的情感解放也只能是针对自我而言,对所受到的其他事物的束缚来说,它同样受到了诸多限制和困扰。所以真正意义上的情感解放还得依靠虚静。

三、虚静及情感的彻底超越

虚静的情感特征就是对情感的彻底超越。而这种超越的最基本特征,就是对焦虑心态的完全痛苦与迷狂心态的有限痛苦,都进行了完全摆脱。叔本华有这样的观点:"我们能够通过眼前的对象,如同通过遥远的对象一样,使我们摆脱一切痛苦,只要我们上升到这些对象的纯客观的观审,并由此而能够产生幻觉,以为眼前只有那些对象而没有我们自己了。于是我们在摆脱了那作孽的自我之后,就会作为认识的纯粹主体而和那些对象完全合一;而如同我们的困难对于那些客体对象不相干一样,在这样的瞬间,对于我们自己也就不相干了。这样,剩下来的就仅仅只是作为表象的世界了,作为意志的世界已消失[无余]了。"②虽然叔本华所谓纯粹观审与中国美学所谓虚静可能存在并不完全相同的内涵,但他对人们在审视审美对象的时候,必须最大限度地消除自我的一切欲念、情感和知识,以全然空寂宁静的心境或情绪参与审美活动,并使自我的痛苦情感获得不同程度摆脱的认识,与中国美学还是存在许多相同之处的。

其实中国美学从老子开始,到后来的道家、儒家乃至佛家,对虚静情感特征的认识几乎都是一致的。其中老子"涤除玄鉴"(《老子》第十章)的观点,可能最具影响力。我们甚至可以将道家美学甚至禅宗美学的类似观点都归源于此。在老子看来,欲参透世界上的道,应该虚静无为,不得存有任何私欲,只

---

① 罗兰·巴特:《恋人絮语》,选自《罗兰·巴特随笔选》,百花文艺出版社 2005 年版,第267—268 页。

② 叔本华:《作为意志和表象的世界》,商务印书馆 1982 年版,第277—278 页。

有达到心灵之最高境界,达到无欲之极点和无为之顶点即所谓虚极静笃的境界,才能洞察万物之变化而不为其所扰乱。这种涤除,理所当然包括对情感的涤除,他所谓虚极静笃同样也是没有情感干扰的虚极静笃。这是确信无疑的。庄子更明确地论述了虚静的无情特征。他说:"吾所谓无情者,言人之不以好恶内伤其身,常因自然而不益生也。"(《庄子·德充符》)其实庄子所主张的无情,也不是完全杜绝了情感的存在,只是最大限度地克服了是非好恶的区别与选择,以无是无非、无好无恶的情感态度看待事物,这样就避免了选择与取舍的狭隘与片面,赢得了对事物的全面认同与平等观点,赢得了生命智慧的最大自由。虚静之超过迷狂的一个根本特征,在于它彻底去掉了前两种心态基于生理的各种欲望尤其是感情,赢得了无所选择与取舍的整体情感态度。

佛教尤其是禅宗美学更强调对一切可能导致烦恼情绪的思绪和念头的彻底根除。他们十分重视所谓"坐禅"或"禅定"。对"坐禅"或"禅定",惠能有这样的解释:"何名坐禅?此法门中,一切无碍,外于一切境界上念不起为坐,见本性不乱为禅。何名禅定?外离相曰禅,内不乱为定。"(《坛经·妙行品》)惠能的阐释显然将内外不乱作为最关键的因素。所谓内外不乱,其最基本的特征是根除了烦恼。在他们看来,不执著一切事物的相,就是真如,而真如就是无念,无念就是不思有无,不思善恶,不思有限无限,不思计量,不思觉悟,也不思被悟等。这是他们企图从根本上解决烦恼可能对人产生的干扰与束缚的表现,同时也是他们实现情感彻底超越的具体表现。所以禅宗所谓"一切无碍"其实就是根除一切烦恼,且并不将其作为一种执著而陷入另外形式的烦恼之中。所以虚静的根本在于无,在于无执著乃至无烦恼。但无烦恼的情绪并不是禅宗最根本的精神,更根本的精神也就是因此而自然地获得生命智慧。可见,这种对情感的彻底超越,事实上也不是对情感的彻底根除。虽然他们并不追求一切欲望,并因此消除了一切因追求而引发的快乐与痛苦,但他们至少对"坐禅"或"禅定"还有一定热情。因"坐禅"或"禅定"而获得豁然开朗的顿悟本身就带有某种情感性质。

当人们执著于清净时就为清净所束缚,当人们执著于空寂时就为空寂所束缚,当人们住于禅定时就被禅定所束缚。虽然有些人可能并不要求自己达到禅宗的清净、空寂或者禅定,但当他崇尚寂静与淡泊,并将寂静与淡泊作为一种执著的时候,同样可能受到寂静与淡泊的束缚乃至导致烦恼与痛苦。铃木大拙有云:"不论这些精神活动的功德多么伟大,它们必然会把人导向一种束缚状态。这里没有解脱可得。"①所以我们应该看到,所谓虚静之超出焦虑与迷狂的特点,在于他们因为没有任何执著,乃至摆脱了基于各种内在与外在的生理欲望和情感,并在这一意义上显示出情感解放与超越的特征。也许《薄伽梵歌》更为具体地揭示了这一点:"处忧患而心无恼乱兮,居安乐而不执持,离贪、离畏、离嗔兮,是人谓之定智牟尼。"②其实虚静对各种内在与外在生理欲望和情感的超越,其根本的作用在于因此获得生命智慧。

对绝大多数人而言,要达到绝对的无情是不可能的。事实上即使庄子的所谓无情也并不是绝对无情,而只是摆脱"束缚于个人生理欲望之内的感情,以超越上去,显现出与天地万物相通的'大情'",③用庄子自己的话说,就是"凄然似秋,暖然似春,喜怒通四时。与物有宜,而莫知其极"(《庄子·大宗师》)。可见,虚静的价值在于摆脱了束缚心灵的各种生理情感,而具有了变通随四时的自然情感,在人与自然的和谐之中获得情感全面释放乃至生命彻底解放。这是虚静之所以受到推崇的主要原因。

第三节　生命的逐步圆满

一、焦虑及生命的严重残缺

焦虑作为人类机体的一种情绪状态,常常与人们存在的虚无,以及存在受到的妨碍和束缚有着密切联系,甚至是其伴随物。存在的虚无乃至受到束缚常常产生焦虑,有时还会达到相当强烈的程度。焦虑不仅导致人们注意范围

---

① 铃木大拙:《禅风禅骨》,中国青年出版社1989年版,第38页。

② 《薄伽梵歌》,引自《徐梵澄文集》第8卷,上海三联书店、华东师范大学出版社2006年版,第24页。

③ 徐复观:《中国艺术精神》,华东师范大学出版社2001年版,第54页。

的缩小、思维活动的迟钝,甚至可能影响到人们的自信。一个比较普遍的现象是,人们越是在焦虑的心境之中,越容易觉得自己笨拙和迟钝;越觉得自己笨拙和迟钝,就越容易陷入更加强烈的循环焦虑之中。卡斯特认为:"我们在焦虑情境中很容易陷入幼稚状态。"① 人们在焦虑心境中不是陷入盲从,赋予一切外界事物以绝对发言权和决策权,就是一概拒斥,陷入盲目排外之中。但无论盲从,还是排外,其实都是丧失自信心尤其丧失自我同一性的表现。正是这种起因并不十分明确且也难以对症下药的焦虑,常常使主体陷入心神不安、注意分散、感觉迟钝,甚至异常孤独和焦灼之中。正如卡斯特所说:"焦虑使人孤独,使人退回到自我;焦虑是对自己的召唤,对真正的自我的召唤。"②

马克思指出:"囿于粗陋的实际需要的感觉只具有有限的意义"。"忧心忡忡的穷人甚至对最美丽的景色都没有什么感觉;贩卖矿物的商人只看到矿物的商业价值,而看不到矿物的美和特性"。③ 其实不仅将感觉的注意力集中于各种关乎实际的欲望会导致焦虑,而且各种欲望的混乱甚至可能加剧焦虑对人们的困扰,常常使人们不能很好地释放和发挥其心理能力,理所当然也导致人们各种心理能力的退化。既然人们无法梳理混乱的欲望,当然也无法成功摆脱痛苦。焦虑不仅使人们受制于欲望与认识的束缚,在对各种欲望认识与评价的二难困境之中丧失了全面发挥自身心理能力的能力。或者臣服于这种欲望而排斥其他欲望,或者受制于其他某种欲望而贬斥这一欲望,在更多时候由于对各种相互矛盾或并不矛盾的欲望的无法判断与选择而耗尽了人们的各种心理能力,乃至产生诸如空虚、寂寞、痛苦、悲哀、无聊等情绪。人们之所以如此,"一定存在使你沉闷的理由和原因:受苦、逃避、信仰、永不停歇的活动——已经使头脑迟钝,使你的心变得失去弹性"。④ 焦虑的特点就在于致使人们丧失了必要的审美能力尤其是崇高的审美智慧,乃至导致了审美能力的完全退化甚至缺失。焦虑常常导致低级审美趣味,受这种审美趣味影响,审美

---

①　卡斯特:《克服焦虑》,三联书店 2003 年版,第 3 页。

②　同上书,第 9 页。

③　《马克思恩格斯全集》第 42 卷,人民出版社 1979 年版,第 126 页。

④　克里希那穆提:《最初和最终的自由——生命的注释 V》,华东师范大学出版社 2005 年版,第 187 页。

者感知审美对象不再根据传统的高雅趣味寻求一种审美快感,而是根据猎奇、享乐和休闲的需要,寻求一种刺激、震撼、奇特和本能欲望的暂时释放;受这种审美趣味的影响,只要能够满足他们感官刺激的需要,甚至越是粗制滥造、低劣庸俗、无须思考玩味的审美对象越受到他们的欢迎。相反,越是高雅、耐人寻味的审美对象,由于需要耗费脑力进行思考,越显出被冷落甚至遗弃的态势。

现代文明加剧了焦虑,焦虑同时导致了片面的人。马尔库塞常常将人们的片面化归咎于西方现代文明,其实西方现代文明的最大恶果是最大程度地导致了焦虑。过去人们为了获取报酬和满足人们某种生理欲望而劳动,这种劳动具有异化性质且导致焦虑,但是现代文明却使劳动之外的整个休闲娱乐生活也变成了一系列同样甘受管理的活动,这就使人们在劳动之外的休闲与娱乐时间都无法享受到真正自由。人们可能不是为了娱乐而娱乐,而是为了满足某种欲望而娱乐,这样娱乐本身并不具有真正的自由性质,表面的自由只是体现了欲望飞扬跋扈的水平,人们自身完全变成了无生命的存在物,变成了一种材料、物品和原料。这不仅使人们在极大部分劳动时间里充满痛苦,而且在工作时间之外的闲暇时间也充满痛苦。异化的普遍化甚至使人们产生了生殖器性欲至高无上的欲望,人们因此必须设法满足这种欲望,但又不能彻底实现这些欲望,这就使焦虑变成无法克服的事实。过去人们可以坚决地选择反抗,但现代文明却不仅使异化劳动制度化,而且使反抗丧失了人格对象。人们一方面由于不满压抑而力求反抗,另一方面又遭受反抗的罪恶感的困扰,在这种追求反抗与犯罪意识之间的犹豫不决,必然加重人们的苦恼与焦虑。因为反抗与反抗的犯罪感本身就是一对矛盾,是人们无法协调的两种欲望的矛盾。过去人们可以轻而易举地找到诸如主人、首领等人格化反抗对象,对他们除了尊重和害怕之外还可伴以仇恨,但现代文明却将统治变成了一个无偏见的管理制度,使"攻击性冲动失去了攻击的对象,或者说,仇恨所遇到的都是笑容可掬的同事,忙碌奔波的对手,唯唯诺诺的官吏和乐于助人的工人。他们都在各尽其责,却又都是无辜的牺牲品"。① 现代文明事实上用同样遭受不幸的人

---

① 马尔库塞:《爱欲与文明》,上海译文出版社 2005 年版,第 75 页。

们的生活现状成功地抹平了人们内心的不平,但无法彻底克服人们的焦虑。如果反抗是一种有着具体对象乃至攻击目标的活动,那么人们在克服一定犯罪感之余,甚至还有反抗的可能;但如果反抗彻底丧失了明确的目标,那么这种想要反抗,又苦于无法找到具体目标的反抗,就势必迫使人们陷入更加严重的焦虑之中。一个焦虑的人是不可能具有丰富的感觉乃至心理能力的,而一个并不具有丰富的感觉乃至心理能力的人是片面的,一个片面的人是不可能获得较为丰富的生命智慧的。

二、迷狂及生命的局部解放

迷狂作为一种审美心境或情绪,并不像焦虑那样仅仅是一个勉强借用或最新命名的美学概念,但与焦虑一样也不是一种仅仅可以描述为一种心境的美学概念。虽然从柏拉图开始的许多思想家都以不同概念范畴阐释过迷狂,但他们只是揭示了迷狂的个别心理特征,并没有进行全面系统的阐述。其中柏拉图主要阐释了迷狂的心理动因,以及这种动因最终导致的知觉模糊性和不能自制性。叔本华则主要强调了迷狂与疯癫现象之间的近似性,认为在认识方式和思维方法方面,迷狂者常常与疯人一样抛弃了对事物关系的认识,只是在对个别事物的直观之中寻求对普遍理念的揭示。尼采则主要揭示了迷狂的权力意志,以及由这种权力意志的作用所导致的注意范围的广阔性、感官的敏锐性和各种生命高级因素的互动性、聚合性,审美经验的迷惑性等。庄子则更加强调审美效果的主体与客体的高度融合性和统一性,尤其对生命本体和宇宙本原认识的可能性。我们只有将各个思想家的阐释综合起来才能在某种意义上获得关于迷狂的整体认识。

迷狂与焦虑相比,其最大优势是在人们的心理能力发挥方面,表现出了焦虑所没有的多种优势。其最基本的特征是使人们的情感乃至灵性获得较为丰盈的释放。尼采将迷狂与梦境相联系,阐释了迷狂在释放情感方面的优势:"梦境释放的是想象力、联系力、诗之力;醉意释放出的是言谈举止之力、激情之力、歌舞之力。"①迷狂与梦境有着十分相似的特征,能够在某种程度上超越

① 尼采:《权力意志》,中央编译出版社 2000 年版,第 390 页。

现实各种因素制约,最大限度地激活人类的意识尤其无意识,使人类的生命力获得自由释放。当审美者真正集中意识和无意识层面的所有生命高级因素并因此构成其生命力时,他们常常能较容易地达到自我与审美对象的高度融合与统一。审美者与审美对象融为一体,就能够使人们达到迷狂的极点,就能够达到庄子所谓"物化",就能够使人们因为彻底忘却自我而陷入随物而化的生命境界。在这种生命境界,自我与自然存在物之间的隔离已经全部排除,甚至自然存在物就是自我,自我就是自然存在物。或者可以更彻底地说,自然存在物就是一切,因为自然存在物其实就是自我的另外一种存在方式。这同时是一种生命智慧,至少进入了一种不生不死、无此无彼、非我非物的最深沉的亲和融通。

虽然迷狂所形成的心理解放性质是显而易见的。但这种情感解放充其量只是一种局部解放,因为明确的是非观念与取舍意识最终限制了可能具有的全面态度,也同样限制了诸多心理能力的全面发展。所以迷狂所具有的生命智慧同样较为有限,只是与没有多少智慧的焦虑相比似乎有了一定进步。它虽然可能在最大限度上消除主体与客体之间的对立,乃至达到不生不死、无此无彼、非我非物的境界,但其有所取舍的特征是相当分明的。这种心理与无是无非、无所取舍的境界,还存在相当距离,还需要进一步提高。因为有取舍,就有偏执,有偏执,就难免片面。

三、虚静及生命的全面自由

一个受制于欲望以及对欲望的判断与认识的人,常常服从某些欲望而排斥其他欲望,或者力图满足所有欲望而实际上并不能够满足任何欲望,这些都会使其受到最大限度的制约和束缚,乃至无法成为拥有生命智慧的人。但一个不受制于欲望只受制于情感的人,同样因为溺情于这一事物却拒绝其他事物乃至陷入片面之中,因此也不可能具有生命的大智慧。只有虚静,才能彻底排除拘泥于某些确定或不确定欲望,乃至不被情感所奴役,而达到真正的自由境界。徐复观有这样的阐述:"虚静的自身,是超时空而一无限隔的存在;故当其与物相接,也是超时空而一无限隔的相接。有迎有将,即有限隔。不将不迎,应而不藏,这是自由的心,与此种自由的天地万物,作两无限隔的主客两忘的照面。"①唯其如此,虚静便理所当然是一种最具有生命智慧的心理境界,其心理特征表现在以下三个方面。

第一个方面是摒弃一切阻碍和束缚人们对生命智慧进行深刻体悟的心理障碍。庄子指出:"彻志之勃,解心之谬,去德之累,达道之塞。贵富显严名利六者,勃志也。容动色理气意六者,谬心也。恶欲喜怒哀乐六者,累德也。去就取与知能六者,塞道也。此四六者不荡胸中则正,正则静,静则明,明则虚,虚则无为而无不为也。"(《庄子·庚桑楚》)在庄子看来,只有去除所有扰乱情志的荣贵、富赡、高显、尊严、声名、利禄,束缚心灵的容貌、变动、颜色、辞理、气调、情意,拖累道德的憎恶、爱欲、欣喜、愤怒、悲哀、欢乐,遮蔽真理的取舍、从就、贪取、施与、知虑、技能等一切心理障碍,才能为真正领悟生命智慧奠定心理基础。

第二个方面是在彻底忘却自我及其生命意志的基础上,通过对个别事物的现在静观,达到对事物普遍理念的提升。叔本华认为这种心境,"是纯粹的观审,是在直观中的沉浸,是在客体中的自失,是一切个体性的忘怀,是遵循根据律的和只把握关系的那种认识方式之取消;而这时直观中的个别事物已上升为其族类的理念,有认识作用的个体人已上升为不带意志的'认识'的纯粹主体,双方是同时并举而不可分的,于是这两者[分别]作为理念和纯粹主体就不再在时间之流和一切其他关系之中了"②。虚静的自由与解放的一个重要表现,就是超越了个别事物的局限,上升到了对事物普遍存在的全面把握。这是它赢得更加全面的生命智慧的一种较为基本的体现形式。没有这种超越,就只能局限其中某些事物,乃至为其所束缚,为其所制约,而只能是一个具有严重局限的片面的人。

第三个方面是达到虚静的极致,从而实现自我精神的彻底解放和生命的完全自由,实现对人类生命和宇宙规律的整体把握。虚静是人们面对宇宙万物保持宁静乃至清净的一种心态。在这里,人们不再考虑平时的思想与观念,杜绝一切外在和内在干扰,认真体会和发现宇宙万物生命的真实存在,以及生

---

① 徐复观:《中国艺术精神》,华东师范大学出版社2001年版,第49页。
② 叔本华:《作为意志和表象的世界》,商务印书馆1982年版,第274—275页。

命的真谛。在这里,无论所谓紧张、焦虑,还是欣喜,一切都似乎显得无足轻重,有意义的只是一种充满安逸和耐心的静观,一种生命力的均匀释放与灵魂的寂静和崇高运动。在尼采看来,"宁静是种安逸,是种耐心,宁静就是一种准备,岂有他哉! 如此叫静观"。"这时我们的力量在均匀地释放"。① 禅宗更加透彻地发现了虚静的价值,在他们看来,虚静的特征在于"见性成佛"。而所谓见性其实就是最大限度地激活人们的整个生命活力。铃木大拙这样阐释了禅宗之所谓性:"不仅是肉体生命的力量原理,也是精神生命的活力原理。由于性现于其中,所以肉体和最高意义下的心灵都存在。"②激活人们的生命活力,是实现生命的自由与完整存在的基本条件,同时也是较为根本的条件。

唯其如此,人们应该重视虚静的价值与意义。因为虚静不仅能够消除人们与自然对象的对立,而且能够使人们彻底超越一切内在和外在限制而达到生命的最大自由,能够使人们的诸如感觉、思维和情感等各种心理能力获得最为全面而丰富的释放与展示。也许印度美学对虚静所能获得生命最大解放与自由,以及因此而形成对生命最高智慧体悟的认识更加深邃。在他们看来,自我克制是达到静虑的途径,而静虑是获得生命智慧的先决条件,只有达到了虚静的心理境界,才能真正获得所谓大梵乃至生命的智慧。《唱赞奥义书》有云:"是涵括一切业,一切欲,一切香,一切味,涵括万事万物而无言,静然以定者,是吾内心之性灵者,大梵是也。"③当然这种虚静也并不是人们致力以求的产物,而是生命智慧达到一定程度水到渠成的结果。如果致力以求,就会受到欲望的限制,就会形成对生命智慧的限制。我们应该知道,只要我们充满焦虑,就不可能形成虚静,只要存在迷狂,就不可能达到虚静。因为存在于头脑之中的欲望和激情都可能导致混乱,都可能因为无所适从或身不由己而无法达到真正的虚静。

现实生活是存在诸多束缚和限制的,要获得生命的自由与完整存在,人们似乎寻找了各种途径,或者用科学的方法创造更多物质财富,或者用政治的方

① 尼采:《尼采遗稿选》,上海译文出版社 2005 年版,第 78 页。
② 铃木大拙:《禅风禅骨》,中国青年出版社 1989 年版,第 48 页。
③ 《唱赞奥义书》,《五十奥义书》,中国社会科学出版社 1984 年版,第 139 页。

法赢得生命自由的制度保证。这一切都是十分必要的,但并不是完全可能的。事实上真正的自由,或者最根本的自由,是心理的自由,而心理的自由是单纯的科学或政治手段所无法彻底解决的。要真正获得心理自由与完整存在,最关键的是要保持虚静的心态。克里希那穆提对虚静有深刻的认识:"当有寂静、头脑的宁静的时候,我们会发现,在这宁静里有非同寻常的、被思想搅乱的头脑所不能了解的活动。在那个宁静里,没有公式,没有观念,没有记忆;这种宁静是一种富于创造力的状态,只有完整了解'我'的整个过程的时候,才能被体验到。否则,宁静是没有意义的。"①虚静的优势就在于不仅能使人们在焦虑心态之中存在的严重束缚获得全面解放,使迷狂心态的局部束缚获得完全解放,而且能够赢得生命的彻底解放与完全自由。这就能够使人们的生命灵性尤其智慧获得彻底显露。事实上只有完全自由的人,才可能使各种心理能力获得全面发展,才可能赢得生命的完整存在。同样也只有具有自由心境的人,才可能赢得生命的完整存在,也只有赢得生命完整存在的人,才有可能真正获得生命的最大智慧。

---

① 克里希那穆提:《最初和最终的自由——生命的注释 V》,华东师范大学出版社 2005 年版,第 280 页。

第四章

审美的创造智慧

第一节　自我的创造法则

人们对创造性的认识,是有一定变化的。古希腊时代不承认创造性,中世纪虽承认创造性,但创造只属于上帝,19 世纪浪漫主义将创造性作为艺术家的专利,到 20 世纪才在更普遍的人类文化领域使用这一概念。创造是一个外延极为广泛的概念,它包括一切种类的人类活动及其作品,不仅艺术家的作品,甚至科学家和技术家的作品都包括在内。创造包括新奇性与心理能力两个方面。新奇性仅是创造的外在形态,而心理能力才是创造的内在根据。这种心理能力常常涉及个性。人们常说,性格决定命运。其实性格也决定包括审美创造活动在内的一切创造活动。这种创造个性其实也是一定个体长期生活积累的产物。

一、自我创造的个性表征

自我创造的特征最突出地体现在其个性之中。与其说创造性是非凡才能的产物,不如说是一定创造个性顺理成章发生作用的结果。自我创造的个性表征在那些最具创造性的人,即通常所说的天才那里常常获得最为突出的体现。具体来说,自我创造的个性表征主要表现在以下几个方面:

其一，极度的自信心。

自我创造个性表征最基本特征是具有极度的自信心,甚至这种自信心在早年已经形成。这种情形常常较为普遍地存在于一切领域,无论宗教、哲学、科学、艺术的哪一个领域,基本都是如此。我们甚至可以说,许多具有创造个性的人其自信的程度常常能够达到常人所无法理解的类似于狂人或超人或疯子的程度。相传作为佛教创始人的释迦牟尼在降生的时候就显示了非同寻常的自信心。据《五灯会元》载,"世尊才生下,乃一手指天,一手指地,周行七步,目顾四方曰:'天上天下,惟我独尊。'"(《五灯会元》卷一)哲学家尼采敢于宣布"上帝已死",并且相信自己是"超人",立志"重估一切价值"。为此他不仅重估了宗教、历史、哲学、文学、音乐、道德、种族乃至犯罪学、女人的价值,而且重估了法国大革命以来的民主、自由、平等、博爱、妇女解放等一系列进步思潮的价值,甚至提出了恢复君主专制、强权、征服世界、建立千年帝国的主张。虽然他的自信并不一定都是正确的,但这种自信所达到的高度则是一般人望尘莫及的。爱因斯坦自信能够向牛顿以及当代一切科学学说进行挑战。爱迪生更是对每一项发明抱有无法遏制的狂热自信,他宣称在得到他想要的东西之前决不罢手。毕加索相信尼采是超人,并真诚认为自己是艺术领域超人的化身,他甚至为18岁的自画像题名为"我是国王"。

当然,创造个性所具有的自信心并不仅仅是一般狂妄和自命不凡,而是因为这种早年就形成的自信心激发了他们对学科和知识近乎狂热的爱好和类似贪婪的追求,以及对自己感兴趣领域书籍的极大兴趣,并形成了良好的阅读习惯。甚至可以更准确地说,这种极度的自信心常常是形成他们对事业近乎狂热爱好和类似贪婪追求的最为原始、最为内在、最为有力的动力。爱迪生10岁就有自己的一间实验室,并读完了《悲惨世界》,不久又读了牛顿的《原理》,还当报务员、劳工和技工,12岁就有自己在铁路上销售食品的商行,并自称:"我的庇护所是底特律公共图书馆。我从最低一层架子上的第一本书开始读,读了一大堆书,一本接一本。我阅读全部藏书。"13岁就开始在火车上的实验室进行试验和发明。爱因斯坦5岁时就声称推断出太空中的什么东西使他父亲的指南针始终指向同一方向的原因,13岁就能读懂康德的《纯粹理性批判》,甚至还以阅读达尔文著作和其他科学教科书作为消遣。毕加索在学

第四章 审美的创造智慧

会说话或写字之前就学会了画画,且自称他从来没有画过孩子气的画,甚至在孩提时期也是如此。他尤其喜欢阅读尼采的著作、特别权力意志理论,深信这些哲学对他形成打破偶像和创造性破坏在哲学上提供了依据。可见极度的自信心是形成良好阅读习惯和超越权威的创造精神的重要基础。

作为创造个性最基本表征的极度自信心,相当程度上与父母,尤其是母亲的早期教育有着十分密切的关系,而不是与抹杀创造个性的学校教育有密切联系。事实上,学校教育充其量只能对所谓人才起作用,对庸才乃至天才则是无能为力的:庸才常常拒绝学校教育,学校教育又常常谢绝天才。学校教育的突出弊端是用系统化、程序化、模式化的方式通过考核、恐吓、严惩而具有填充、克隆和复制千篇一律的人脑的功能,对此毕加索、爱因斯坦、托尔斯泰、卡夫卡等天才式人物给予过近似刻薄的批评。如爱因斯坦十分反感那种仅仅依赖恐吓、暴力和人为权威等手段所维系的只是用来传授特定知识和技能的学校教育体制,认为一个人如果掌握了某一学科的原理,并学会了独立思考和工作,就能够找到自己的道路,为此他主张"放在首要位置的永远应该是独立思考和判断的总体能力的培养,而不是获取特定的知识"。① 卡夫卡甚至对学校乃至家庭教育发表了发人深思的议论:"每个人都是独特的,并有义务发挥其独特性。就我所知,人们不管在学校还是在家里都在努力消除人的独特性。这样会减轻教育工作的负担,但也会减轻孩子们生活的分量。"②

我们不能否认卡尔·威特所说的这样一个事实:"母亲的教育对孩子极为重要,从我有限的知识来看,历史上的伟人往往有一个善于教育孩子的母亲。"③心理学研究的成果也表明:对成就有较高期望的父母,对子女也一般有较高的成就期望;而且这些父母更有可能卷入子女的成就活动之中,或对这些活动感兴趣。这一点在母亲身上表现得尤为显著。一般来说,中产阶级的父母比低收入家庭的父母尤其是母亲有较高成就期望,并能对子女的成绩作出细心评价。有些实验也表明,对子女能力有信心,对其成绩有较高期望的父

---

① 《爱因斯坦晚年文集》,海南出版社 2000 年版,第 37 页。

② 卡夫卡:《一切障碍都在粉碎我》,选自《现代艺术札记》(文学大师卷),外国文学出版社 2001 年版,第 31 页。

③ 卡尔·威特:《卡尔·威特的教育》,京华出版社 2002 年版,第 11 页。

母,对子女的教育抱负也较高。低收入家庭的父母对子女的教育抱负低于中产阶级。

母亲教育的最为突出功能是对子女的格外欣赏和成就期待。毕加索是他母亲热切期待的产物。他母亲曾经自信地认为,如果毕加索成为军人,将是一个将军,如果成为僧侣,将最终成为教皇。爱迪生甚至是他母亲和妹妹的副产品。他8岁上学,且只上了3个月。校长放弃了爱迪生,他母亲持不同看法,亲自承担起了教育儿子的任务。爱迪生也承认,他的母亲是他成功的因素,因为她理解儿子并能顺应其兴趣引导,相反却对学校教育忽视个性、兴趣和大自然,仅仅关注书本的做法嗤之以鼻。其次还有对子女的宽容、忍让和感化。萨特就是这种母亲教育的产物。在萨特看来,天下没有好父亲,他会以其固执的脾气长期压迫子女,把他的任性变成子女的原则,把他的无知变成子女的知识,把他的怨恨变成子女的骄傲,把他的怪癖变成子女的规律,他会盘踞在子女身上,压得子女喘不过气来。他甚至庆幸父亲的早亡,但对母亲则表达了全然不同的看法:"她以柔和的话语向我描绘着未来,并对我愿意实现这一未来而大加赞扬:'我的小宝贝将非常可爱,很懂道理,他会乖乖地让我将药水滴进鼻孔里。'我心甘情愿地沉溺于由这些柔蜜的预言织成的陷阱里。"①最后是对子女的榜样示范和潜移默化的影响,卓别林就是如此。卓别林的母亲有着奇妙的观察和模仿人的才能,卓别林的表演事实上就是从注视和学习母亲开始的。他指出:"要不是母亲的话,我就不能设想我在哑剧上可能获得成功。她是我所看到的最杰出的哑剧演员。她能一连几个小时站在窗口注视马路,用手、眼和面部表情模仿着楼下所发生的一切事情,而且从来也不中断这种表演。我在注视她和观察她中间,不仅学会了用手和面部表情来传达内心感情,而且还学会了研究人。"②

其二,超常的反叛意识。

我们应该看到,包括科学在内的一切人类文明进步都是在超越传统的基础上进行的,但即使最为尊重客观规律的科学也不可避免地存在主观臆测和

---

① 萨特:《词语》,三联书店1989年版,第12页。
② 卓别林:《我的秘诀》,选自《现代艺术札记》(演艺大师卷),外国文学出版社2001年版,第30页。

不能穷尽一切规律的缺憾。如韦伯指出:科学的研究领域常常不是以事物的实际联系为根据,而是以问题的思想联系为依据。而且对规律的研究越是具有普遍性,其科学研究的价值也就越高,然而事实上,"从任何一个具体现象的整个实在出发的一种详尽无遗的因果追溯不仅在实践中是不可能的,而且简直就是荒谬之举"。① 由于人们精力和记忆力的有限和社会的不断进步,不可避免地出现了学科化和专业化的趋势,这种学科化和专业化虽然顺应了科学发展的趋势,但也导致了不可避免的致命缺憾。这就是使包括科学家在内的每一个人都不可避免地囿于各自学科和专业领域,不仅使本来完整的研究对象被人为地无端分割为各个闭关自守、互不联系的割据领地,而且极其容易助长各个不同学科和专业唯我独尊、妄自尊大的狭隘意识和学霸思想。这些年虽然有人意识到了这一缺憾,于是将跨学科跨专业研究作为融合不同学科和专业知识,在前沿领域和尖端领域突破传统,向传统挑战的变革力量,但事实上这种跨学科和跨专业的研究,充其量只是借助似是而非的其他学科专业领域的知识以维护自己学科专业领域的主权和权力话语的一种策略。不仅不会使本来存在的敌视和分歧削弱,反而在某种程度上会使各自唯我独尊的狭隘学科专业思想更加牢不可破。这就使所有科学研究仅仅停留于某一学科和专业角度和视域的研究层面,而真正能够将各个学科和专业联系起来的超学科和专业研究则无人问津。然而正如莫兰所说,"如果科学不是超学科的,它就从未成为科学"。②

具有创造个性的人从来不以某一狭隘学科和专业作为不可逾越的界域和边界,而是重视不同学科和专业的越界、互涉乃至融合。许多具有突出创造个性的天才虽然可能在某一学科和专业领域显示了他人所难以企及的成就和智慧,但他们的研究视野却从来不仅仅局限于某一狭隘的学科和专业领域,他们常常保持了对本学科和专业以外的其他学科和专业的极大兴趣,甚至同时在这些学科和专业之外的许多领域触类旁通,有所建树。与其说是这种超学科和专业的研究视域成就了他们的创造,不如说正是这种超学科和专业的视域

---

① 韦伯:《社会科学方法论》,中央编译出版社 2002 年版,第 29 页。
② 莫兰:《复杂思想:自觉的科学》,北京大学出版社 2001 年版,第 102 页。

使他们更能够发现某一狭隘学科专业孤陋寡闻与夜郎自大的缺憾,更容易形成强烈的甚至超常的反叛意识。所以创造个性的又一特征无疑是超常的反叛意识。他们从来不盲目地把某种传统教条作为人生信条,也不会把某种现存的世界秩序和既定方式作为神圣不可侵犯的东西接受,他们蔑视一切现存秩序和模式,从来不相信有所谓亘古不变的真理和不可逾越的导师,他们甚至直接将自己奉为真理的化身和人类的导师。如惠能指出:"一切修多罗及诸文字,小大二乘,十二部经,皆因人置,因智慧性故,故然能建立","识心见性,自成佛道"。(《坛经·般若品》)弗洛伊德更加明确地表明了他的怀疑和反叛意识,他说:"我以前当作是精神观察所概括的东西,原来只不过是一些空想臆测。德国神经病理学权威的著作竟然不如廉价书摊上的所卖的一些'埃及人'谈梦的书更具实用价值。认识到这一点我很痛苦,这却使我彻底抛弃了我当时还受着影响的、对于权威仅有的一点天真的忠诚。"[1]爱因斯坦就是因为被认为具有破坏性而从慕尼黑高中开除,他也确实不尊重权威。毕加索同样具有发起挑战和破坏乃至改造世界的强烈冲动,他声称强烈反对一切东西,一切东西都是敌人。爱迪生喜欢我行我素,从未被科学界权威所认可,他也从未承认过那些权威。卡夫卡十分强调自己的独特性即所谓"绝望",他甚至声称"我从不知道常规是什么样的"。[2] 正是由于具有创造个性的人常常并不承认现存的一切秩序乃至权威,并明目张胆地以怀疑和推翻现存秩序和权威以目的,才使他们具有了富有独创性的天才特征。因为天才不是由崇拜乃至模仿现存秩序和权威而产生的,它是一种天生的自然心灵禀赋,如康德所说独创性是其"第一特性"。

其三,彻底的殉道精神。

真正具有创造个性的人常常是彻底的殉道者。他们不仅以其毕生的精力和时间作为赌注来从事他们所进行的创造活动,而且甚至不惜为此牺牲自己的一切乃至生命。为此,他们常常具有他人所无法想象的旺盛精力,如爱迪生

---

[1] 弗洛伊德:《弗洛伊德自传》,选自车文博编:《弗洛伊德主义著作选辑》上,辽宁人民出版社 1988 年版,第 8 页。

[2] 卡夫卡:《一切障碍都在粉碎我》,选自《现代艺术札记》(文学大师卷),外国文学山版社 2001 年版,第 35 页。

65 岁之前的标准工作时间是 18 小时,即使 75 岁高龄,也常常每天工作 16 小时。毕加索 80 岁之前的大部分时间每天作画 18 小时,到 90 岁仍然坚持作画,并且从来不知疲倦。爱因斯坦甚至认为穿袜子也会使生活不必要地复杂化。具有创造个性的天才往往是伟大的殉道者,他们因为执著于他们所热爱的事业,经受了常人难以想象的贫穷、焦虑和沉重的劳动,尤其备受孤独和静寂的煎熬,在精神与肉体、贫穷与疾病、创造与迷误的一系列苦难之中挣扎,如贝多芬、托尔斯泰等;他们或因为献身于他们的事业而经受了冒险与破产、探索与毁灭的考验,如爱迪生因为科学的冒险而在 55 岁破产;他们或因为触犯了权威乃至推翻现存世界秩序而遭到了异常惨烈的排挤、打击甚至迫害,如苏格拉底、布鲁诺因为触犯权贵的利益而被处以死刑,伽利略、达尔文、哥伦布因为学说而被排斥或监禁,牛顿和巴斯德被嘲笑等。所有这些几乎毫不例外地体现了创造者的殉道精神。孔子所谓"朝闻道,夕死可矣"(《论语·里仁》)和孟子所谓"天下无道,以身殉道"(《孟子·尽心上》),其实也是对殉道精神的一种阐发。

二、自我创造的生活表征

自我创造的个性表征是异常鲜明的,甚至在天才那里获得了类似夸张的体现。但是这些类似夸张的个性表征并不是空穴来风,而是独特的生活经历和社会实践长期发生作用的结果。人们常说生活是最好的老师。自我创造个性的形成常常与天才的一定生活及在生活之中所形成的各种主观或客观条件密切相关。可以说是生活为他们提供了使创造个性得以彻底显露的根本条件。

其一,童年梦想——自我创造的题材源泉和物质基础。

每个童年都是神奇的,富于诗性的。这主要因为童年的人们总是生活在由祖辈或本人所编织的梦想甚至神话的世界之中,而且因为这种由祖辈和本人编织的梦想或神话的世界常常是最富于创造性和自由性的,是创造尤其是审美创造的一种特殊形式。在童年时代,梦想赋予人们以极大的自由,可以使人们在自由的梦想和神话的世界之中找到在任何现实世界所无法找到的自我价值和意义。这不仅是现实世界的理想化,而且也是现实世界的诗性化,更是现实世界的审美化。虽然作为现实世界的审美化并不是在任何时候都具有积极的意义，而且有时候甚至有政治欺骗的成分存在，甚至能够以极其温和且富于同情和怜悯的姿态达到政治统治的目的，但是现实世界的理想化和审美化毕竟代表了人类不满现实世界，期求获得自由和解放的愿望，是存在一定的合理性的。童年的生活及其自由的梦想首先是文学艺术的萌芽。童年的自由梦想与艺术家的艺术想象存在广阔无垠的连续性，甚至可以说，艺术家的艺术想象其实就是其童年梦想的继续和升华。弗洛伊德指出："一篇作品就像白日梦一样，是幼年时曾做过的游戏的继续，也是他的替代物。"①

所有艺术家的艺术创作其实都是创造尤其审美创造的一种典型形式，都是这种童年梦想的继续和替代物。加斯东·巴什拉认为："剩余的童年是诗的萌芽。"②作为创造尤其是审美创造典型形式之一的艺术创作其实就是童年梦想的回忆和继续。虽然贝多芬的童年是悲惨的，但是贝多芬永远保持着一种温柔和凄凉的回忆。因为他在莱茵河畔的故乡度过了20年，那里的草原、白杨、细柳、果树，乃至村落、教堂、墓园，尤其那具有庄严父性的莱茵河，似乎就是他巨大的灵魂、无数的思想和力量的源泉。直到生命终结，他还陶醉于对故乡的忠诚回忆和梦想中。贝多芬自己说："我的家乡，我出生的美丽的地方，至今清清楚楚地在我眼前，和我离开你们时一样。当我能看见你们，向我们的父亲莱茵致敬时，将是我一生最幸福的岁月的一部分。"③如果说诗人往往用言语构建梦想世界，那么所有美学家和哲学家所创造的世界，虽然并不仅仅是一种言语世界，但仍然是一种充满童年梦想，并以其作为题材和基础的梦想世界。童年并不是其生理周期结束后随即在人们身心中死去并干枯的东西。它不是回忆，而是最具活力的宝藏，是不知不觉中滋养不能回忆童年的人们的丰富宝藏。一个人如果不能在其自我身心中重新体会童年是痛苦的，童年就像他身体中的身体，是陈腐血液中的新鲜血液；童年一旦离开，他就会死去。童年梦想是人一生梦想的总展示，其后的一切努力大体上都是对这些梦

---

① 弗洛伊德：《创作家与白日梦》，选自《现代西方文论选》，上海译文出版社1983年版，第146页。

② 加斯东·巴什拉：《梦想的诗学》，三联书店1996年版，第125页。

③ 转引自罗曼·罗兰：《巨人三传》，安徽文艺出版社1998年版，第68页。

第四章 审美的创造智慧

想的实现和满足。其他艺术家可能比较多地以现实世界作为题材,并以此作为标榜,具有创造尤其是审美创造个性的天才式艺术家、美学家和哲学家却更多地以童年梦想及其构筑的梦想世界作为题材,而且他自己也就置身于这种由童年梦想构筑的梦想世界之中,甚至以其为现实世界。这种创造尤其是审美创造,虽然经常遭到以现实世界作为题材的艺术家和评论家的不满和刁难,但却取得了那些刁难和批评他们的人们所难以取得的成就。童年梦想不仅是艺术家建构其艺术世界的丰富源泉和原动力,而且是艺术家生命的存在方式,对许多具有创造个性的艺术家、美学家和哲学家来说更是如此。其他人也许更多地存在于现实世界之中,而具有创造个性的艺术家、美学家和哲学家却更多地存在于童年梦想世界之中,真正以童年梦想世界作为其生命存在方式。沈从文曾经明白地表达了这一特征,他说:"现在还有许多人生活在那个城市里,我却生活在那个小城过去给我的印象里。"①正是由于这些作为生命存在方式的童年梦想世界使艺术家建构审美世界时获得了取之不尽、用之不竭的创作源泉和原动力。

其二,苦难体验——自我创造的力量源泉和精神支柱。

几乎所有具有创造个性的天才式人物,在其人生的征途上,大多经受身体病痛的折磨,或人生际遇的摧残,或精神炼狱的拷问,有些甚至三者兼具,但没有一个是为这些苦难所折服乃至击垮的人物。从这个意义上,他们是英雄,是真正具有非凡毅力的英雄。正如孟子所说:"天将降大任于斯人也,必先苦其心志,劳其筋骨,饿其体肤,空乏其身,行拂乱其所为,所以动心忍性,增益其所不能。"(《孟子·告子下》)可见,苦难,不仅能够形成坚强的毅力,而且能够弥补能力的缺陷,甚至是创造的力量源泉和精神支柱。在罗曼·罗兰看来,诸如贝多芬等"固然由于毅力而成为伟大,可是也由于灾患而成为伟大",贝多芬那句"我要扼住命运的咽喉。它决不能使我完全屈服"②就是战胜苦难,并因此获得审美创造的力量和支柱的最为明朗的表白。此外,谎言与真理、兽性与神性、奴役与自由等矛盾冲突所导致的人格分裂也可能是审美创造者必须经

---

① 沈从文:《从文自传》,选自《沈从文全集》第13卷,北岳文艺出版社2002年版,第246页。

② 罗曼·罗兰:《巨人三传》,安徽文艺出版社1998年版,第15、72页。

常温习的课题,正是对这种苦难的体验最终卓有成效地成就了审美创造,成就了艺术创造,成就了具有创造个性的天才。尼采指出:"艺术,无非就是艺术!它乃是使生命成为可能的壮举,是生命的诱惑者,是生命的伟大兴奋剂。"①

　　具体来说,苦难体验与审美创造是相辅相成的。一方面,苦难体验不仅为审美创造提供了力量源泉和精神支柱,而且为审美创造提供了深刻的感性经验和理性经验,使创造拥有了深刻的生命体验和生命感悟;另一方面,审美创造使苦难体验得以通过物态化超越时间和空间的限制,达到与人共享性的目的,并因此具有永恒存在形式。值得注意的是,无论苦难体验,还是审美创造,最终都能使具有创造个性的人成为伟人。建立在困难体验基础上的艺术创造其实是具有创造个性的人成为伟大的必然途径。卡夫卡甚至明确指出:"受难是这个世界上的积极因素,是的,它是这个世界和积极因素之间的唯一联系。"②

　　其三,权力意志——自我创造的基本愿望和终极目的。

　　在尼采看来,权力意志,"在最强者、最富有者、最勇敢者那里,则表现为'对人类之爱',对'人民'、《福音书》、真理、上帝之爱;表现为同情;'自我牺牲'等等;表现为制胜、义务感、责任感,表现为自信有一种人们能够赋予其方向的伟大势力:即英雄,预言家,恺撒,救世主,牧人……"③具有创造个性的人其实就是具有这种最强权力意志的人。值得注意的是,审美创造者的权力意志是真正的对人类的同情和爱,而不是那些权术家、阴谋家的一种掩人耳目的幌子,因为他们只是借助人民的力量,达到某种极具野心的个人乃至阶级和集团目的的一种手段,他们的权力意志在通常情况下只能导致人类的更大灾难。马克思指出:"每一个企图取代旧统治阶级的新阶级,为了达到自己的目的就不得不把自己的利益说成是社会全体成员的共同利益,就是说,这在观念上表达就是赋予自己的思想以普遍的形式,把它们描绘成唯一合乎理性的、有普遍

---

① 尼采:《权力意志》,中央编译出版社 2000 年版,第 294 页。
② 卡夫卡:《一切障碍都在粉碎我》,选自《现代艺术札记》(文学大师卷),外国文学出版社 2001 年版,第 30 页。
③ 尼采:《权力意志》,中央编译出版社 2000 年版,第 112—113 页。

第四章　审美的创造智慧

意义的思想。"①审美创造者同样能够体验到权力意志可能带来的实现感,在许多情况下还能避免道德、法律甚至舆论的谴责和约束,乃至享受最大限度的自由和解放的乐趣。即使作为自我创造范例之一的艺术创造也是如此,最起码能够使体验到上帝般的权力。如福克纳所说:"我可以像上帝一样,把这些人调来遣去,不受空间的限制,也不受时间的限制。"②

相形之下,创造者则只是以某种具有个人童年梦想性质的审美世界为人们提供审美娱乐的广阔天地,至少不会给人类带来灾难。罗曼·罗兰是这样评价贝多芬的:"一个不幸的人,贫穷,残废,孤独,由痛苦造成的人,世界不给他欢乐,他却创造了欢乐给予世界!"③也许巴尔扎克更加坦白。他把征服世界作为自己的童年梦想。在他的一切生命活动之中,没有比这更强有力的意志了。他曾经在拿破仑的画像下写过这样的话:"他用剑没有完成的事,我将用笔来完成。"④而且他也的确实现了这一权力意志,以其《人间喜剧》把浓缩的人生置于笔端,几乎达到了比拿破仑更持久地征服整个世界的目的。他拥有这种自信和牺牲的精神,他说:"有思想的人,才是有至高无上权力的人。国王左右民族不过一朝一代,艺术家的影响却可延续好几个世纪。他可以使事物改观,可以发起一定模式的革命。他能左右全球并塑造一个世界。"⑤创造尤其是审美创造的终极目的和最高目标是对人类生命的终极关怀,是超越生命个体乃至创造者所隶属阶级、民族、国家的狭隘和局限,自觉地承担其自我及其阶级、民族和国家所犯的一切罪孽,把创造作为蕴涵人类共同精神、实现人类统一愿望的人类生存所必需的最微妙而又最重要的工具,使创造成为人类崇高灵魂的表征。索尔仁尼琴明确指出:"幸运的是我却自透视世界文学获得鼓舞而勇气倍增,它仿佛像是一颗无所不容的伟大心灵,充满了对世人

---

① 《马克思恩格斯选集》第 1 卷,人民出版社 1995 年版,第 100 页。
② 福克纳:《创作源泉与作家的生命》,选自《现代艺术札记》(文学大师卷),外国文学出版社 2001 年版,第 111 页。
③ 罗曼·罗兰:《巨人三传》,安徽文艺出版社 1998 年版,第 54 页。
④ 茨威格:《六大师》,漓江出版社 1998 年版,第 20 页。
⑤ 巴尔扎克:《论艺术家》,选自《巴尔扎克论文艺》,人民文学出版社 2003 年版,第 4 页。

的怜悯与关注,从每一个角落,以一切方法来表达它的慈悲和关怀。"①

第二节　社会的创造法则

受达尔文进化论的影响,人们总是认为社会必定朝着进步的方向发展,于是有摩尔根所谓从蒙昧社会向野蛮社会乃至文明社会发展的观点,马克思所谓从原始社会向奴隶社会、封建社会、资本主义社会乃至共产主义社会发展的理论。但具体到每一个国家和民族,情况可能并不经常如此。国家和民族的兴盛与衰亡,常常取决于它们所拥有的创造力:往往因拥有旺盛创造力走向兴盛,因创造力枯竭导致衰亡。这种创造力表现在艺术创造以及科学家、技术家乃至政治家的一切活动之中,甚至体现在社会生活的各个方面。

一、社会创造的艺术表征

任何国家和民族,几乎毫无例外地以卓越创造力开始,又以刻板模仿而告结束。这几乎是社会创造法则最为基本的特质。但由于种种原因,并不是所有国家和民族在历史发展的任何时代都拥有最伟大的创造力。其实对整个人类而言,也是如此。人类历史上最具卓越创造力的时代就是公元前800年至前200年即雅斯贝斯所谓世界历史的"轴心时代"。其后的不同历史阶段虽然也有不同创造,但总体上并未达到那个特殊时代所达到的高度。对中国而言,自春秋战国诸子百家时代之后,事实上也一直没有达到以前高度。比较而言,社会创造在艺术领域常常有着较为集中的体现,因为艺术从它诞生的那时起似乎就与创造结下了不解之缘。社会创造的艺术法则,其实就是兼容与背离的有机统一。我们所面临的世界不外乎现实世界、感觉世界和艺术世界,艺术创造法则的兼容与背离也必然地表现为现实世界、感觉世界和艺术世界三方面的兼容与背离。

① 索尔仁尼琴:《为人类而艺术》,选自《现代艺术札记》(文学大师卷),外国文学出版社2001年版,第185页。

其一,现实世界的兼容与背离。

现实世界的兼容与背离是艺术创造兼容与背离的基础。因为在现实世界、感觉世界和艺术世界之中,最具有原创性的世界显然是现实世界,现实世界是一切创造的源泉和基础。历史上卓有成就的艺术家在某种程度上都是参透了现实世界创造奥秘的人,都是深切地领悟了现实世界一切事物不断创造进化的生命精神的人。世界上没有任何一个事物比造物主更具有创造性,没有完全相同的两片树叶和面孔就有力地证明了这一点。在庄子看来,瓦砾秕稗,莫非道也;在禅宗看来,青青翠竹,尽是真如,郁郁黄花,无非般若。只要艺术家以美的眼光看待现实世界,现实世界一切事物就无不具有美质,无不可以成为艺术创造的构成要素。深于诗者,如张戒所云"世间一切皆诗"①,在杜甫,山林廊庙、巧拙奇俗,无非诗者;精于文章者,世间一切皆文,如苏轼嬉笑怒骂皆成文章;通于书法者,世间一切皆书法,如张旭歌舞战斗皆草书。因而真正具有创造性的艺术家只要将千姿百态的大千世界作为师法对象,其艺术创造必然表现出无比丰富的内容和形式。罗丹有这样的深切体会:"对于当得起艺术家这个称号的人,自然中的一切都是美的——因为他的眼睛,大胆接受一切外部的真实,而又毫不困难地,像打开的书一样,懂得其中内在的真实。"②

正是由于对现实世界最大限度的兼容,才形成了某些艺术类型的特殊追求与风格。在一些一般人很难与现实世界联系起来的艺术创造之中,也总是存在着这种兼容,甚至还成其为创造的风格。如中国书画尤其是书法,人们以为主要是写意或表达艺术家的生命追求,但正是这种相对抽象,看似与现实世界没有多大联系或至少没有十分明晰的联系的艺术类型却潜藏着最大限度兼容现实世界的秘密,如石涛就认为绘画存在"夫一画含万物于中"③的特征,张怀瓘也认为草书具有"囊括万殊,裁成一体"④的风格。

① 《中国美学史资料选编》下,中华书局 1981 年版,第 56 页。
② 罗丹:《罗丹艺术论》,选自《十九世纪西方美学名著选》(英法美卷),复旦大学出版社 1990 年版,第 491 页。
③ 《中国美学史资料选编》下,中华书局 1981 年版,第 330 页。
④ 《中国美学史资料选编》上,中华书局 1980 年版,第 256 页。

但艺术创造并不拘泥于现实世界的机械兼容,它更强调兼容基础上的背离。因为虽然兼容本身就意味着创造,但真正意义上的创造其实是兼容基础上的背离,背离才是艺术创造的终端体现。雷诺兹有这样的认识:"艺术源于个别的自然,同它直接发生关系,以它为原型;但是艺术也远非如此简单,许多艺术又要背离自然,有别于自然。"①艺术创造永远不应该是提供现实世界的复制品,最起码应该是艺术家对现实世界的重构,是用一定艺术媒介所构造的完全新型的世界。人们认为历史叙事应该是对历史事件的忠实展示,其实即使历史叙事也不可能真正如此。海登·怀特对此有深刻阐述:"叙事不仅仅是一种可以用来也可以不用来再现在发展过程方面的真实事件的中性推论形式,而且更重要的是,它包含具有鲜明意识形态甚至特殊政治意蕴的本体论和认识论选择"。人们在再现真实事件的时候,往往赋予这些事件以一种虚幻的一致性,甚至各种各样的梦幻般意义,因而,"现实生活绝不可能被完全真实地再现出来,不可能具有我们在精致的或虚构的传统故事中才能看到的那种形式上的一致性"。② 因而艺术创造,在任何情况下,所能够提供的只能是现实世界的替代品,而不是复制品,更不是其本身。有所不同的是,有些艺术家正是凭借这种背离才真正地显示了独特的艺术风格。凡·高有这样的看法:"由许多个别集中成的典型,那是艺术中最高的东西。在那样的作品中,艺术往往高于自然之上。"③其实艺术创造的过程就是典型化的过程,而这个过程其实也就是兼容与背离对立统一的过程。艺术创造至少应该比现实世界更集中、更夸张、更典型地体现出最为独特的特殊性与更为广泛的普遍性,并因此拥有凝聚、凸显现实世界的优势。

其二,感觉世界的兼容与背离。

现实世界兼容与背离,只是艺术创造的基础,创造的最终完成主要依赖于艺术家对自我感觉世界的兼容与背离。因为现实世界只有经过艺术家的感知、存在于艺术家的感觉世界的时候,才有被艺术家进行兼容与背离的可能。一切没有被艺术家感知的现实世界,是不可能被艺术家所兼容与背离的,也不

---

① 杨身源、张弘昕:《西方画论辑要》,江苏美术出版社1990年版,第244—245页。
② 海登·怀特:《形式的内容:叙事话语与历史再现》,文津出版社2005年版,第1—2页。
③ 杨身源、张弘昕:《西方画论辑要》,江苏美术出版社1990年版,第438页。

可能成为艺术创造的真正基础。

艺术创造就其最为深层原因而言,其实是艺术家对自我感觉世界的兼容,这不仅是那些吹嘘自我表现的艺术家的特征,而且也是主张客观再现的艺术家的特征。只是那些主张客观再现的艺术家总是强调了现实世界的价值与意义,而忽略这个现实世界也必然地是为他所感知了现实世界的事实。真正完全客观的现实世界只是存在于艺术家感觉世界之外,这种真正客观存在的现实世界是不可能被艺术家所感知的,因此也不可能被艺术家作为兼容与背离的对象而存在。张璪所谓"外师造化,中得心源"①,以及王履所谓"吾师心,心师目,目师华山"②都揭示了这一道理。艺术家丰富的感觉世界是形成艺术创造丰富题材的根本来源,而且也是艺术家形成独特艺术风格的主要原因。这就是尽管现实世界可能具有同一性,但艺术创造却千差万别的根源。如卡夫卡所说:"写作就是把自己心中的一切都敞开,直到不能敞开为止。"③甚至在最为极端的意义上讲,现实世界其实就存在于艺术家的感觉世界之中。孟子所谓"学问之道无他,求其放心而已矣"(《孟子·告子》上),惠能所谓"万法尽在自心"(《坛经·般若品》),陆象山所谓"夫权皆在我,若在物,即为物役矣"(《象山语录》下)和王阳明所谓"天下无心外之物"④所揭示的就是这一道理。

艺术家对自我感觉世界的兼容,实际上也不是对其感觉世界不加改造的直接显示。马蒂斯指出:"一位艺术家从现实景象直接获取印象之后,他能在不同日子里,通过组织自己的感受,在同样的心灵框架中继续自己的工作,并且发展这种感受。"⑤真正具有创造性的艺术家总是要按照自我的创造意图对自我感觉世界进行改造,而且依赖这种对感觉世界的改造来显示其创造精神。这也正是艺术家之特征的体现,如蒙德里安认为艺术家的特征,就是"使自己

---

① 《中国美学史资料选编》上,中华书局 1980 年版,第 280 页。

② 《中国美学史资料选编》下,中华书局 1981 年版,第 98 页。

③ 卡夫卡:《致斐丽斯》,选自伍蠡甫:《西方文艺理论名著选编》下,北京大学出版社 1987 年版,第 298 页。

④ 《王阳明全集》第一卷,红旗出版社 1996 年版,第 112 页。

⑤ 马蒂斯:《画家笔记》,选自《现代艺术札记》(美术大师卷),外国文学出版社 2001 年版,第 29—30 页。

从个人情感以及从外部世界中接受到的个别印象中解放出来,并且从自己内心中个人倾向的支配中解脱出来"。① 所有这些表明艺术创造其实就是对感觉世界兼容基础上的背离。

也许卓别林的体会更明确,他说:"我总是试图以新的方式来创造出人意料的情节;假如我确信观众猜想我在影片中是要步行,那我就突然跳,让一辆汽车。如果我想惹人注意,我就不用手拍他的肩膀或是叫他的名字,而是用我的拐杖勾住他的胳膊把他轻轻拉到我这边来。先按照观众所意料的那样来演,后来却又演得出乎观众的意料以外,这对我来说是一种很大的乐趣。"②其实艺术家对自我感觉世界的背离,所背离的并不仅仅是艺术家自我的感觉世界,而且是一切感觉世界合乎逻辑的思维方式甚至感觉方式,理所当然也是对所有人感觉世界的一种背离。人们把这种背离也叫做对人们惯常期待视界的否定。因此艺术家对自我感觉世界的背离,其实也就是对人们审美期待视界的否定,是使艺术创造获得最大限度的创造的根本保证。

其三,艺术世界的兼容与背离。

艺术家对现实世界和感觉世界的兼容与背离主要体现了艺术创造的内容特征,但是艺术创造还得依赖一定艺术手段才能够使其获得最终实现。这就使艺术家不得不注意另外一个方面的兼容与背离,这就是艺术世界的兼容与背离。

人们在强调艺术家的创造性的时候,总是忽略了他们与传统艺术的联系。其实任何真正具有创造性的艺术家都是无法离开对艺术世界的最大限度兼容的。艾略特指出:"诗人,任何艺术的艺术家,谁也不能单独的具有他完全的意义。他的重要性以及我们对他的鉴赏就是鉴赏对他和已往诗人以及艺术家的关系。"③即使真正具有创造性的艺术本身也不是纯粹的个人独创,而恰恰是最大限度地成功借鉴传统艺术的结晶。因为人们往往不难从中发现与传统

---

① 蒙德里安:《关于纯造型艺术》,选自《现代艺术札记》(美术大师卷),外国文学出版社2001年版,第55页。

① 蒙德里安:《关于纯造型艺术》,选自《现代艺术札记》(美术大师卷),外国文学出版社2001年版,第55页。
② 卓别林:《我的秘诀》,选自《现代艺术札记》(演艺大师卷),外国文学出版社2001年版,第33页。
③ 艾略特:《传统与个人才华》,选自《艾略特诗学文集》,国际文化出版公司1989年版,第2页。

第四章 审美的创造智慧

103

艺术的密切联系,其艺术创造中真正具有创造性的特质,甚至也可能恰恰是传统艺术曾经赖以证明其具有创造性的部分。只是这种特质并不是对一种类型艺术的简单易学的机械模仿,而是对众多艺术甚至一切艺术的最大限度和最高程度的创造性借鉴和融合的产物。如苏轼所说:"知者创物,能者述焉,非一人而成也。"①甚至越是具有创造性的艺术家对艺术世界的兼容越是突出。如杜甫之所以成为具有创造性的诗人,一个原因就是他能够博采众长,并融为一体。如元稹所说"尽得古今之体势,而兼人人之所独专矣"。② 没有对一切艺术家及其艺术的最大兼容,就不可能有艺术的真正创造,只有在兼容的基础上,才可能具有创造的潜力和能量,才可能完成具有历史意义的艺术创造。如杜甫所强调:"不薄今人爱古人"、"转益多师是汝师"。③ 甚至有许多艺术家常常在艺术之外寻找艺术创造的灵感。如从禅宗悟诗境、从舞剑悟书画、从书画悟舞蹈,都是许多艺术家所致力以求的创造秘诀。

对艺术世界的兼容从来不应该是对艺术世界的机械模仿,而应该是在兼容的基础上的背离。只有背离才是形成艺术家独特艺术风格的根本原因。如董其昌主张,作画须"绝去甜俗蹊径"④,凡·高声明"我用笔全然没有一定的格式。我把不规则的笔触点向画布,让它们呈现出不加修饰的自然状态"⑤。艺术创造的最高境界绝对不是艺术世界某一模式的机械模仿和简单复制,而是独树一帜、自成一家。真正卓有成就的艺术家常常在兼容基础上背离,在背离基础上创造艺术规则,并成为其他艺术家模仿的范本,但他们却最了解艺术创造的奥秘。这就是没有真正意义的背离,就不可能有真正意义的创造。卓越的艺术家总是创造艺术范本,拙劣的艺术家则模仿这些范本,而一般的艺术家只能对艺术范本进行力所能及的缝缝补补。

二、社会创造的一般表征

社会创造的一般表征是失衡。社会界各种对立因素经过激烈对抗与斗

---

① 《中国美学史资料选编》下,中华书局 1981 年版,第 38 页。
② 郭绍虞:《中国历代文论选》第二册,上海古籍出版社 1979 年版,第 66 页。
③ 《中国美学史资料选编》上,中华书局 1980 年版,第 279 页。
④ 《中国美学史资料选编》下,中华书局 1981 年版,第 149 页。
⑤ 奇普:《塞尚、凡·高、高更通信录》,广西师范大学出版社 2002 年版,第 27 页。

争,以某些因素的绝对胜利与其他因素的最终失败而告结束,所以总是体现出力量对比的不均衡性。老子把这种不均衡性即失衡法则表述为"人之道则不然,损不足以奉有余"(《老子》第七十七章)。

其一,偏于平衡的中国文化表述。

中国文化所揭示的社会失衡法则的最极端表现,是庄子所谓"彼窃钩者诛,窃国者诸侯。诸侯之门,而仁义存焉"(《庄子·胠箧》)。庄子虽然十分不满这种失衡法则,但它作为一个事实却客观存在着:社会权力的不均衡和境遇的不相同,常常使一些人将本来具有的美质逐渐丧失殆尽,甚至使美质逐渐变成丑质,相反却使另一些人所具有的美质日益增多,甚至成为美质的全部占有者。人类总是要以某种方式展现于社会界,并以其作为存在方式。作为展示方式,不能是丑质的暴露,只能是美质的展示。如果这种展示从表象至内涵无不具有美质,那是最好不过了。然而平衡法则决定了社会界任何事物都不可能是美质的集合体,于是人类必然要以某种人为方式尽可能掩饰其丑质,夸张其美质,甚至使某种特定条件下的丑质在另外条件下作为美质而获得显现。社会的失衡法则在本质上并不代表自然规律,仅仅是人为因素发生作用的结果。但这种人为法则最终要受到自然平衡法则的制约。在西方,柏拉图也明确认识到了这一点:"如果我们无视恰当的比例而对任何事物过多地赋予,比如说把过多的风帆给予一艘船,把过多的营养给予一个身体,把过多的权威给予一个灵魂,其结果就必然是翻船,在一种情况下是身体过于肥胖,在另一种情况下是灵魂的专横,结果就是犯罪。"①

人类总是力求使社会界具有更多的美质,并由此使社会界成为美的集合体和唯一存在物,使丑的社会界及其所具有的丑质一并消失。虽然美与丑有极大相对性,但是人类的一切活动更多的是以维护自认为的美质的存在、剥夺自认为的丑质的存在为目的的。这种现象在艺术创造之中获得了集中体现,如叶燮所描述:"然孤芳独美,不如集众芳以为美。待乎集事在乎人者也。夫众芳非各有美,即美之类而集之。集之云者,生之植之,养之培之,使天地之芳

① 柏拉图:《法篇》,选自《柏拉图全集》第3卷,人民出版社2003年版,第447页。

无遗美,而其美始大。"①中国园林乃至房屋居室的建造常常体现了这一特征。园林住宅往往因主人的政治、经济和文化地位而显示出差异,甚至可以说成为主人政治、经济和文化地位的一种象征。中国皇家园林,无论《诗经·灵台》所记周文王的灵台、灵沼和灵圃,秦汉的上林苑,宋代的艮岳,清代的圆明园,还是现存的北京颐和园、承德避暑山庄等,都是把山水、树木、花鸟和建筑等美质聚集起来,以广阔之地域、壮观之山水、繁茂之植物和高丽之建筑等来体现"移天缩地在君怀"的皇家气魄的。它们一般除了具有政治的象征意义之外,还具有十分丰富的实用功能与审美功能,常常是实用与审美功能最大限度的统一。至于一般百姓的民宅常常因为政治、经济和文化因素的制约而往往只具有实用功能,很少能够具有审美价值。

人类历史上的每一个国家和民族,每一个阶级和个人,几乎都以卓越的创造而开始,又以创造力的枯竭而灭亡。不断地否定和超越自我是保持旺盛创造力的先决条件。任何形式的自我满足都是创造力衰退的标志。当然对创造力的过分滥用也可能导致同样的结果。虽然社会的进步常常依赖那些最具创造性的人,是他们引导了社会进步的方向与步伐,但先决条件是这些最具创造性的人必须并不仅仅考虑自我利益,甚至能够在一定程度上对自我欲望与权力有所克制,否则他们就会陷入先知者的孤独与创造者的迷误之中,更有甚者,可能导致众叛亲离。所以许多富有智慧的人总是提醒人们:必须适当地发挥个人的优势与权力,千万不得把某些优势和权力发挥到极致,以免物极必反。如老子教导人们:"持而盈之,不若其已。揣而锐之,不可常保。金玉满堂,莫之能守。富贵而骄,自遗其咎。"(《老子》第九章)柏拉图也提醒人们:"要想得到全部是有害的,得到一半就足够了,所以有节制的自足比无节制的攫取要好。"②事实上片面强调社会创造也是存在问题的,尤其不能过分地助长那些物质欲望和感官享受。因为无节制的物质欲望和感官享受,并不能产生真正的满足感与幸福感,反而引导人们走向极为普遍的腐败与犯罪。"甚爱必大费,多藏则厚亡"(《老子》第四十四章),这是人们必须认真记取的

---

① 《中国美学史资料选编》下,中华书局 1981 年版,第 324 页。
② 柏拉图:《法篇》,选自《柏拉图全集》第 3 卷,人民出版社 2003 年版,第 446 页。

古训。

其二,偏于失衡的西方文化阐释。

西方文化关于社会失衡法则的阐释,最具影响力的就是所谓"马太效应"。《马太福音》讲:"凡有的,还要加给他,叫他有余;凡没有的,连他所有的也要夺去。"(《新约全书·马太福音》第十三章第十二节)这种"马太效应"作为失衡法则的一种阐释,虽然只是一种宗教意志的体现,但是无疑体现了一种社会法则,明显具有使社会界美质达到整体不均衡的特征:使美质较多的社会界拥有更多美质,使美质较少的社会界拥有更少美质。极端情况是使具有较多美质的社会界拥有存在权,使具有美质较少的事物或丑质失去存在权。当然也可能正好相反。失衡法则是人类意志的产物,是人力的终极表现。社会界在有限范围总是存在着失衡现象:有的社会界几乎是所有美质的集合体,有的则几乎是丑质的集合体;具有美质的社会界便美到极致,丑的则丑到极致。

这种失衡法则普遍地存在于人类社会的各个方面,甚至科学交流和奖励系统之中都存在:人们总是给予已经有名的人以荣誉和美名,却常常忽略了那些同样有贡献但默默无闻的人。如默顿在其《科学社会学》中就系统阐述了马太效应的体现。在他看来,马太效应不仅存在于科学的奖励系统之中,而且存在于科学的交流系统之中,甚至在举世瞩目的诺贝尔奖的评奖之中仍然存在这样的失衡。这就是他所谓"著名的科学家获得了与他们的科学贡献不相称的太多荣誉,而那些相对不知名的科学家总是获得与其贡献相比相对较少的荣誉"。① 科学交流和奖励系统之中的马太效应,其最恶劣的后果是在提高那些声名显赫的科学家的知名度的同时,却又降低了那些本来鲜为人知的科学家的影响力,而且使那些虽然知名但成就并不十分突出的科学家获得了无上荣誉,却使那些本来成就更大却不很知名的科学家未能获得相应评价。如果这种马太效应夹杂一些腐败的成分的话,那种不公平甚至就会演变为一种学术强权甚至霸权。

在历史人物的评价方面同样存在这种现象。一些没有多少贡献的历史人物往往因为偶然的原因,受到文学作品的宣传而享有声誉,但另一些本来作出

_____

① 默顿:《科学社会学》下,商务印书馆 2003 年版,第 610—612 页。

过伟大贡献的人物,却可能因文学艺术的歪曲而遭到人们的贬低。表面看来,所有历史学家的任务只是根据历史事实说话,但是实际上所有历史学家都在自觉或不自觉地对历史事实进行着合乎自己思想观念的重构。在海登·怀特看来,尽管人们一直天真地坚信,历史本身是由一大堆有关个体与集体的活生生的故事构成的,历史学家的主要任务是发现这些故事并利用叙事来重述它们,而叙事的真实性就在于所讲述的故事与历史人物实际经历的一致性,但事实情况是,叙事不只是历史再现的一种可用或不可用的话语形式,而且也必然地包含着意识形态。他是这样阐述的:"实际上,内容在言谈或书写中被现实化之前,叙事已经具有了某些内容。"①既然历史叙事本身存在虚幻成分与主观意义,那么历史评价之中的马太效应同样相当突出。连历史叙事与评价都是如此,那么社会界的马太效应的普遍以及失衡法则的不公正存在也就成为一种必然了。爱默生为我们提供了这样的事实:"我们赫赫有名的研究法国大革命的英国史学家早就抱怨再三了。格拉古兄弟、阿吉斯、克莱奥梅尼一世和三世,以及普卢塔克笔下的那些主人公,也同他们的名望不相符合。菲利普,西德尼公爵,埃赛克斯伯爵,瓦尔特·拉雷夫公爵,都是些伟大的历史人物,可我们所知的功绩却寥寥无几。在叙述华盛顿的丰功伟业时,我们找不到一丁点他个人的功绩。席勒的名声远比他著作实际可得的名声要大得多。"②

　　人类应该享有均等享受社会美的机会和权利,然而在一个允许贫富悬殊和两极分化而人为地张扬失衡法则的社会界里,并不是每个人都能够得到均等机会和权利的。虽然每个人都企图获得更多支配、甚至掠夺和占有他人创造的成果,以增加自己享有量的欲望,但并不是所有人都能够如愿以偿:其中一部分人并不创造美,却拥有支配、掠夺和占有他人的美,最大限度地增加其享有量的绝对权利,乃至成为社会美的巨富;另一部分人虽然创造了丰富的社会美,却可能最大限度地丧失了享有社会美的权利,乃至成为社会美的赤贫,甚至创造的社会美越多,享有的社会美越少。马克思把这种社会失衡现象归结为异化劳动:"工人的产品越完美,工人自己越畸形","劳动创造了宫殿,但

---

　　① 海登·怀特:《形式的内容:叙事话语与历史再现》,文津出版社 2005 年版,第 3 页。
　　② 爱默生:《性格》,选自《爱默生散文选》,百花文艺出版社 2005 年版,第 153—154 页。

是给工人创造了贫民窟。劳动创造了美,但是使工人变成畸形"。① 其实所谓异化劳动就是社会失衡法则的一种突出体现形式。虽然包括社会美在内的一切美都是人类应该十分珍惜的共同财富,但由于权利的不同,社会美的创造者常常无权享有,社会美的享有者却并不创造社会美,并且毁灭他们所无法掠夺的社会美。战争是失衡法则最为极端的体现形式。它通常是由于发动者不满足自己对社会美的享有量而企图掠夺和占有他人创造和享有的社会美来增加自己享有量的非常手段。失衡法则的极端表现是通过战争使社会美的富有者更加富有、赤贫者更加赤贫。英法联军火烧圆明园就是一个例证。

在最根本的意义上,任何国家、民族、阶级和个人的衰亡,都反映着历史的必然性,都在某种意义上与创造力的枯竭与机械化有关,都是人们自遗其咎的体现。汤因比为我们做了这样的阐述:"角色的转换是由一种道德法规在内心的作用情况造成的,而不是因某些外力的冲击。如果我们对这种心理悲剧的情节做番考察,我们将发现它有两个方面的侧面。一种是主体不合时宜地消极犯错,另一种是他匆忙主动地自寻灾难。"②我们看到,一些曾经颇有创造力的人,依赖他们卓越的创造力而赢得很大成功,但是历史的发展要求人们不断地战胜自我、超越自我,取得更加辉煌的创造成果。可是这些曾经的创造者却常常由于骄傲自满、不思进取,忘记了需进一步战胜自我的历史教训,沉浸在过去的成功光环之中,只是一再地机械重复着过去的创造模式,乃至使他们最终丧失了进一步创造的机会和条件,也使其他更能战胜自我的创造者因此获得了消灭和取代他们的机会。另外一些曾经卓有创造力的人,则可能由于他们过去战无不胜的创造成就,长期以来助长和成就了他们创造的自信,最终因为自负和盲目冒进而导致全盘皆输的结局,而且导致这种最终失败的根源可能仅仅是对某些细节的麻痹大意。可见由卓越创造者向机械模仿者的角色转变,常常与成功者向失败者的角色转变有十分直接的联系。

社会的创造同样存在相反相成的法则,对那些最具有创造性的国家、民族、阶级和个人而言,更应该深刻领悟这些道理。西方基督教美学甚至将这种

---

① 《马克思恩格斯全集》第 42 卷,人民出版社 1979 年版,第 92—93 页。
② 汤因比:《历史研究》,上海人民出版社 2005 年版,第 145 页。

相反相成的道理归结为上帝的意志,如《马太福音》有云:"你们中间谁为大,谁就要作你们的用人。凡自高的,必降为卑;自卑的,必升为高。"(《新约全书·马太福音》第二十三章第十一——十二节)《马可福音》也有:"你们中间,谁愿为大,就必作你们的用人;在你们中间,谁愿为首,就必作众人的仆人。"(《新约全书·马太福音》第十章第四十三——四十四节)中国道家美学对此也有深刻认识,如老子有:"圣人不积,既以为人,己愈有;既以与人,己愈多。"(《老子》第八十一章)如果人们能清醒认识这种物极必反、相反相成的道理,严格克制自己,甚至可以通过付出而获得,借助谦卑而尊贵。而当我们阐述这种道理的时候,事实已属自然法则的范畴了。创造是人类社会由蒙昧社会向野蛮社会乃至文明社会过渡与发展的真正动力。但是我们看到,人类在追求社会进步的创造过程中总是面临诸多二难选择,不是为了自由而舍弃秩序,就是为了秩序而舍弃自由,直到现在似乎还在自由与秩序之间游移不定。人类在某些方面取得进步的同时,又不可避免地导致了另外方面的退化。比如科技的进步使我们比野蛮社会的人们享受了过多的物质富裕,但却丧失了美好的生态环境。

第三节　自然的创造法则

自然界一切事物看似各行其是,但还是存在一定规律的。这种规律的核心是平衡。所谓平衡法则往往表现为自然界一切事物及其不同因素相容与共存的规律。自然界从来不把一个事物的各个部分都创造得完美无瑕的,它在让事物在占有某些优势的同时,也必然赋予它某些缺陷,而且在宏大时间和空间范围内会达到总量平衡。自然界的平衡法则就像天平的掌管者,它绝不允许任何倾斜:这一方面丧失了,就会在另一方面得到补偿;这一时间丧失了,就会在另一时间得到补偿。它总是力求使位于天平两端的事物在整体上达到平衡。从来没有也永远不会有一切方面十全十美的事物。整个自然界一切生命就处于这种得与失、福与祸、善与恶、真与假,甚至美与丑的平衡之中。

一、自然创造的文化表征

自古以来,人们都在思考自然界的运行法则问题,但不同文化传统的人们对此有不同阐释。大体来说,宗教美学尤其是基督教美学和伊斯兰教美学常常将宇宙万物创造者归结为上帝或真主,以为他们是自然法则的制造者,于是参与论美学极端地发展为形而上的宇宙万物的造物主即上帝或真主,他们往往是一切美的最高体现者和最大拥有者。但也不是所有文化阐释都具有这种神学美学的性质。事实上许多阐释也还具有无神论色彩。这些无神论美学同样极其深入地阐释了自然平衡法则的深层内涵。具体来说,主要有以下几个方面:

其一,广大悉备法则。无神论美学常对自然界一切事物具有无所不包的眼光和襟怀。无论自然界有生命的事物,还是无生命的事物,在他们看来,都是自然界的有机组成部分。中国道家美学历来十分重视自然界,老子有不抛弃任何人和事物的思想,如所谓:"常善救人,故无弃人;常善救物,故无弃物。"(《老子》第二十七章)庄子则将自然法则直接地归结为覆载万物,如所谓:"夫道,覆载万物者也,洋洋乎大哉!"(《庄子·天地》)庄子这种覆载万物的思想事实上与印度强调包举万类思想几乎如出一辙。《白净识者奥义书》云:"无始亦无终,原居混沌内。万物创造者,形色非一概。大化唯独一,包举涵万类。"①儒家美学虽然在《论语》之中似乎并没有十分突出地表现出对自然法则的看重,但是《周易》美学却十分有效地弥补了这一缺陷,而且将其上升到很高的理论程度。《周易》不仅强调"曲成万物而不遗"(《周易·系辞传上》)的精神,而且明确提出"富有之谓大业"(《周易·系辞传上》)的主张。在《周易》美学看来,自然界是无所不包的,无论日月星辰、鸟兽虫鱼,无论有生命的自然存在物,还是无生命的自然存在物,绝不会有任何遗漏。《中庸》更精辟地描述了自然界一切事物之间的和谐关系,提出"万物并育而不相害"(《礼记·中庸》)的思想。实际上自然界也并不是全然没有弱肉强食的生存竞争的,但正是这种生存竞争维持着自然界的生态平衡,并集中地体现了相互

① 《白净识者奥义书》,《五十奥义书》,中国社会科学出版社1984年版,第420页。

依存、相互协调的关系实质。所谓"万物并育而不相害"的思想,并不是抹杀自然界一切事物相互对立与竞争,而是在更加广阔的视野关注自然法则的精神实质。

其二,生生日新法则。大自然的存在与演变是永恒的法则。自然界的演变是循环之中有发展的,同时也可能有退化。看不到循环,或看不到进化与退化,都是不全面的,不透彻的。《周易》看到了生存与发展这一自然界最大法则,有所谓"天地之大德曰生"(《周易·系辞传下》)的说法,而且也看到了自然界一切事物在时间上演变的不可逆转性,有所谓"无往不复"(《周易·泰卦》)和"日新之谓盛德,生生之谓易"(《周易·系辞传下》)的观点,但并不完全否认时间的可逆转性,而且将这种可逆转性看成导致事物演变的根本原因,有所谓:"日月得天而能久照,四时变化而能久成。"(《周易·恒象》)"刚柔相推,而生变化。"(《周易·系辞传上》)"日往则月来,月往则日来,日月相推则明生焉。寒往则暑来,暑往则寒来,寒暑相推而岁成焉。"(《周易·系辞传下》)郭象注庄子《逍遥游》时也指出:"夫天地万物,变化日新,与时俱往,何物萌之哉。自然而然耳。"(《庄子·逍遥游》郭象注)对自然界的这种时间方面的日新月异,以及不可逆转性的认识,在其他文化之中也能看到,如《白净识者奥义书》有这样的认识:"彼为宇宙源,熟成物自性。是堪圆成者,转变与增胜。监临此万物,功能与分订。"①古希腊哲学家赫拉克利特也有类似看法:"一切皆流,无物常住"、"太阳每天都是新的"。②《周易》对这种时间不可逆转性与可逆转性的辩证统一,有更深刻认识:"一阖一辟谓之变,往来不穷谓之通。"(《周易·系辞传上》)在这种生生日新法则所包含的时间不可逆转性与可逆转性之中,自然法则更深刻的内涵体现了出来,这就是适度与中和。如《周易》之所谓"范围天地之化而不过"(《周易·系辞传上》),"天地睽而其事同,男女睽而其志通,万物睽而其事类"(《周易·睽象》),《中庸》之所谓"致中和,天地位焉,万物育焉"(《礼记·中庸》)等,其实就是对自然界时间可逆转性与不可逆转性的最好阐释。适度与中和的观点恰当阐述了自然法则的深

---

① 《白净识者奥义书》,《五十奥义书》,中国社会科学出版社 1984 年版,第 418 页。
② 《古希腊罗马哲学》,商务印书馆 1961 年版,第 17、19 页。

层内涵,事实上道家也是认识到了这一点的,如"万物负阴而抱阳,冲气以为和"(《老子》第四十二章)等。

其三,平等无私法则。人类活动的使命之一似乎在于维护人人生来平等的自由、民主权利,但事实上还是没有全部达到。现代生活所存在的种种不平等,是人类文明自身发展所导致的副产品,是人类自身导致的,并不代表自然法则本身。自然界从来都是平等的。在自然法则看来,自然界一切事物没有高低贵贱之区别,无论是瓦砾土块,还是花草树木、人与动物,都是一律平等的。庄子对此有深刻认识:"凡物无成与毁,复通为一"(《庄子·齐物论》)、"天地虽大,其化均也,万物虽多,其治一也"(《庄子·天地》)、"爱人利物之谓仁,不同同之之谓大,行不崖异之谓宽"(《庄子·天地》)。荀子也有较明确认识:"天行有常,不为尧存,不为桀亡。"(《荀子·天问》)《中庸》有所谓:"天地之道,可一言而尽矣:其为物不二,则其生物不测。"(《礼记·中庸》)中国美学对自然界平等法则的深刻认识,我们甚至在印度美学之中也能够看到,如《大林间奥义书》就有所谓"凡此皆为平等,皆为无极"、"盖于一切名而皆等平"、"盖于一切色而皆等平"、"盖于一切业而皆等平"等观点。① 既然自然法则绝对不会偏爱任何一个事物,那么它对任何人都同样如此。其中死亡大概是对每一个事物都是公平的。无论贫贱、富贵,人最终都有一死。汤因比正是在死亡的极限平等方面体会到了这种自然法则:"死亡是对任何人狂妄的独立宣言的一个普遍的、无法逃避的和盖棺论定的回击。人类把自己当做另一个宇宙的中心。死亡扫荡着这种妄想。"②老子也认识到自然法则对所有人有利,只是由于人本身的差异而体现出并不完全相同的效果:"道者万物之奥,善人之宝,不善人之所保。"(《老子》第六十二章)中国美学的优势,在于它不仅认识到了自然的平等法则,而且深刻地论述了形成平等法则的根本原因在于自然界没有任何私利,甚至大公无私。如老子有:"天地之所以能长且久者,以其不自生,故能长生。"(《老子》第七章)大自然没有任何私利与偏爱,奉行一视同仁的平等法则,它所能完成的使命,其实就是一任事物自行选择与发

---

① 《大林间奥义书》,《五十奥义书》,中国社会科学出版社1984年版,第548页。

② 汤因比:《历史研究》,上海人民出版社2005年版,第437页。

113

展。如老子有"天地不仁,以万物为刍狗"(《老子》第五章)。庄子有"大仁不仁"(《庄子·齐物论》)、"至仁无亲"(《庄子·庚桑楚》)等观点。由于自然法则对宇宙万物无所偏爱,一任自然自行选择与演变,所以同时又体现出平等原则。

其四,无为任性法则。自然法则奉行无为。道家美学的认识最有代表性,如老子有"上德无为而无不为"(《老子》第三十八章)、"万物作焉而不辞,生而不有,为而不恃,功成而弗居"(《老子》第二章)等看法,庄子也有"无为而万物化"(《庄子·天地》)、"无为为之之谓天,无为言之之谓德"(《庄子·天地》)的认识。但是如果我们仅仅将自然之无为法则理解为无所作为甚至无所事事,其实就有违原旨。因为自然之无为恰恰在于最大限度地尊重自然界一切事物的生命本性,在于自然界一切事物有根据自身生命本性进行选择与演变的自由与权利。这就是任性法则。老子指出:"道常无为而无不为,侯王若能守之,万物将自化。"(《老子》第三十七章)郭象在注庄子时也一再发挥了这一认识:"物之生也,莫不块然而自生。""物各自然,不知所以然而然,则形虽弥异,其然弥同也。""物任其性,事称其能,各当其分,逍遥一也。""天地以万物为体,无为而万物必以自然为正。自然者,不为而自然者也。故乘天地之正者,即是顺万物之性。"(《庄子·逍遥游》郭象注)《中庸》美学也有类似认识:"唯天下至诚,为能尽其性"。能尽人之性乃至物之性,就"可以赞天地之化育,则可以与天地参矣"。(《礼记·中庸》)在印度美学看来,火之所以热,水之所以凉,荆棘之所以长刺,禽兽之所以繁衍,甘蔗之所以甜,柠檬之所以苦,这一切都不是造物主的安排,而是事物的本性使然。《白净识者奥义书》有这样的看法:"胡麻中出油,如凝乳中酥,江河中流水,燧木中伏火,彼藏自我中,见之者有如此。"[①]这一看法也得到了西方无神论美学的支持,如赫拉克利特认为:"事物各自按照自己的需要,这一个这样生长,那一个那样生长。"[②]当然有神论者是不这样认为的,在他们看来,自然界一切事物是按照造物主即宙斯或上帝、真主的意志生长与死灭的。比较而言,显然无神论美学的无为任

① 《白净识者奥义书》,《五十奥义书》,中国社会科学出版社1984年版,第384页。
② 《古希腊罗马哲学》,商务印书馆1961年版,第30页。

性法则更符合自然发展规律。

二、自然创造的一般表征

自然平衡法则集中地体现在自然界一切事物的存在与运行过程之中。自然界不同事物，往往混沌中有序，有序中混沌，或者混沌的极限转向有序，有序的极限转向混沌。竞争中有协同，协同中有竞争，或者竞争的极限转向协同，协同的极限转向竞争。自然中有天道，天道中有自然，自然的极限转向天道，天道的极限转向自然。相对来说，最能够体现平衡法则特性的是转向的临界点。因为在这个临界点上，往往自然法则的两种因素都能得到充分展示。

其一，演变形态：混沌与有序。

我们应该看到，关于自然界，经典科学与现代科学似乎揭示了不同自然法则。经典科学倾向于认为自然是一个封闭的系统，其中每一个事物都由初始条件决定，这些初始条件至少在原则上可以精确给出。在这个系统中偶然性不起任何作用，所有事物聚集到一起，犹如宇宙机器的齿轮。但现代科学倾向于认为绝大多数现象是一个开放系统。它们与周围环境交换着能量和物质。一切系统之中都含有不断起伏中的子系统，有时候一个起伏或一组起伏可能由正反馈而变得相当大，使它破坏了原有组织，且根本不可能事先确定变化的方向。其实经典科学与现代科学所揭示的都只是自然创造法则极其有限的一个方面。我们倾向于认为，自然有其自身规律，总是围绕着时间的可不可逆转性，演化的有序与无序性，以及动因的确定性与随机性、必然性与偶然性，显示出自身的创造法则。一方面，自然界是静态的、简单的、可逆的、确定性的、永恒不变的，牛顿的经典科学所提供的关于宇宙引力定律和运动定律，是对这种自然创造法则的科学概括；另一方面，自然又是动态的、复杂的、不可逆的、随机性的、千变万化的，新兴的动力学、热力学等现代科学支持这样一个法则。总之，自然界既是一个稳定、有序和平衡的世界，又是一个充满变化、无序和过程的混沌世界。

中国古代美学所谓"生生而有条理"，就是对自然界创造法则有序性的阐述。《周易》有云"一阴一阳之谓道"（《周易·系辞传上》）。中国古代美学常常将阴阳交替变化看成生生之条理，如戴震《原善》有这样的阐释："一阴一阳,盖言天地之化不已也,道也。一阴一阳,其生生乎?其生生而有条理乎?以是见天地之顺,故曰:'一阴一阳之谓道',生生,仁也,未有生生而不条理者。条理之秩然,礼至著也;条理之截然,义至著也。以是见天地之常。"(《原善》上)比较而言,老子则阐述了自然创造法则的混沌性。在老子看来,道是宇宙万物存在与演变的根本动力,万物依赖道而存在和发展,但道却是恍惚混沌的一个存在物。《道德经》有许多论述,如"有物混成,先天地生"、"强字之曰'道'"(《老子》第二十五章),"'道'之为物,惟恍惟惚"(《老子》第二十一章)。"道生之,德畜之,物形之,势成之。是以万物莫不尊道而贵德"(《老子》第五十一章)等。自然创造的法则其实就是从混沌到有序,又从有序到混沌的一个循环变化的演变过程。正如《周易》所说"刚柔相推,变在其中矣"(《周易·系辞传下》)。

其二,关系原则:竞争与协同。

自然创造的一个法则是对立与协作、竞争与协同的有机统一。自然界一切有生命和无生命的事物是相互对立、充满竞争的。各种物种无论有生命的还是无生命的,都为了适应环境,寻找食物或生存空间而相互产生激烈竞争,只有适者才通过战胜不适者而得以存在下来。达尔文进化论支持这一法则;但另外又存在协同与共生现象。大自然是一个高度复杂的协同系统,其中不同物种之间的竞争只有在共同的生存环境之中才能发生,而且也并不是最适者才能生存,事实上有些能专门化地创造自己生态小环境的物种同样能够生存下来。更有甚者,各物种之间也并不只是进行激烈竞争,还存在互相帮助、共同生存的现象。如蜜蜂依靠花蜜而生存,与此同时它们也在辛勤地传播花粉,为植物更加茂盛而操劳。现代协同学也支持这一法则。按照进化论,自然界一切事物通过激烈竞争,谁能够战胜其他物种获得更多食物和生存空间,谁就能生存下来。这就出现了这种循环逻辑:谁是适者,谁就能够生存下来;谁能够生存下来,谁就是适者。这种循环逻辑事实上就是一只猫永远咬着自己的尾巴团团转。这是让一些生物学家和自然哲学家感到困惑的死结。但按协同学,大自然的生态平衡绝不是一成不变的,导致从一种平衡向另外一种平衡过渡的原因也并不仅仅是人类的破坏,即使是自然界某些微小变化也会导致原有生态系统的破坏,乃至造成生态平衡系统的巨大变化。因此自然创造的法制之一便是自然界一切物种之间除了激烈竞争的同时还存在相互协作的现象。例如猫与老鼠之间是充满竞争的。当猫的数量偏少的时候,老鼠就会不受猫的威胁而大量繁殖,但当老鼠大量繁殖的时候,又能够为猫提供大量充足食物,乃至促使猫大量地繁殖起来。随着猫的大量繁殖,老鼠的数量又会因为猫的捕食而开始减少,但如果老鼠绝种,猫也就有灭绝的危险。所以自然界一切事物之间既存在着对立与斗争,也存在着协作与共存。这种相互依存、相互斗争的现象,就是协调与竞争法则的集中体现。

赫拉克利特认为:"结合物既是整个的,又不是整个的,既是协调的,又不是协调的,既是和谐的,又不是和谐的,从一切产生一,从一产生一切。"①在某种意义上讲张载所谓"有象斯有对,对必反其为;有反斯有仇,仇必和而解"《张子正蒙·太和篇》的观点,是有一定道理的。也许古罗马的一则寓言能更深刻地揭示了这一规律。麦恩纽斯有这样一则寓言:"很久以前的一天,有个人身上的器官开始抱怨,它们觉得自己每天有干不完的活,而肚子却游手好闲,坐在那儿美美地享用它们的劳动成果。于是手、嘴巴和牙齿决定让肚子挨饿,直到它投降让步,可是它们越让肚子挨饿自己也就越虚弱,可见肚子也有它自己的工作,那就是消化食物并将食物重新分配。"②莎士比亚《科里奥兰纳斯》中的麦恩纽斯也有类似独白。

其三,原始动力:自然与天道。

自然界一切事物千差万别,不同事物各有其生命本性,所有这些事物只是按照自身的生命本性与生活习性存在和发展,不必仿效或与其他事物完全趋同,丰富多样是自然界的本来形态。莎士比亚戏剧《亨利五世》借坎特伯雷之口揭示了蜜蜂王国的自然运行法则:"上天把人体当作一个政体,赋予了性质各各不同的机能;不同的机能使一个个欲求不断地见之于行动;而每一个行动,就像系附着同一种对象,也必然带来了整体的服从。蜜蜂就是这样发挥它们的效能;这种昆虫,凭着自己天性中的规律把秩序的法则教给了万民之邦。它们有一个王,有各司其职的官员;有些像地方官,在国内惩罚过失;也有些像

---

① 《古希腊罗马哲学》,商务印书馆 1961 年版,第 19 页。
② 里德雷:《美德的起源》,中央编译出版社 2004 年版,第 21 页。

闯码头、走外洋去办货的商人;还有些像兵丁,用尾刺做武器,在那夏季的丝绒似的花蕊中间大肆劫掠,然后欢欣鼓舞,把战利品往回搬运——运到大王升座的宝帐中;那日理万机的蜂王,可正在观察那哼着歌儿的泥水匠把金黄的屋顶给盖上。可怜那脚夫们,肩上扛着重担,硬是要把小门挨进;只听得'哼!'冷冷的一声——原来那瞪着眼儿的法官把那无所事事、哈欠连连的雄蜂发付给了脸色铁青的刽子手。"①

尊重差异与多样性是自然法则之一。违背自然法则按照一种标准来衡量事物,并使之完全趋于一致,是不符合事物生命本能的。庄子有这样的论述:"彼正正者,不失其性命之情。故合者不为骈,而枝者不为跂;长者不为有余,短者不为不足。是故凫胫虽短,续之则忧;鹤胫虽长,断之则悲。故性长非所断,性短非所续,无所去忧也。"(《庄子·骈拇》)成玄英对庄子"天下有常然。常然者,曲者不以钩,直者不以绳,圆者不以规,方者不以矩,附离不以胶漆,约束不以纆索。故天下诱然皆生而不知其所以生,同焉皆得而不知其所以得"(《庄子·骈拇》)作了这样的疏:"夫天下万物,各有常分。至如蓬曲麻直,首圆足方也,水则冬凝而夏释,鱼则春聚而秋散,斯出自天然,非假诸物,岂有钩绳规矩胶漆纆索之可加乎?在形既然,于性亦尔。"(《庄子·骈拇》成玄英疏)其实禅宗也有类似看法:"火不待日而热,风不待月而凉。鹤胫自长,凫胫自短。松直棘曲,鹄白乌玄。头头露现,若委悉得,随处作主,遇缘即宗。"(《佛果语录》卷一)也就是火没有太阳的时候就热,风不等月出就凉,白鹤的小腿本来就长,鸭子的小腿本来就短,松树直而荆棘曲,天鹅白而乌鸦黑。所有这些似乎都在表明,自然界一切事物的存在与发展总是遵循各自生命本性,并没有什么特别的力量或主宰者在起作用。郭象有这样的阐述:"故天者,万物之总名也,莫适为天,谁主役物乎?故物各自生而无所出焉,此天道也。"(《庄子·齐物论》郭象注)

自然界一切事物的存在与发展也不是完全不受外在力量影响和制约的。中国思想家将这种自然法则称为"天之道":"天之道,其犹张弓与?高者抑之,下者举之;有余者损之,不足者补之。"(《老子》第七十七章)老子这是宣

---

① 莎士比亚:《亨利五世》,《莎士比亚全集》第3册,人民文学出版社1994年版,第354页。

称:在自然界,一切事物的存在与发展并不是不受外在力量制约而任其完全自由发展的。这里还存在一定法则。这个法则就是物极必反、否极泰来。即所谓"反者,道之动"(《老子》第四十章),"万物负阴而抱阳,冲气以为和"(《老子》第四十二章)。《周易》有云:"反复其道,七日来复,天行也。"(《周易·复彖》)在古人看来,自然界一切事物的存在与发展,是遵循阴阳交替变化规律的,而阴阳消长是循环往复的。《庄子·天运》作了这样的阐释:"天其运乎?地其处乎?日月其争于所乎?孰主张是?孰维纲是?孰居无事而推行是?意者其有机缄而不得已邪?意者其运转而不能自止邪?云者为雨乎?雨者为云乎?孰隆施是?孰居无事淫乐而劝是?风起北方,一西一东,在上彷徨,孰嘘吸是?孰居无事而披拂是?敢问何故?"答"天有六极五常"(《庄子·天运》)。所谓六极即东南西北上下六合,五常指金、木、水、火、土五行。庄子这一论述,虽然并不主张自然界的存在与发展是受某些造物主或上帝的主宰,而是各任自性,自然运行的,但要遵循六极五常法则。这个六极五常法则,其实就是对自然法则的另一表述。与此不同,西方基督教美学将这种自然法则作为上帝意志来阐述。在他们看来,上帝总是喜欢削平超出同类的东西,如《路加福音》有这样的阐述:"他叫有权柄的失位,叫卑贱的升高,叫饥饿的得饱美食,叫富足的空手回去。"(《新约全书·路加福音》第一章第五十二—五十三节)

总之,自然界一切事物的存在与演变往往既遵循自然而然法则,一切任其本性自生自灭,但也遵循天道阴阳交替变化的运行法则。正是自然与天道法则的共同作用,为自然界的存在与演变提供了原始动力。自然界一切事物相互竞争又相互协同的关系性质决定了自然界的演变是从有序向混沌或从混沌向有序演变的,但这种演变到底是进化还是退化,存在着十分复杂的情形。可能既有进化,也有退化。对某些事物而言可能是进化,对另一些事物而言则可能是退化。甚至对同一事物某些特性而言可能是进化,对另外特性而言则可能是退化。归根结底体现为平衡与失衡的交替变化。在混沌与有序、竞争与协同、自然与天道变化的临界点上往往体现为平衡,而在每一种因素占据主导地位的时候又常常表现为失衡。

自然界是平衡法则与失衡法则的相互作用和矛盾斗争的结果。平衡法则使自然界在空间上呈现出丰富性,失衡法则又常常使自然界在时间上表现出变化性。空间的丰富性与时间的变化性归根结底是自然界永远呈现出丰富性的主要原因。平衡法则和失衡法则并不是在自然界平分秋色、割据一方。比较而言,失衡法则所形成的不平衡是小范围的、暂时的,失衡法则本身则是永恒的;平衡法则所形成的平衡状态是大范围的、长期的,因而平衡法则同样是永恒的。从空间看,自然界总是处于一种宏观的平衡之中,但在微观上看却并不平衡,而且是明显的失衡。微观的失衡是构成宏观平衡的基本要素,微观的失衡常常意味着宏观的平衡。某一视角或层面的平衡其实就是另外视角或层面的失衡,某一视角的失衡其实就是另外视角或层面的平衡。从时间来看,自然界遵循从平衡到失衡再到平衡的发展规律。虽然平衡体现了自然界最为普遍的规律,但这种平衡并不是静态平衡,而是随着自然界的变化而变化的,失衡仅仅是由一种平衡向另一种平衡过渡和转变的中介环节。小时段的失衡是构成大时段平衡的基本要素。

第五章

审美的认知智慧

第一节　自我境界

　　自我的和谐是一切和谐的基础,社会的和谐与自然的和谐最终以每个生命个体的自我和谐为条件。只有存在于社会乃至整个自然和宇宙之中的每一个自我和谐,才可能依次实现社会的和谐与自然的和谐。自我的和谐的最基本表现为身体的和谐,以及在此基础上的性格和谐与生命和谐。道德的自我完善与精神的自我超越是一切自我和谐的重心。

一、自我境界的层次

　　中国人从来不将性命与身体相剥离,单纯地追求灵魂乃至精神的生命,虽然也有所谓立德、立功、立言三不朽的说法,但这一切最终要通过身体实践来实现。所以自我和谐实际上是以身体和谐为基础,以人格和谐为较高层次,最终在性命和谐的高度实现整体和谐。整体地关注身体、人格和性命和谐,是实现更高层次社会和谐,最终实现自然和谐的基础。

　　最低层次的自我和谐是身体和谐。身体在传统美学的大多数理论之中常常被作为与灵魂相对立的属性来看待,被看做动物性属性,是 种低级粗俗,甚至限制人类自身生命超越的障碍,所以几乎除道家之外的所有文化都对身体采取了比较低调的态度,尤其在西方文化之中,身体基本上是禁忌乃至厌恶的对象,甚至不管受到怎样严格的锻炼,保持怎样的健壮,它都只能是一具尸体,一副形骸,其本身是没有意义的,是不可能重建为高贵的肉身和存在的。如果说身体的存在还有那么一点价值的话,那就是仅仅作为生命的一种栖息地而具有意义。在灵魂不灭的宗教理论之中,这种栖息的价值也相当有限,于是也就只有惩罚的价值。如果一个统治者想要显示自己的尊严和威风,最好的办法就是通过各种刑罚折磨甚至毁灭被惩罚者的身体。如果没有身体,那就确实很难想到其他办法。皇帝的尊严,除了借助惩罚,还往往通过自设的种种服饰限制而表现在身体包装方面。霍克海默、阿多诺对身体有这样的论述:"身体在被作为卑贱的东西而遭到叱责和拒斥的同时,又作为禁止的、对象化的和异化的东西而受到了追求。"①相对来说,中国美学还是比较重视身体美的,至少在《世说新语》时代确如宗白华先生所说,"尤沉醉于人物的容貌、器识、肉体与精神的美"。②

尽管绝大多数美学都鄙视身体,但人们在日常生活之中却从来没有像宗教乃至其他某些文化一样低调处理身体。对身体的训练、装饰和欣赏从来没有间断过。人们对身体的欣赏集中表现在身体比例的协调、匀称与和谐方面。西方人相对发达的数理逻辑思维决定了他们从古希腊时代开始就将其确定为数字的和谐,甚至发展成为黄金分割率,如毕达哥拉斯学派早就有所谓"身体美确实在于各部分之间的比例对称"③的说法。毕达哥拉斯学派确实是在数目中找到了和谐的原理与关系。在他们看来,幸亏有了数字,才使包括身体在内的一切事物因比例和秩序显现出美的特性。他们的这一观念受到柏拉图和亚里士多德的采纳与附和,乃至足以使其在西方美学史上产生了极为深刻而广泛的影响。维特拉维斯在《论建筑十部书》中提出按照"脑壳由下巴至上额及发顶占全部身长的十分之一"的比例来创造人的身体的说法,并且认定在雕刻、绘画以及自然中都存在这种和谐比例,甚至主张将这样的比例运用于建筑。中国人虽然没有西方人那样具有精确的数字意识,但在宋玉《登徒子好

---

① 霍克海默、阿多诺:《启蒙辩证法》,上海人民出版社 2006 年版,第 216 页。
② 宗白华:《美学散步》,上海人民出版社 1981 年版,第 219 页。
③ 《西方美学家论美和美感》,商务印书馆 1980 年版,第 14 页。

色赋》之所谓"增之一分则太长,减之一分则太短"的句子中,也不难发现几乎相同的审美观念。

当然身体之美其实也并不仅仅表现在身体器官与部位的数字比例和谐方面,这个和谐还必须与性别特性相和谐,并显示出独特性别气质和魅力。所以身体美之最高境界常常是性别之美、气质之美、魅力之美。于是女性有女性的和谐,男性有男性的和谐。女性以阴柔为美,男性以阳刚为美。这几乎是中西方美学共同的审美观念。《周易》认为:"一阴一阳之谓道。"(《周易·系辞传上》)中国古代面相学对此有比较权威的阐述:立天之道,曰阴与阳;立地之道,曰刚与柔。处乎上者天也,处乎下者地也。天以刚健为道,地以柔和为德。天道之美贵在阳刚,地道之美贵在阴柔。男子以阳刚为美,女人以阴柔为美。如《太清神鉴》认为:"男资纯阳之质,故其体刚而用健;女受纯阴之形也,故其体柔而用弱。若夫男子者形反柔而懦,性反雌而弱;女人者形反刚而勇,性反雄而暴,皆非得中正和平之美。"相形之下亚里士多德的《体相学》则显得相对稚嫩,而且充满偏见。在他看来女性的秀美是一种娴静的柔顺的阴柔美,而男性之壮美则是一种奔放的抗争的阳刚美。前者往往纤细、轻柔和灵巧,后者常常粗犷、坚定和雄伟。前者表现于四肢的端正匀称和皮肤的光滑和色泽所形成的平衡美之中,后者表现在粗壮的躯体和发达的甚至极度隆起的块状肌肉等所显示的失衡美之中。前者以迷人为美的最高程度,后者以庄严为最高程度。席勒也认为:"秀美的最高程度是迷人,尊严的最高程度是庄严。"[1]

魏晋时代有这样一则故事,曾引起了广泛关注,现依照《世说新语》以及《妒记》、敦煌本《残类书》第二种和宗白华《美学散步》整理如下:"桓宣武平蜀,以李势妹为妾,甚有宠,私置之后斋。公主(温尚明帝南康长公主)凶妒,不即知之。后知领数十婢拔刃往李所,因欲斫之。正值李在窗梳头,发委藉地,姿貌绝丽,肤色玉曜,不为动容。徐徐结发,敛手向主,神色闲正,曰:'国破家亡,无心至此,今日若能见杀,乃是本怀。'辞甚凄婉。主乃掷刀杖,泣而前抱之曰:'阿子,我见汝尚怜爱,何况贼种老奴耶!'因厚礼相遇。"[2]可见,奥

① 席勒:《秀美与尊严》,文化艺术出版社 1996 年版,第 153 页。
② 余嘉锡:《世说新语笺疏》,中华书局 1983 年版,第 693—694 页。

第五章 审美的认知智慧

维德《爱经》所谓梳妆打扮不能公之于众的观点,似乎也有其站不住脚的时候,李势之妹不但没有隐藏梳妆的真实情状,反而赢得了人们的爱怜,而且赢得了情敌的哀怜。可见容貌乃至梳妆现场所具有的生命之美,同样能使人们最大限度地超越同性相斥的惯例,走向审美的通融与和谐。这不仅是梳妆的胜利,而且是服饰乃至身体美的胜利,甚至是真正的身体美学乃至生命美学的胜利。

对身体美的发现和张扬,将可能使梳妆打扮和身体训练成为一种必然选择,但同样存在使身体分割化、具体化乃至异化的危险。尤其针对皮肤、腹部、臀部、大腿和身体其余部分所采取的专门护理和训练,往往是以达到演员和模特的标准尺度为目的的。这种护理和训练不仅扼杀个性,而且强化演员和模特所体现的特定审美趣味乃至等级特权,甚至完全可能将身体具体化乃至异化为"作为分裂为原子的部分和可测量的表面化的机械装置"。① 无论怎么说,身体美学的兴起无疑应成为身体复兴的一个契机,应使身体成为高贵的存在,并具有崇高意义。但遗憾的是,身体美学为了避免承担这种异化的罪名,为了避免将身体外在化为与富有个性的生命精神不同的异化物,甚至放弃了所谓以身体为某种东西的外观身体实践,声称"身体美学本质上并不关注身体,而是关注身体的意识和中介,关注具体化的精神"②,这实际上也就从根本上削弱身体美学的实践意义。但过于注重梳妆打扮而忽略气质乃至人格美只能导致身体美的浅表化乃至僵化。

更高层次的自我和谐是人格和谐。人们似乎认识到,真正的美不能仅限于身体美以及身体和谐,还应该有和谐的心灵、和谐的性格、和谐的人格,如柏拉图所说,最美的境界应该是心灵美与身体美和谐一致,融合成为一个整体。但西方美学对心灵、性格乃至人格的和谐似乎没有形成可与身体美相媲美的具体、细致的论述。尽管亚里士多德也曾在《尼各马可伦理学》中论述过过度与不足是恶德的标志,而中庸或适度才是美德的标志,但他并没有将这种伦理学的和谐与美联系起来。直到后来,才由弗雷斯诺依接受亚里士多德这种伦理学观点,并将其运用于美学领域,提出所谓"美存在于两个极端中间"的观

---

① 舒斯特曼:《生活即审美》,北京大学出版社 2007 年版,第 214 页。
② 同上。

点。也正是这一观点，赢得了塔塔尔凯维奇的高度评价："它在审美意义之中的用法乃是 17 世纪的一种创举"。①

真正在美学上创造性论述性格乃至人格之美的，是与亚里士多德一样明确地强调"过犹不及"的中庸思想的孔子。他明确提出"尊五美，屏四恶"的主张。所谓"五美"即"君子惠而不费，劳而不怨，欲而不贪，泰而不骄，威而不猛"；所谓"四恶"即"不教而杀之谓之虐；不戒视成谓之暴；慢令致期谓之贼；犹之与人也，出纳之吝谓之有司"（《论语·尧曰》）。如果说孔子所谓"五美"，是人格和谐的最为全面阐释，而相形之下他所谓"四恶"，也就是人格方面极端化之体现，是人格美之反动。这不仅为我们提供了人格美学的基本思想，而且奠定了伦理美学的基础。由于孔子的论述和儒家文化在中国历史上的特殊影响，中国美学对伦理道德的重视常常是其他民族所不及的。如宗白华先生所说，"中国美学竟是出发于'人物品藻'之美学。美的概念、范畴、形容词，发源于人格美的评赏。'君子比德于玉'，中国人对于人格美的爱赏渊源极早，而品藻人物的空气，已盛行于汉末。到'世说新语时代'则登峰造极了。"②尽管宗白华所谓"人格美"更多的是指容貌、气质和个性，但我们用来强调伦理道德人格，也应该是不过分的。

最高层次的自我和谐是性命和谐。中国文化向来十分重视性命，尽管性命之学后来常常发展为宿命论，但就原始精神而言应该有可取之处。人们关于孔子"不知命，无以为君子也"（《论语·尧曰》）的观点，历来有不同解释，但将其简单理解为定数乃至人力不可改变的宿命，以及随遇而安，无所作为，显然不符合孔子的思想和习惯。这里所谓知命，可能真正包括三层意思：即"斯穷通得丧——听之于天而安命，仁义礼智——修之于己而立命，穷理尽性，自强不息而凝命"③，是安命、立命、凝命的有机统一。《周易》所谓"乐天知命，故不忧"（《周易·系辞传上》）才是性命之美的核心。《中庸》甚至有所谓"天命之谓性，率性之谓道，修道之谓教"（《礼记·中庸》）的说法。

我们可以这样概括性命之美。所谓性命之美在于乐天知命，但不不作为；

---

① 塔塔尔凯维奇：《西方六大美学观念中》，上海译文出版社 2006 年版，第 142 页。
② 宗白华：《美学散步》，上海人民出版社 1981 年版，第 209—210 页。
③ 程树德：《论语集释》第 4 册，中华书局 1990 年版，第 1378 页。

自强不息,但不强作为;率性而为,但不妄作为。可见,性命之美在于确立生命价值观,终生身体力行,最终达到顺应自然、乐天知命的阶段。立命是养成性命之美的前提和条件,凝命是养成性命之美的途径和手段,而安命才是养成性命之美的目的和结果。虽然性命之美的终端显现是安命,但还不能忽略其他两个环节。因为严格来说立命是实现性命之美的初级阶段,凝命是实现性命之美的中级阶段,而安命才是实现性命之美的高级阶段。安命、立命、凝命的有机统一,才是性命和谐的真正内涵。所谓命有十分丰富的内涵,基本上涉及诸如福禄、寿夭之类的命运乃至更加具有哲学意义的生命。如果排除其中可能存在的人类社会乃至自然的共同生命规律,就有可能只涉及生命个体,也就可能成为个体无法抗拒但能追求的生命规律。孔子以其人生实践证明了自我和谐养成的阶段:"吾十有五而志于学,三十而立,四十而不惑,五十而知天命,六十而耳顺,七十而从心所欲,不逾矩。"(《论语·为政》)孔子的人生历程其实就是从立命、凝命到安命的不断提升自我和谐层次的过程。我们甚至可以说,从十五至三十岁为立命阶段,四十至五十岁为凝命阶段,六十至七十岁是安命阶段。第一阶段是从普通庶民到知书达理的士人的养成阶段,是思考与追求性命和谐的阶段;第二阶段是从知书达理的士人到君子的养成阶段,也是了解与认识性命和谐的阶段;第三阶段是从君子到圣人的养成阶段,也是逐步实践乃至真正实现性命和谐的阶段。

性命之美还在于健康长寿。对此中医养生学乃至养生美学有了它的发言权。在中医看来,不是宿命的命数决定了人的寿命,也不是人的身体素质、遗传因素决定了人的寿命,甚至也不是意外伤害决定了人的寿命,而是人自身的行为决定了寿命的长短。只要能够遵循养生之道,不违背养生学的道理和规律,人就能够生活到寿命的极限;否则,如果肆意违背甚至践踏养生之道,就必然不能终其天年而致夭亡。《黄帝内经·素问》很早就通过正反两方面的经验和教训系统阐发了这一意识:"上古之人,其知道者,法于阴阳,和于术数,食饮有节,起居有常,不妄作劳,故能形与神俱,而尽终其天年,度百岁乃去。今时之人不然也,以酒为浆,以妄为常,醉以入房,以欲竭其精,以耗散其真,不知持满,不时御神,务快其心,逆于生乐,起居无节,故半百而衰也。"(《黄帝内经·素问·上古天真论》)并在此基础上系统阐述了只有遵循养生之道,恬淡无为,才能真正获得长久寿命的生命意识:"圣人为无为之事,乐恬淡之能,从欲快志于虚无之守,故寿命无穷,与天地终,此圣人之治身也。"(《黄帝内经·素问·阴阳应象大论》)其后陶弘景引用《道机》的说法,进一步阐明了这一认识:"人生而命有长短者,非自然也,皆由将身不谨,饮食过差,淫佚无度,忤逆阴阳,魂神不守,精竭命衰,百病萌生。故不终其寿。"(《养性延命录·教诫篇》)中国美学虽重视性命,但反对为延年益寿而刻意养生,主张顺其自然,更将无私作为延年益寿的手段。在老子看来:"出生入死。生之徒,十有三;死之徒,十有三;人之生,动之于死地,亦十有三。夫何以故?以其生生之厚。盖闻善摄生者,陆行不遇兕虎,入军不被甲兵;兕无所投其角,虎无所用其爪,兵无所容其刃。夫何以故?以其无死地。"(《老子》第五十章)一般情况下,凡不以思虑嗜欲损寿,不以风寒暑湿致疾,能远离刑诛兵争的人,常能够长寿;体弱多病者,多夭折;有些本来身体健壮,可长寿的人,却往往因过于看重保养,服食药饵之类而早亡。相形之下,那些与其他事物不相冲犯,不斤斤计较于个人私利的人则可能长寿。老子指出:"天地所以能长且久者,以其不自生,故能长生。是以圣人后其身而身先,外其身而身存。"(《老子》第七章)

《黄帝内经·素问》为我们提供了这样的性命美之层次。有云:"上古有真人,提挈天地,把握阴阳,呼吸精气,独立守神,肌肉若一,故能寿敝天地,无有终时,此其道生。中古之时,有至人者淳德全道,和于阴阳,调于四时,去世离俗,积精全神,游行天地之间,视听八达之外,此盖益其寿命而强者也,亦归于真人。其次有圣人者,处天地之和,从八风之理,适嗜欲于世俗之间,无恚嗔之心,行不欲离于世,被服章,举不欲观于俗,外不劳形于事,内无思想之患,以恬愉为务,以自得为功,形体不敝,精神不散,亦可以百数。其次有贤人者,法则天地,象似日月,辩列星辰,逆从阴阳,分别四时,将从上古合同于道。亦可使益寿而有极时。"(《黄帝内经·素问·上古天真论》)李中梓的阐发对我们有一定启发,他认为:"真人者,无为而成;至人者,有为而至。圣人治未病,贤人治已病。修诣虽殊,尊生则一也。"①如果我们将孔子的人生实践与《黄帝内经·素问》的观点联系起来,就能够基本上看出自我和谐之性命和谐的层次,

---

① 李中梓:《内经知要》,选自《中华医书集成》第1册,中医古籍出版社1999年版,第2页。

由低级到高级依次表现为庶民、士人、君子或贤人、圣人、真人五个层次。

二、自我和谐境界的中国文化基础

道德修养和精神生命的自我完善和超越是构建人与自我和谐关系的精神支柱。中国传统文化是最重视人与自我的关系,尤其是道德修养的自我完善的。《大学》有云:"自天子以至于庶人,壹是皆以修身为本。"(《礼记·大学》)虽然不能说有史以来的每一个中国人都有很高的道德修养,但重视道德修养以及道德修养的自我完善,无疑是中国传统文化的一个显著特色,也是中华民族的精神支柱。不能说中国文化的持续发展和中国社会的总体安定全然得益于中国文化,但中国文化重视生命个体的道德修养以及道德修养的自我完善显然具有极其重要的作用和影响。因为中国传统文化,无论儒家文化、道家文化和佛教文化,都以道德修养的自我完善和生命价值的内在超越为特征。如果说儒家文化的生命精神在于通过独善其身和乐天知命达到圣人的生命境界,道家文化则重在通过顺应自然和保身全生达到神人的生命境界,佛教文化尤其是禅宗却通过无念无相无住和自心见性达到佛祖涅槃的生命境界。虽然中国传统文化存在并不完全相同的终极信仰和理想境界,但作为重视道德精神自我完善与内在超越的生命哲学特征是基本相同的。

儒家文化"三省吾身"与"独善自身"的思想,显然是中国传统文化道德修养自我完善和精神生命自我超越的思想基础。道家文化"常德乃足,复归于朴"(《老子》第二十八章)、"修之于身,其德乃真"(《老子》第五十四章)、"重积德则无不克"(《老子》第五十九章)等虽然与儒家文化所谓道德有着并不完全相同的内涵,但作为一种道德修养和精神生命的自我完善和超越则是共同的。至于佛教文化则将道德修养和精神生命的自我完善和超越完全宗教戒律化,虽然其影响的广度远远逊色于道家文化以及儒家文化,但其具体化、制度化、日常生活化的特征显然深刻地影响了中国人的道德观念和生命意识,如所谓不杀、不盗、不淫、不欺、不饮酒的"五戒"和"身不犯杀、盗、淫,意不嫉、恚、痴,口不妄言、绮语、两舌、恶口"的"十善"。① 也正是凭借这一点使中国传统

---

① 郗超:《奉法要》,选自《中国佛教思想资料选编》第 1 卷,中华书局 1981 年版,第 16—17 页。

文化具有了其他文化所没有的精神特征。

　　道德修养的自我完善和精神生命的自我超越是构建人与自我和谐关系的精神支柱，而人与自我和谐关系的构建，更是构建和谐社会的精神支柱。所以弘扬民族传统文化，重视道德修养的自我完善和精神生命的自我超越，是构建和谐社会的必然选择。余英时的看法是有见地的："中国人特别注重自我的修养，是一个值得注意的文化特色。这当然不是说中国人个个都在精神修养方面有成就。但两三千年中国社会能维持大体的安定，终不能说与它的独特的道德传统毫无关系。"①其实强调自我修养的内在超越同样是印度传统文化的基本精神。

第二节　社会境界

　　社会和谐是以人类作为界域，以个人与个人、个人与集体、集体与集体的和谐关系为基础的。它超越自我境界的一个突出特征是，跨越了自我的界域走向了人类共同的界域，是一个由自我的生命个体走向人类的生命共同体的体现。尽管这一境界超越了人类个体界域的局限，上升到一个更高层次，但毕竟没有超越人类自身限度，没有涉及更加豁达的自然宇宙界域，因而充其量也只能是一种中等层次的审美境界。

一、社会境界的层次

　　由于家庭是构成国家的基本细胞，而国家则是构成世界的基本单位，所以社会和谐涉及家庭和谐、国家和谐与世界和谐三个方面，由低到高依次体现为齐家、治国、平天下三个层次。孟子有所谓："天下之本在国，国之本在家，家之本在身。"（《孟子·离娄上》）

　　家庭和谐是一切社会和谐的基础，因此家庭和谐即齐家之美为社会美之

　　①　余英时：《从价值系统看中国文化的现代意义》，《文史传统与文化重建》，三联书店2004年版，第484—485页。

最低境界。家庭是构成社会组织的基本单位，是社会的最基本细胞。家庭问题常常涉及社会的安定和发展。西方美学常常认为美在于秩序，但很少将这种秩序引申乃至推广至社会伦理秩序层面。中国美学将家庭内人与人之间和谐关系视为构成一切社会和谐关系的基础。如孟子就有这样的观点："人人亲其亲，长其长，而天下平。"(《孟子·离娄上》)既然家庭关系是一切社会人际关系的最基本形态，那么家庭的和谐直接决定着社会关系的和谐。中国美学十分重视家庭这一基本单位的秩序，并且将仁与让作为处理家庭关系的基本准则。因为主动的仁爱与被动的退让的有机统一显然是化解家庭矛盾，形成家庭和谐的基本条件。中国美学不仅有这样的内在要求，而且还将因果报应作为外在制约因素，如《周易》就有"积善之家，必有余庆，积不善之家，必有余殃"(《周易·坤文言》)的说法。正是通过这种内在要求与外在约束的有机统一维系了家庭以及社会基本秩序的稳定与和谐。但是家庭和谐不是社会和谐的最高层次，更高的层次必然涉及家庭之外人际关系的和谐，如国家和谐。

国家和谐即治国之美显然是社会美的更高层次，国家和谐是社会和谐的一种最为稳定的因素。治国之美是儒家十分崇尚的社会美的基本属性，同时也是形成儒家乃至中国崇高审美理想的根本原因。虽然强调国家和谐在某种意义上也在分化甚至隔离着人类与世界和谐的整体和谐，但是在国家还没有消亡的时代，在世界上还存在国家这一社会秩序的时代，国家和谐就具有了举足轻重的价值和意义。虽然在这一层次家庭和谐关系只是具有了构成国家和谐关系的基础的意义，但这并不证明家庭人际关系的和谐就不重要，而是说国家人际关系常常涉及诸如父子、夫妇、兄弟等家庭关系之外的具有更加复杂而且广泛的内容，还涉及君臣关系、朋友关系等。要维系更大范围的社会和谐，仅仅依赖家庭关系和谐是远远不够的，必须超越家庭和谐关系，而形成具有更加广泛社会关系的伦理理想，形成诸如父子有亲、君臣有义、夫妇有别、长幼有序、朋友有信的伦理关系准则，以最大限度地处理人与人之间和谐关系。《论语·公冶长》所谓"老者安之，朋友信之，少者怀之"就是这种社会伦理理想的集中体现。儒家的这一社会伦理观念虽然在五四以后的相当长时期被作为封建礼教而受到批判，但是现在看来，一个在法律不健全、宗教意识淡薄的社会形态之中，要维系社会人际关系和谐以及稳定，确实没有比这更有效的了。当然这种更加宽泛的社会伦理关系的行为准则还是以家庭伦理秩序作为基础的,甚至可以说是家庭伦理准则进一步推广、推己及人的结果。孟子所谓"老吾老以及人之老,幼吾幼以及人之幼"(《孟子·梁惠王上》)的观点,以及《大学》所谓"上老老而民兴孝,上长长而民兴弟,上恤孤而民不倍,是以君子有絜矩之道也"(《礼记·大学》)等,就最为明确地体现了这一特点。

世界和谐即平天下之美为社会美的最高境界。随着欧洲殖民主义的兴起尤其是近年来经济全球化时代的日益加速,更加具有十分重要的现实意义。事实上,人类自古以来就十分崇尚这种更加广泛甚至拥有人类共同意义的世界和谐。儒家把这种世界和谐描述为大同世界。如《礼记·礼运》有云:"大道之行,天下为公。选贤与能,讲信修睦。故人不独亲其亲,不独子其子,使老有所养,壮有所用,幼有所长,矜寡孤独废疾者皆有所养,男有分,女有归。货恶其弃于地也,不必藏于己;力恶其不出于身也,不必为己。是故谋闭而不兴,盗窃乱贼而不作,故外户而闭,是谓大同。"马克思把这种世界和谐描绘为共产主义社会。在这里,不仅各个国家和民族的自给自足和闭关自守状态,被各民族和国家各方面的相互交往与相互依赖所取代,而且会消灭人与人、民族与民族的对立,实现人类的共同解放。与这种企图建构世界共同体的期望不同,如陶渊明《桃花源记》所期盼的世外桃源似乎更加突出地体现了道家"小国寡民"的世界理想:"甘其食,美其服,安其居,乐其俗,邻国相望,鸡犬之声相闻,民至老死不相往来。"(《老子》第八十章)尽管形形色色的世界和谐观念可能存在一定差别,但强调建立人与人,乃至家庭与家庭、国家与国家关系和谐关系的出发点是一致的,都是为了建构和谐的人类社会。这才是一切社会和谐的最高境界。有所不同的是,有些和谐世界观念是建立在交往的基础上,而有些则反对交往。实际上交往是达到和谐的手段,但排除交往仍然能达到世界和谐。

二、社会和谐境界的中国文化基础

达人与普度众生是人与社会和谐关系构建的思想基础。儒家文化重视仁爱的思想是一贯的,如同古希腊美学选择了亚里士多德而没有选择斯多葛学派,使他们拥有了科学发展的优势而忽略道德自我完善的追求不同,中国历史选择了孔子而没有选择老子,选择了孟子而没有选择荀子,虽然使中国美学尤其是儒家美学丧失了更加深刻的生命智慧,但是却形成了一系列完整的道德伦理规范以及建构和谐社会关系的理论基础。孔子作为儒家伦理美学的创立者,其所提出的"己欲立而立人,己欲达而达人"(《论语·雍也》)与"己所不欲,勿施于人"(《论语·卫灵公》)观点,分别从最高或者最低的层次界定了人际交往关系的准则,但是比较而言,似乎孟子的论述更加具体。中国儒家美学尤其是孟子十分重视"与人为善"(《孟子·公孙丑上》)的人际关系准则,而且主张在家庭伦理关系基础上推己及人和崇尚仁让以至构建国家内部的社会和谐关系,孟子有所谓"推恩足以保四海,不推恩无以保妻子"(《孟子·梁惠王上》)的说法,将爱人与敬人作为赢得别人爱戴与尊敬的基本条件,如所谓"仁者爱人,有礼者敬人。爱人者人恒爱之,敬人者人恒敬之"(《孟子·离娄下》)。当然这种推己及人也并不是没有任何条件的,孟子有所谓"仁者以其所爱及其所不爱,不仁者以其所不爱及其所爱"(《孟子·尽心下》)的看法。《大学》更加明确地阐述了推己及人与崇尚仁让的人际关系准则:"一家仁,一国兴仁;一家让,一国兴让;一人贪戾,一国作乱。其机如此。"(《礼记·大学》)

儒家文化所构建人际交往关系的伦理准则,常常能够将家庭和谐、国家和谐与世界和谐有机地统一起来,使其具有鲜明的层次性与整体性,如孔子有"修己以安百姓"(《论语·宪问》)的主张;孟子有"天子不仁,不保四海;诸侯不仁,不保社稷;卿大夫不仁,不保宗庙;士庶人不仁,不保四体"(《孟子·公孙丑上》)、"孝子之至,莫大乎尊亲;尊亲之至,莫大乎以天下养"(《孟子·万章句上》)的观点。儒家美学将法天行化、布德广远作为最高伦理境界,所以孔子对广博、无私的仁爱尤其表示了极大热情,"大哉!尧之为君也。巍巍乎!唯天为大,唯尧则之。荡荡乎!民无能名焉。巍巍乎!其成功也。焕乎!其有文章。"(《论语·泰伯》)这种法天行化、布德广远的社会和谐境界被王弼阐发为"大爱无私"、"至美无偏"。① 虽然儒家文化的这 和谐关系准则在一段时间被认为是维系封建等级制度的理论依据,但其中明显存在合理成分:这

---

① 程树德:《论语集释》第二册,中华书局1990年版,第550页。

就是要求每一个人都必须行为处事符合自己的身份地位,各司其职,各尽所能。这显然是构建和谐社会所必须要求的。而且更为重要的是,儒家美学并不绝对强调等级制度,它还肯定一切人都具有道德、智慧和才能方面的潜能,只要严格要求自己,充分发掘这种潜能,任何人都可以成为儒家所赞赏和崇拜的尧舜,有所谓"人人皆可为尧舜"(《孟子·告子下》)之说。在这一点上,儒家与道家文化和佛教文化有着一样的平等观念和意识,这表明儒家文化在处理人与人乃至人与社会关系的问题上是有尊重个性差异的宽容精神的。

道家文化主张构建人与人之间和谐关系,表现出比儒家更豁达和宽容的态度。如老子有云:"圣人常无心,以百姓心为心。善者吾善之,不善者吾亦善之,德善。信者吾信之,不信者吾亦信之,德信也。"(《老子》第四十九章)老子这种看法实际上与印度《奥义书》所谓"不以善业而褒大,不以恶业而褊小"①相似。老子甚至有所谓:"上善若水,水善利万物而不争。处众人之所恶,故几于道。居善地,予善天,言善信,政善治,事善能,动善时。夫为不争,故无尤。"(《老子》第八章)这是因为水能够居于卑下的善地,如所谓"江海所以能为百谷王者,以其善下也"(《老子》第六十六章);能够保持深藏如虚的心境,如所谓"古之善为道者,微妙玄通,深不可识"(《老子》第十五章);能够施惠万物而遵循天道,如所谓"天之道犹张弓也,高者抑之,下者举之,有余者损之,不足者补之"(《老子》第七十七章);能够言求真诚守信不好华美藻饰,如所谓"信言不美,美言不信"(《老子》第八十一章);能够体现无为自化、清静自正的为政原则,如所谓"我无为而民自化,我好静而民自正,我无事而民自富,我欲无欲而民自朴"(《老子》第五十七章);能够处事任其自然,即所谓"是以圣人处无为之事,行不言之教,万物作焉而不辞,生而不有,为而不恃,功成而弗居"(《老子》第二章);能够准确把握动与静的时机,浊动之时,继之以静,安静之时,继之以动,动极而静,静极而动,即所谓"浊而静之徐清,安以重动之徐生"(《老子》第十五章)。

与道家文化相比,佛教文化尤其是大乘佛教似乎更加宽容,表现出更加平等的态度。这是因为他们十分相信"一切众生悉有佛性,佛法众生无有差别"

---

① 《大林间奥义书》,《五十奥义书》,中国社会科学出版社 1984 年版,第 625 页。

（《涅槃经》），并且明确提出了诸如"一切众生是我父母"、"视众生如一子"等任何人与一切众生都有同体关系的观点，有所谓"一切皆是我赤子"、"一切皆是我大师"（慧思《诸法无诤三昧法门》），甚至"一切众生悉是吾子，佛是一切众生父母"之说（道绰《安乐集》），于是佛教尤其是大乘佛教特别重视通过自度度他，将自己和一切众生一齐从苦恼中救度出来得到究竟安乐，通过自觉觉他，将自己和一切众生一齐从愚痴中解脱出来，得到彻底觉悟。[①] 为此，大乘佛教鼓励"六度"、"四摄"的行为。所谓"六度"就是到达彼岸的六种方法，即布施（包括以财物甚至身体和生命施与大众的财施、使大众安全而没有怖畏的无畏施、以真理告知大众的法施）、持戒（包括防止一切恶行，修集一切善行和饶益有情）、忍（即为救度众生忍受一切苦）、精进（即致力自度度他和自觉觉他而不懈息）、禅定、般若；所谓"四摄"就是团结大众的四个条件，即布施、爱语（慈爱的言语和态度）、利行（为大众利益服务）、同事（使自己在生活和活动之中与大众相同）。

第三节　自然境界

自然境界是包括人类自身在内的天地宇宙境界，是在自我和谐乃至社会和谐基础上所形成的宇宙万物之间的和谐，是人类超越自身局限走向更广阔自然宇宙界域寻求天地宇宙和谐的体现，是审美可能达到的最高境界。

一、自然境界的层次

自然本来是一个有机联系的整体，只是为认识所限，才表现出一定阻隔，但这并不影响自然和谐关系的实质。根据认识所及的层次，自然和谐常常表现出三个不同层次。

自然和谐的第一层次是亲和之美。在这一层次，人类与自然基本上是分离的，但人们总能感到两者之间十分亲和的关系。如《世说新语》所谓"觉鸟

---

① 　参见赵朴初：《佛教常识答问》，北京出版社 2003 年版，第 40 页。

134

兽禽鱼自来亲人",李白所谓"相看两不厌,惟有敬亭山",辛弃疾所谓"我见青山多妩媚,料青山见我应如是"等似乎都体现了对人与自然亲和关系的认识。在这种审美所达到的自然境界,人类与自然的和谐体现为默契吻合,但审美者毕竟还没有将自己作为自然的有机组成部分来看待,而且在这种貌似默契吻合之中仍然依稀潜藏着人类对自然的某种霸权行径。这种审美关系的和谐之中,似乎带有某种审美移情的性质,同时也在其中,至少在表面上仍然存在某种程度的人类与自然的平等关系。如沈复《浮生六记·闲情记趣》云:"留蚊于素帐中,徐喷以烟,使其冲烟飞鸣,作青云白鹤观,果如鹤唳云端,怡然称快。于土墙凹凸处,花台小草丛杂处,常蹲其身,使与台齐,定神细观。以丛草为林,以虫蚊为兽,以土砾凸者为丘,凹者为壑,神游其中,怡然自得。"虽然柳宗元在《邕州柳中丞作马退山茅亭记》有这样的观点:"夫美不自美,因人而彰。"但在这种审美关系之中,人类与自然的平等仍然是根本特征。人类无疑是彰显自然美的主要因素,正由于人类的参与,才使自然美从遮蔽状态呈现为无蔽状态。但这并不意味着自然美是完全被动的,它同样以自己不可抗拒的力量在刺激、吸引和感动着人类。在这种移情之中,中国人因在自然之中发现了自然本身的特性而觉得其美。中国文化传统决定了中国人常常在更高层次将个体的人与集体的人一并作为自然的有机组成部分来看待,即使人们并不十分清晰地将人类作为自然有机组成部分来对待,但在观赏自然美的时候,同样能够做到与自然的高度融合。这个融合甚至于表现在使人类自身屈就于自然的情境和逻辑系统之中,使人类适应于自然,而不是让自然服从于人类的意志。中国人看待自然,至少不会像西方人那样将人类与自然对立起来看。在许多情况下,中国人虽然并不喜欢使用宇宙的概念,但是习惯上所使用的自然概念,总是包括着人类。因而,中国人所谓自然常常就是包括人类在内的整个宇宙。

相形之下,西方美学虽然也有认为自然是美的的观点,但他们并不是因为欣赏自然而觉得美,而是因为在自然之中发现了人的性格或灵魂,甚至是人的性格和灵魂的表现,才觉得其美,如罗丹、凡·高等都是如此。梭罗在《瓦尔登湖》中这样写道:"一个湖是风景中最美、最有表情的姿容。它是大地的眼睛;望着它的人可以测出他自己的天性的深浅。湖所产生的湖边的树林是睫毛一样的镶边,而四周森林翁郁的群山和山崖是它的浓密突出的眉毛。"在黑格尔等西方美学家看来,现实世界一切有生命的自然存在物之所以是美的,并不是因为它本身而美,而是"为我们,为审美的意识而美",而是作为审美者的人的"具体的概念和理念的感性表现时",才具有美质,但即使作为自然美顶峰的动物生命,也由于受一些完全固定的性质束缚而"很有局限",甚至其生命也"是贫乏的,抽象的,无内容的"。①

在西方文化式移情之中,有时候甚至连表面上的平等都似乎不存在,甚至将自然全然看成了人类的创造物,如乔治·桑《印象与回忆》中有这样一段文字:"我有时逃开自我,俨然变成一棵植物,我觉得自己是草,是飞马,是树顶,是云,是流水,是天地相接的那一条地平线,觉得自己是这种颜色或那种形体,瞬息万变,去来无碍,时而走,时而飞,时而潜,时而饮露,向着太阳开花,蜥蜴跳跃时我也跳跃,萤火和星光闪耀时我也闪耀。总之,我所栖息的天地仿佛全是由我自己伸张出来的。"这是因为西方文化传统决定了他们总是将人与自然对立起来看待,似乎人就是人,人肯定不属于自然的范畴,自然也就是自然,自然肯定也不包括人。于是他们把人类作为自然的发现者,似乎自然美全靠人的发现才成其为自然美。更有甚者,常将自然美作为自己的创造物来看待,甚至更极端地将自然乃至生活作为艺术品来看待。据说在这种审美关系之中,能够成功地实现赋予自然乃至生活以审美意味,使自然和生活本身成为审美对象的目的,而且能够实现诗意地栖居的目的。但是在这种审美关系之中,人类与自然实际上永远处于一种不平等的关系,人永远是自然美的发现者和创造者,似乎自然离开人类就不能存在,自然而然也就不能成其为自然美。他们甚至借助所谓劳动实践来改造自然的外在形态,并且通过改造了的形态来确证自己及其本质力量。他们把这种审美行为称之为自然的人化,甚至人的本质力量的外化或对象化。在人类面临十分严峻的异化现象的时代,这种移情能够在十分有限的范围内有效缓解工业文化时代人与自然脆弱乃至紧张的关系,能够有效地缓解人类异化尤其是物化所导致的无法克服的焦虑,能够使程序化、机器化、碎片化的现实人生多少带有一点诗情画意。

---

① 参见黑格尔:《美学》第1卷,商务印书馆1979年版,第160—170页。

西方文化对人类自身主体性的强调最终导致了极其恶劣的影响,在根本上否定了自然美的价值,导致了自然美在美学上的消失。阿多诺曾经深入地批评了这种偏颇:自然美之所以从美学中消失,是由于人类自由与尊严观念至上的不断扩展所致。西方美学固然造就了许多卓有成就的美学家,但从康德、席勒到黑格尔一脉相承的贬低自然的倾向,实在使他们丧失了亲和自然,乃至构建天地大美的美学体系的能力,最终使他们连同整个西方美学堕入仅仅关注自我和社会境界的层次之中。不过我们所阐述的人与自然之间和谐关系在这一层次只是表面的和谐,充其量也只能是一种感觉的和谐,尽管在其深层仍然存在人类对自然的霸权,但至少在人类的感觉和认识之中,人类与自然之间还是存在着某些可以融通的可能,至少是人类没有与自然明确地对立起来。

自然和谐的第二层次是并育之美。在这一层次的审美意识之中,人类与自然应该是十分和谐的。这种和谐首先表现在人类已完全地放弃了盲目自尊,将自己看成自然的有机组成部分,而且也认识到自己并不比自然界其他事物更加拥有某种自命不凡的优势。人类依赖自然界其他事物,自然界其他事物也依赖人类,最起码人类不再想着要征服,甚至掠夺和扼杀自然界其他事物。庄子颇有审美趣味地描述了这种相互依赖、相互依存的平等关系。庄子曰:"故至德之世,其行填填,其视颠颠。当是时也,山无蹊隧,泽无舟梁;万物群生,连属其乡;禽兽成群,草木遂长。是故禽兽可系羁而游,鸟鹊之巢可攀援而窥。夫至德之世同与禽兽居,族与万物并,恶乎知君子小人哉!"(《庄子·马蹄》)在庄子这段文字所表现的审美意识之中,人作为自然界的一个组成部分,与其他事物分享着完全平等的权利,在这里已完全消解了人类自命不凡的自尊。不仅如此,作为人类还应该更加自觉地担负起并育万物的使命。他还说:"古之人其备乎!配神明,醇天地,育万物,和天下,泽及百姓,明于本数,系于末度,六通四辟,小大精粗,其运无乎不在。"(《庄子·天下》)

《中庸》更明确地概括了这一层次的特性:"天地之道,可一言而尽也。其为物而不贰,则生物不测。天地之道,博也,厚也,高也,明也,悠也,久也。"(《礼记·中庸》)在这一层次,人们更多地认识到自然和谐。在这里,不仅包括人类在内的一切事物一律平等,没有高低贵贱的差异,人也不再是所谓宇宙的精华、万物的精灵,而是普通又普通的事物,不仅西施之美与腐鼠之美毫无差异,而且并行不悖。西施之美虽然是人类共同的审美理想,但并不能够掩盖甚至取代腐鼠;腐鼠虽然是人所不欢迎的,但并不自惭形秽,自行消失。不同事物各以其美显露于自然界,大美不掠小美,小美不让大美。这正是自然之大美。正如《中庸》所阐释的:"万物并育而不相害,道并行而不相悖。小德川流,大德敦化。此天地之所以为大也。"(《礼记·中庸》)如果说前一个层次的和谐充其量只是一种感觉层面甚至心理层面的和谐,这种并育而不相害层次的和谐,其实就是生存的和谐,存在的和谐。这虽然并不是自然美之和谐的最高层次,但显然是能够称得上"大美"的层次。

与这种强调生存和存在和谐的审美意识有所不同的是,西方文化更加重视对立与竞争。达尔文"物竞天择,适者生存"的进化论思想就是突出的例证。在达尔文看来,优胜劣汰是自然的普遍规律。他作了这样的表述:"从过去的事实来判断,我们可以安稳地推想,没有一个现存物种会把它的没有改变的外貌传递到遥远的未来。并且在现今生活的物种很少把任何种类的后代传递到极遥远的未来;因为依据一切生物分类的方式看来,每一属的大多数物种以及许多属的一切物种都没有留下后代而是已经完全绝灭了。展望未来,我们可以预言,最后胜利的并且产生占有优势的新物种的,将是各个纲中较大的优势群的普通的、广泛分布的物种。"①但这一理论其实有致命缺憾,这就是胜利的并不一定都有优势,淘汰的也并不一定就处于劣势,而且自然界一切事物除了有所对立与竞争,更有协作与共存。大自然之所以既存在某些物种淘汰而另外一些物种繁荣昌盛,又存在各个物种残酷竞争又稳定共存的情形,就在于自然界的一切生物之间存在一种协同关系。达尔文的这一思想与其说深刻地揭示了自然界一切物种残酷斗争、适者生存的规律,不如说典型地体现了西方二元论思维模式的恶劣影响。正是由于这种思维模式,西方人总是将自然界看成是多物种水火不容、势不两立的战场。其实在自然界的对立与竞争是表面的,而协作与共存才是深层次的。正是由于这种深层次协作,才真正维护了自然界一切事物表面上的对立与竞争,这也正是为什么自然界总是存在矛盾对立因素的根本原因。阿尔文·托夫勒在《从混沌到有序——人与自然的

---

① 达尔文:《物种起源》,商务印书馆1995年版,第556页。

新对话》的"前言"中陈述了这样的研究成果:蚂蚁总是分为两类,一类是勤劳的工蚁,另一类必然是懒惰的惰蚁。如果将该系统打破,彼此隔离,则无论是原本属于工蚁还是属于惰蚁的任何一个群体,都必然重新分化出工蚁和惰蚁两个不同群类。① 可见,与进化论思想比较起来,似乎"万物并育而不相害,道并行而不相悖"的思想,更能够揭示自然界和谐的特征与规律,同时也能体现中国文化乃至生命智慧明显高于西方文化乃至生命智慧的根本特征。

自然和谐的第三层次是无言之美。这是人类对自然美认识所达到的最高层次,同时也是很难用语言加以描述的大美,是自然界一切事物本性的和谐乃至生命的和谐,是自然和谐的最高层次。中国古代对自然无言之美有深刻认识。自然美的最高境界是万物各得其和以生,各得其养以成,各得其序以行,但从来不形之于言。孔子是这样一种审美意识的最早阐述者,他说:"天何言哉?四时行焉,百物生焉,天何言哉?"(《论语·阳货》)庄子也指出:"天地有大美而不言,四时有明法而不议,万物有成理而不说。"(《庄子·知北游》)自然是伟大的,自然之大美,在于得至道之根本,显自然之至道;在于自然界一切事物,无论大小,一律平等;在于无所作为,尊重事物自身的本性与规律,让自然界一切事物完全按照自己的本性与逻辑运行,随时生育,生者自生,死者自死,圆者自圆,方者自方。概括来说,这个无言之美主要体现为:惝然如昧,似无却有,不见其形;广施博行,并育万物,不见其事;亭毒群生,畜养万物,不知其功。另外《唱赞奥义书》亦有"涵括万事万物而无言"②的说法。具体来说:

其一是不见其形。尽管自然界一切事物各得其和以生,各得其养以成,各得其序以行,"独立不改,周行而不殆"(《老子》第二十五章),但惚恍寂寥,惝然如昧,似无却有,不见其形,如老子所谓"无状之状,无物之象"(《老子》第十四章)。庄子还说:"今彼神明至精,与彼百化,物已死生方圆,莫知其根也,扁然而万物自古以固存。六合为巨,未离其内;秋毫为小,待之成体。天下莫不沉浮,终身不故;阴阳四时运行,各得其序。惝然若亡若存,油然不形而神,万物畜而不知。此之谓本根,可以观于天矣。"(《庄子·知北游》)自然之大美在

① 参见普里戈金、斯唐热:《从混沌到有序——人与自然的新对话》,上海译文出版社2005年版,第16页。

② 《唱赞奥义书》,《五十奥义书》,中国社会科学出版社1984年版,第139页。

第五章 审美的认知智慧

于，尽管负载自然界一切事物之美，却从来不将自己的意志强加于任何事物之上，而让万物按照自己的本性生成，让四时按照自己的法则运行，因而也就没有任何可以让人感知和把握的形态，无色声香味触法。

其二是不见其事。自然的特征在于没有任何偏爱和私心，能够周遍万物而不遗漏。自然"以万物为刍狗"（《老子》第五章），"知常容，容乃公，公乃王，王乃天，天乃道，道乃久，没身不殆"（《老子》第十六章）。在于充分尊重自然界一切事物按照自己的本性和逻辑，自我化育，自生自长，自生自死，生者不是因为偏爱，死者不是由于虐杀，无所作为，当然也就不知其根源。如老子所谓："为无为，事无事，味无味"（《老子》第六十三章），荀子有这样的观点："列星随旋，日月递炤，四时代御，阴阳大化，风雨博施，万物各得其和以生，各得其养以成，不见其事而见其功，夫是之谓神。皆知其无形，夫是之谓天。"（《荀子·天论》）。尽管负载万物，并育万物，无所遗漏，但从来只是让自然界一切事物各尽其性，从来不违背事物的本性而有所作为，因而也就从来不见和养之事。

其三是不伐其功。自然有和养之功，但从来不形之于言，让人们知晓，更不会与其他事物争功。尽管自然界一切事物依赖它而获得生长，得到养育，各得其所需，各适其性，但是自然从来与自然界一切事物一起和混流行，而不特立独行，更不自以为有功，既不自我表扬，不自以为是，不自我夸耀，不自我矜持，也不据为己有，不自恃己能，不为主宰。"道生之、德畜之、长之、育之、亭之、毒之、养之、覆之。生而不有，为而不恃，长而不宰"（《老子》第五十一章），也就是自然之大美在于虽有负载万物之大功，但从来不言说，不议论其功。

虽然西方美学也有比较看重自然和谐的，但他们对自然美层次的认识仅限于从物质层面的形体向精神层面的提升，而这个提升常常与某种宗教或类似宗教的敬畏相联系，与其说他们在赞美自然，不如说他们在赞美人与自然的和谐；与其说他们在赞美人与自然的和谐，不如说他们在赞美人，与其说他们在赞美人，不如说他们在赞美造物主，在赞美上帝。尽管如此，他们还会同样否认自然美为美的最高境界。即使有些较为重视自然美的人，仍暴露出十分明显的重视人类主体地位的思想。在他们看来，世界是为那些要满足爱美之心的人的欲望而存在的。这同时也是世界存在的最终目的。人们之所以追求美,其最大最深刻的意义就是宇宙的表现,甚至是上帝这个万事万物的主宰的意志的体现。所谓真、善、美只是上帝的不同面目。自然美并不是美的终端显现,只不过是内在美和永久美的先驱,只有作为自然最终目标的最后或最高表现即上帝的意志才具有意义。西方人即使否认上帝的存在,但他们在对待自然的问题上仍然暴露出绝对的人类自尊意识,似乎自然界一切事物只有为人类服务才是它们的本分,他们甚至能够为此寻找到自以为十分充足的理由,如尼采有这样的观点:"不要同情动物!为杀死动物而痛苦是完全没必要的。考虑到动物的自然死亡,人杀死动物一般来说是减轻动物世界的命运,尤其是动物不能预见死亡。"①尼采虽然在许多方面表现出与亚里士多德并不完全相同的意识,但是在对自然界一切生物的态度上却有着惊人的相似之处。中国人总是从自然之中发掘人类可以学习和仿效自然规律,总是从自然中发掘出极其崇高、伟大的品质,而且将自然的规律和品质作为审美甚至生命智慧的最高层次;西方人则处处以人类,有时候也以上帝作为中心来思考和认识自然,这个自然不仅不能涵盖人类,而且必须从属于人类以及人类所创造的上帝。

二、自然和谐境界的中国文化基础

天人合一与万物一体是人与自然和谐关系构建的思想保证。中国传统文化向来强调天人合一和万物一体的思想。道家文化是从自然界普遍存在的所谓"道"来揭示自然万物的共同性,并在此基础上构建了人与自然平等与和谐关系的理论体系。老子有所谓"天得一以清,地得一以宁,神得一以灵,谷得一以盈,万物得一以生,侯王得一以为天下贞洁"(《老子》第四十二章)的观点。正是这种弃绝偏见的平等思想,使老子这样来阐述他所欣赏的人与自然的关系:"天地不仁,以万物为刍狗;圣人不仁,以百姓为刍狗。"(《老子》第五章)庄子从"天地一指也,万物一马也"(《庄子·齐物论》)的观点出发,更进一步明确指出"天地与我并生,而万物与我为一"(《庄子·齐物论》)的思想。

---

① 尼采:《尼采遗稿选》,上海译文出版社2005年版,第65页。

第五章 审美的认知智慧

认为盛德的时代,常常万物并生,比邻而居,禽兽成群,草木茂盛,人们可以牵引禽兽游玩,也可以攀缘鹊巢窥望,人与现实世界其他生命存在物处于一种平等、和谐的关系之中,所有现实世界一切存在物没有高低贵贱的差别,一切不过是顺任自然、安其性命而已。在庄子看来:"至德之世,同与禽兽居,族与万物并,恶乎知君子小人哉!"(《庄子·马蹄》)儒家文化虽然并不是一开始就有这样明确的看法,但董仲舒的阐述无疑强化了类似观点的社会影响。在董仲舒看来,人与天是有相同的生理结构和心理结构的,人有五脏,天有五行;人有四肢,天有四时;人有视暝,天有昼夜。人有好恶,天有暖晴;人有喜怒,天有寒暑。即所谓:"人之形体,化天数而成;人之血气,化天志而仁;人之德行,化天理而义;人之好恶,化天之暖晴;人之喜怒,化天之寒暑;人之受命,化天之四时。"(苏舆《春秋繁露·为人者天》)

中国佛教文化虽然有类似道家文化和儒家文化的观点,如僧肇有云:"天地与我同根,万物与我一体"(僧肇《肇论》),另外禅宗还有"一月普现一切水,一切水月一月摄"之说(《楚石梵琦禅师语录》),但这并不是十分重要的思想。佛教文化更为重要的思想是在承认万物皆有佛性这一共同本性的基础上,强调并且重视了人与自然的平等关系。在佛教文化看来,不仅一切众生皆有佛性,甚至草木瓦石也有佛性,如吉藏所谓"不但众生有佛性,草木亦有佛性"(吉藏《大乘玄论·佛性义》),也正是在此基础上,佛教文化更加明确地张扬人与自然的平等关系,如黄檗希运即有"大道本来平等"(颐藏主《古尊宿语录》卷三)的观点。也正是在万物皆有佛性和一律平等思想的基础上,佛教文化构建了生态伦理学体系,甚至远远走在了道家和儒家文化的前面。这种尊重自然、平等对待自然的态度显然更有利于人与自然和谐关系的构建,同时也更有利于和谐世界的构建。惠能的观点明白地体现了这一点:"性含万法是大,万法尽是自性。见一切人与非人,恶之与善,恶法善法,尽皆不舍,不可染著,由如虚空,名之为大。"(《坛经·般若品》)

中医理论也非常强调人与自然和谐关系,并且为人们提供修身养性、延年益寿的实践原则和方法,具有真正的实践美学价值。如中国医术认为,自然界有生、长、收、藏四时和寒、暑、燥、湿、风五行。其中春主生,夏主长,秋主收,冬主藏,由于春容易伤于风,夏容易伤于暑,秋容易伤于湿,冬容易伤于寒,而又有肝恶风,心恶热,肺恶寒,肾恶燥,脾恶湿的自然现象。所以,如果人们遵循养生之道,就得顺应四时变化的自然规律,注意春防风,夏防暑,秋防湿,冬防寒,而且注意春养肝,夏养心,秋养肺,冬养肾。只有遵循这一自然规律,顺应四时变化,"春夏养阳,秋冬养阴,以从其根,故与万物沉浮于生长之门"(《黄帝内经·素问·上古天真论》),才不会有疾病发生;否则,如果无视养生之道,违背了这一自然规律,就可能导致灾害发生。

第五章　审美的认知智慧

第六章

审美的艺术智慧

第一节　艺术家与艺术品

艺术家是艺术品的创造者,艺术创造常常比历史叙事更具有哲学意味,历史叙事关注历史事实,是以真实的、特定的历史人物和历史事件作为主要叙述对象,并且借助这些特殊对象的叙事蕴涵事物的普遍性;艺术创造则常常在真实与虚构之中寻找特殊性与普遍性的最大化,以远远超越事物原型的特殊性与普遍性来反映现实生活与思想观念,因而艺术创造比纪实叙事与历史叙事更具特殊性与普遍性。艺术品常常是艺术家所感知的现实生活与思想观念的物态化形式,甚至是其身体知觉与思想观念的载体,但艺术品与艺术家并不一一对应,艺术品所承载的信息量总是多于或少于艺术家。他们之间的联系从来都是复杂的。艺术品只有依赖艺术家才能被创造出来,艺术家也只有通过艺术品的创造而显示出艺术家的功能。

一、艺术创造的主要理论:模仿论、表现论

关于艺术创造的理论,在西方美学史主要体现为模仿论和表现论。模仿论与表现论似乎是风马牛不相及的,而且在西方美学史上曾经导致了相当尖锐的矛盾与冲突,但是事实并非如此。

一是模仿论。希腊文的模仿出现于荷马之后,其词源意义是不清楚的。大体代表祭司所从事的舞蹈、奏乐和歌唱等礼拜活动。在他们看来,模仿除了显示内心意象,并不表示复制外在现实。到公元前5世纪,苏格拉底用模仿来说明绘画时仍存有疑虑,甚至常常用一些近义词,认为模仿乃是像绘画和雕刻这类艺术的基本功能,但德谟克利特与柏拉图却直接用模仿表示对自然的模仿。只是他们运用这同一词的时候,明显名同实异。德谟克利特主要应用在纺织、建筑、歌唱等实用艺术之中,有些甚至不是艺术。柏拉图使用模仿一词,时而采取原始意义,应用于音乐、舞蹈,时而应用于绘画和雕刻,甚至也把诗歌等艺术全部包括在内。在《理想国》中,他极端地把艺术视同于对外界的一种被动而忠实的临摹,但他又不同于自然主义的模仿,不赞成用艺术去模仿实在,其基本理由是模仿并非直达真相的正途。亚里士多德似乎忠于柏拉图,但他实际上彻底改变了这一概念和学说。他综合地使用了苏格拉底的观点,虽然保留了艺术模仿实在的主张,但他所谓模仿,并非是对实在的忠实模仿,而是对实在的自由接触,是艺术家用自己的方式去表现实在:模仿可以把实在表现得更美或更丑,也可以表现得像以往的样子或应该是的样子,它能够而且应该把自己限于事物的普遍的、典型的本质特征之上。柏拉图与亚里士多德赋予这种学说以两种不同的意义,乃至造成了两种不同的学说却使用同一名称的现象。之后的艺术理论家往往把两种概念混合在一起,在参考亚里士多德的同时,也倾向于采取柏拉图那种较简单、较原始的概念。至公元前4世纪,共有礼拜式概念(表现)、德谟克利特式概念(自然作用的模仿)、柏拉图式概念(自然的临摹)、亚里士多德式概念(以自然的元素为基础的自由创作)4种模仿概念被人们应用。以后的模仿论虽然总是会改造与修正其中的一些观点,但总体上没有超出这些范围。除了18世纪遭到了较为普遍与猛烈的批判之外,模仿论可以说较为持续地影响了艺术创作与西方美学史的发展。至后来的法兰克福学派主张艺术是对实在的否定、超越和异在,才在一定程度上清除了模仿论的负面影响。模仿论的优势在于强调了技巧的作用。

模仿论的共同特征是用不同的真实程度来衡量审美对象,以及作为审美对象的艺术品,并且用模仿的概念来解释真实尺度的运作方式;认定艺术品作为审美模本,是制作出来的某种物品。模仿论的致命弱点,一是以真实作为衡量艺术创造成就的尺度和标准,似乎强调了原型的价值和意义,但实际上人们对模仿所形成的艺术品的兴趣还是远远大于原型,甚至对模仿品的评价也总高于对原型的评价。而且任何关于原型的忠实模仿,其真实程度都是相当有限的,最真实的存在常常是原型本身,而非复制品或模仿品。这就不仅从根本上消解了真实的尺度与标准,而且使模仿论陷于不能自圆其说的地步。二是难以包容自然等审美对象,因为自然是不符合模仿即制作的论说的,但任何提供造物主乃至上帝艺术家或其他途径的做法,其实都是在滥用甚至歪曲模仿论,人们在审美对象的问题上含糊其辞,使模仿论本身更加模糊不清。因为并不是所有的审美对象都是人类的模本,如自然美就不是人类所创造的模本。对于这种理论的尴尬,模仿论者常常采取否定自然对象确实是审美的观点,或采用所谓"自然的人化"的观点来表明自然对象是审美实例中的模本。但否认自然美是审美对象,不能产生审美效应的观点,是有明显局限的。自然美不仅具有审美效应,而且具有不可抗拒的审美震撼力,在崇尚自然美的审美者那里显得尤其如此。将自然对象作为艺术品来欣赏,不仅可以赋予自然对象以审美价值,而且可以赋予自己的行动和故事以审美意味,可以使自然对象乃至现实生活具有一定的意义。尽管人们总是为衣食住的短缺所困扰,或因劳作而备受折磨,因追逐名利而不得安宁,因娱乐消遣而迷惑,但只要能够保持自由的想象和对诗意的关注,人们用审美的眼光看世界,"以神性度量自身",根据诗意的本质而作诗,就能实现荷尔德林所谓"人诗意地栖居"的目的,就能使他在这充满诗意的世界得到陶冶,通过人生的艺术化、诗意化,来抵制现代工业文明与科学技术所导致的人的物化与异化,以及生活的刻板化与碎片化。

二是表现论。表现论是文艺复兴之后在美学领域凸显出来的一种理论,是文艺复兴弘扬人类自身个性的人文主义思想影响下形成的个体思想家日益重要和心智心理学发生变化的产物。主要是由 19 世纪浪漫主义诗人完成的一种艺术创造理论。他们似乎较为一致地认为诗歌是思想情感的流露、倾吐和表现,类似的说法还有诗歌是修改、合成诗人意象、思想、情感的想象过程。表现论之所谓"表现",其实是重新起用了原来的词根和词源意义,具有挤出的意思,但从开始用来表达表现的术语并不确定。华兹华斯说诗歌是强烈情感的自然流溢。他把诗人看成了容器,诗歌的素材不是来自于外在实在,也不是来自行为,而是来自诗人液体般的情感。施莱格尔指出使用"表现"一词显然是表示,内在的东西似乎是在某种外力作用下被挤压而出的,于是也有诗歌是情感的表现或吐露的说法,也有认为诗歌是情感的表露的。虽然华兹华斯是这一理论的主要创立者,但他的同辈们却创造了许多类似的术语,往往一个理论家同时使用好几个术语,如米尔不仅认为是表现和吐露,而且是展现和体现。这种理论虽然在 1830 年前后几乎一致认为诗歌是表露情绪,但从理论创始就对获得外化的思想成分的阐述众说纷纭。除了华兹华斯主张是情感之外,柯尔律治则说成诗歌源于心灵的表达智力的企图、思想、概念、感想,哈兹里特则说是心灵的音乐,雪莱则认为是想象的表达,拜伦则说成激情,最后亨特将一切在定义中见到的东西一律纳入其中,认为诗歌是表现了对真、美、力量的追求,凭借想象和幻想来体现并阐明其各种观念,并根据在一致性中求多样性来锤炼其语言。这种理论在后来的发展之中,被理查兹等从情感语言的角度做了补充。直至艾略特有所谓诗歌不是放纵情感而是逃避情感的主张,才在理论上很大程度地恢复了知性和情感的同等地位。表现论的优势在于对天才的阐述颇有见地。按照这种理论,艺术家自身变成了创造艺术品并且制造判断标准的主要因素。

表现论通常有以心智为目的、某些情感与思想理念要比其他更有意义两个特征。表现的根本在于能够使人赋予思想理念与情感以艺术的内容与形式,而且能够获得表现的愉悦感。正是因为艺术具有使主观情感与体验过渡到其他形式的特殊作用,表现论能够证实主观审美体验。这个体验建立在人们的思想理念和情感的基础之上,而且在人们看来是令人愉悦的。这种愉悦感是纯粹的审美愉悦或审美快感,据说是心智自身活动的产物,是不会因为其自身的实现而被改变。表现论常常用原创性来区别审美表现与其他情绪表现,从而使艺术家成为真正的创造者,这就确立了艺术家的原创者甚至天才地位。这种理论的优势在于认为审美发端于人们的个体经验与通过经验去求知和求解的欲望,而不是形而上学的思想方式和关于整个世界和实在的种种看法,于是具有某种吸引人的魅力。但这一理论也存在致命缺憾。一是对自身诸多核心概念和理论的论述常常含糊不清,有其偶然随意的问题,也有其无法自身表现的问题。表现论所津津乐道的诸如想象、天才和情感,虽然可以描述,但无法进行精确的哲学阐释,甚至如所谓趣味常常因为无可争辩而显得没有任何标准,具有纯粹的主观性。而且所谓情感之类从来都不能独立存在,总是依赖于其他事物才能得到表现,或更加准确地说,任何先于表现而存在的东西,都是无法被人们认识的。二是认为情感比制作更重要,甚至更加极端地认为实存的艺术品只是真正情感的附带物。这就严重削弱了制作艺术品所需要长期艰苦训练的艺术技巧的重要性,甚至降低了艺术自身的重要性,乃至在尊重其为天才的同时又从根本上解构了艺术家的主观能动性。

二、艺术创造的主要特征:技巧与创造(灵感)

艺术创造常常涉及两个特征,即所谓技巧、法则和规则与想象、自由和创造。其实也就是所谓技巧与创造性。当人们过于强调艺术家的灵感和创造性的时候,常常可能忽略技巧的作用,但当人们只将艺术家作为模仿者的时候,又最有可能夸大技巧的作用。他们的共同缺陷是将技巧作为一种独立于艺术,并与艺术相分离的附加因素来看待。其实艺术创造是无法离开技巧的,技巧是艺术创造必须的条件,但创造却常常是艺术创造达到最高层次的根本保证。

技巧确实是艺术家与艺术品关系的一个重要组成因素。任何艺术创造都无法完全摆脱艺术技巧。艺术技巧虽不是决定艺术创造成功与否的唯一条件,但却是艺术创造不可或缺的基础,没有什么艺术创造是能够完全超越艺术技巧的。尽管有些真正具有创造性的艺术家常常故意打破艺术技巧的束缚,但这并不意味着技巧已经完全丧失了意义,成为艺术创造的绊脚石,而是说明这种艺术技巧已完全融入艺术家的基本素质之中,成为他们从事艺术创造的无意识。艺术技巧也只有深入到无意识层面,才能真正起作用,而且所起作用无疑是最为深刻的。因而不能忽视艺术技巧的重要作用。达·芬奇之所以后来成为卓越的艺术大师,这是与他当年进入当时意大利著名的委罗基奥画室进行严格基本功训练分不开的。那时,老师要求他天天画蛋,还说,别以为画蛋很简单,很容易,要是这样想就错了,在一千只蛋当中从来没有两只蛋的形状完全相同。即使是同一只蛋,只要变换一个角度看它,形状便立即不同了……所以如果要在画布上准确地把它表现出来,非要下一番苦功不可。多画蛋,那就是训练眼睛去观察形象,训练手去随心所欲地表现事物,等到手眼一致,那么对任何形象都能应付自如。可见技巧训练作为艺术家的一种基本素质和基本功是必须的。但也有人总认为艺术品是艺术家纯然创造的产物,甚至认为创造性不只是在一切艺术中才赢得承认,并且也唯独在艺术中才得到肯定,而且认为创造性是衡量一切艺术的唯一标准,甚至将创造性作为界定艺术的特征,乃至有所谓艺术的世界其实就是创造的世界的说法。这种说法的弊端在于忽略了技巧的价值和作用。

也有些人总是夸大艺术技巧的作用,常以所谓惟妙惟肖、巧夺天工之类的赞美之词来表扬那些与原型十分相似的艺术品及其艺术家。极端情况下还将艺术品作为原型的复制品或者副本对待。其实技巧虽然是必须的,但不是唯一的。艺术需要法则和技巧,但仅仅依靠法则和技巧是远远不够的,因为法则和技巧只能导致雷同的复制品。要创造真正新奇的艺术品还得依赖想象和创造。真正使艺术家卓有成就的原因是他的灵性与天赋。这种灵性与天赋之中,超越了照相式模仿的想象似乎有着十分重要的作用。达·芬奇还说:"你看某些满布各式斑点的墙壁或带有各种不同混合物的石头,如果你有某种发明的能力,你就会在那里看到一些类似于各种风景的东西,它们用各种山脉、河流、岩石、树木、大平原、小丘与峡谷装饰起来。你也会在那里看到各式各样的战役,看到奇特陌生的人物的清晰部位、面部表情、风俗习惯以及你可能认为形式完善的无数东西。在这类墙壁与混合物上出现了类似于钟响时出现的东西,在敲钟时你会又发现你想象的每个名称与每个词汇。"①这种想象力的创造性是显而易见的。因为创造在某种意义上意味着无中生有。而无中生有,就不仅仅是一种模仿,更是一种发现,甚至是一种发明。想象显然是一种更重视创造性的艺术创造能力。注重想象乃至创造能力的作用同样是无法低估的,甚至有着技巧所无法起到的价值与作用。技巧是形成艺术创造的基础,而想象乃至创造性才是艺术真正具有价值的决定因素。当然,某些巧夺天工的艺术模仿技巧所达到的艺术高度同样是无法低估的,我们甚至也可以将想象同样看成一种创造技巧。这种情况下的艺术创造技巧,其实并不仅仅是观

---

① 转引自马赫:《感觉的分析》,商务印书馆 1986 年版,第 160—161 页。

第六章 审美的艺术智慧

察能力、模仿能力,而是想象能力。既然在某种意义上想象尤其是创造性想象常常具有观察能力、表现能力所没有的创造性作用。于是有些人总是武断地强调艺术家的任务就是创造本身。或者认为一般工匠只能创造产品,但无法创造出赖以创造的材料,而艺术家在创造出艺术品的同时,也创造出它所赖以创造的材料和主题。或者认为创造性只是科技的一种装饰,但对艺术而言则是其本质。似乎艺术是所有人类活动之中最重视创造性且以创造性作为其本质或衡量其价值的唯一标准。这在事实上就夸大了创造性的作用。夸大创造性的一个典型形式就是强调灵感的价值和作用。

灵感是艺术创造必不可少的基本素质之一,而且在那些最具创造性的艺术家那里表现得更加突出。尼采在《瞧! 这个人》中有这样一段文字:"突然间我们可以很确切地看和听到一些非常震撼的东西了。我们听到了一些东西——但不寻觅;我们获取了一些东西——但不问谁给的;一种思想像闪电一样,毫不迟疑地显现出来了——而我们对它却从来没有作过任何选择。我们喜极而泣,当这个时候,我们内心活动进行的情况发生变化,不知不觉间,从激烈状态转变为缓慢状态。我们感到完全失去了控制而清楚地意识到全身上下剧烈地震动;——这时会产生一种深刻的快乐,在这个快感中,最后苦痛和抑郁的感情,都被调和了,而且是必要的有如色彩在充溢的光明中一样。我们直觉到一种韵律关系,而这种韵律关系包括了一切形象。任何东西都是无意中发生的,就像在自由爆发、独立自主、力量和神性中发生的一样。意象与象征的自发性非常明显;一个人失去了一切对想象和象征的知觉;一切东西都呈现为最直接、明确和简单的表现手段。如果我可以想起查拉图斯特拉的一句话,这句话的被想起就好像事物本身自动地来到我心中而表现为象征一样。(这里所有的东西都是亲切地来到你的谈论中而使你愉快,因为它们喜欢接近你。从每一象征中,你都可以达到一切真理。这里一切存在的语言文字宝藏,都展开在你的面前,一切存在都将变为语言,一切'变化'都将告诉你会怎样去表达。)这是我对灵感的经验。"[1]。

灵感的突出特征是,艺术家常常超越了工艺及其技巧的层面上升到想象

---

① 尼采:《瞧! 这个人》,选自《尼采文集》,改革出版社 1995 年版,第 76—77 页。

与创造的层次,在这里法则和技巧显然无足轻重,艺术家只是受灵感驱使而任意行动。这时的法则和技巧不是被彻底突破,就是作为无意识起作用,这就是其创造性。这种灵感更加突出地体现为灵性与心智,常常是无须理解甚至在莫名其妙的情况下就获得出神入化的传达和表现,这就是其直觉性。在这种灵感状态下,有些平时难以获得答案的思绪突然涌现出来,一些只可意会不可言传的思绪获得了最为尽善尽美的表达,似乎一切心理能力都得到了超乎寻常的发挥,这就是其超常性或高峰性。一个突出特征是艺匠遵循法则,而艺术家设定法则,甚至创造法则。或者可以这样说,设定和创造法则的人使自己成为艺术家,而追随乃至遵循法则的人使自己成为艺匠。人们常常将那些设定法则甚至创造法则的人称为天才。真正天才的艺术家创造法则,一般的艺术家擅长细节,平庸的艺术家或艺匠复制副本。灵感理论的致命弱点是,片面强调灵感常常产生两种对立的后果:或忽视了艺术家的价值,仅仅将其作为灵感的被动传达者;或抬高了艺术家的地位,将其尊奉为至高无上的法则制造者甚至神灵的宠儿。这种理论的直接后果是并不能清楚地解释艺术家的作为。艺术家秘而不宣的所作所为只能导致批评家更加有恃无恐地随意阐释,他们甚至可以以艺术家同样知之甚少为由,断定艺术家的创造意向无关紧要。

我们应该辩证地看待创造性。创造性通常具有两个方面的含义:一是意味着旧事物的毁灭与新事物的诞生;二是意味着一个制作的过程。美学上的创造性通常不是将艺术家作为二度创造者,就是作为原创者。作为二度创造者的艺术家充其量只是存在的模仿者,而造物主才是真正的原创者,这种意义上的艺术家仅仅是墨守原创模式的艺匠。作为原创者的艺术家似乎就是与传统完全决裂的新思想理念与艺术风格的源泉。强调艺术家的模仿者身份似乎有些低估了艺术家的创造性,但是强调艺术家的原创性却又在很大程度上夸大了艺术家的作用。尽管人们十分看重原创性,甚至将其作为创造性的标志。但是创造性与原创性是有一定细微差异的。创造性关注创造物本身,而原创性关注创造过程。创造性并不从根本上割断与传统的联系,但原创性则代表离异与差异,甚至是纯然怪癖地对传统的决裂与破坏。因而尽管人们总是十分看好原创性,但其意义是十分有限的。因为承认原创性意味着人们永远不会单凭艺术品本身作出反应,而且有可能摈弃审美体验的整个理念,这必然导致人们更加谨慎地看待原创性,或将艺术作为排除的对象。所以不要不加节制地夸大其作用和意义。

在无视创造性或艺术家缺乏必要创造性的时代,强调创造性是有其时代意义的。因为强调创造性无疑是将艺术家作为创造主体来看待的。这不仅能够影响人们感知的方式以及结果,甚至可能改变感知方式和创造新的思维方式,而且能够促使艺术家认真地探讨和辨析可能是和可能永远不是的艺术法则,使艺术创作从各种可预测性甚至限制之中得以解放出来。艺术创造通常并不仅仅是对艺术法则的突破和创造,而且是对整个世界的革命与解放,这里自然包括对感知和思维方式的颠覆与革命。但创造性与原创性同样面临诸多挑战:其一,创造性并非是一个规范概念,从它产生的时代开始就是一个具有歧义的概念,先是没有创造性的概念,再是与上帝同义,后是艺术的专有属性,再是具有普泛的意义。即使泛指一切创造活动的意义,也不能进行清晰阐释。它充其量只是一种哲学概念,而不是一种科学概念。其二,创造性割裂了与传统的关系。尽管人们十分赞赏那些为某位艺术家所独有的创造性风格,关注其差异,其实即使是那些似乎最具个人特色的部分也总是与传统存在千丝万缕的关系,而仅仅是在对现实世界、感觉世界和艺术世界兼容基础上的背离,其实任何艺术家,谁也不能否认他和以往诗人以及艺术家的继承关系。其三,片面强调创造性只是一种以偏赅全的观念。艺术家总是同时兼具模仿者、发现者、发明者即创造者三种身份,无论过去偏重模仿者或发现者,现在偏重发现者或创造者,其实都是一种偏见。其四,创造性并不能准确地阐释自然美。因为自然不是艺术家心智创造的产物,也不表现艺术家所要表现的思想意识,自然美是不需要艺术家及其创造性或原创性的。艺术与自然密切关联的程度大于分离的程度,一方面许多自然美学追随艺术,另一方面许多艺术又以自然作为最高标准。最后,任何艺术品都有自身发展的独立历史,并不是某一艺术家在特定历史时期制作出来的固定不变或永不过时的客体,在某种意义上讲无论艺术家还是鉴赏者并不对艺术品拥有决定性作用。

第二节　鉴赏者与艺术品

鉴赏者与艺术品的关系同样是审美范例的一种重要关系。人们或者强调了艺术品的重要性,或者强调了鉴赏者的重要性。其实没有艺术品,鉴赏者就丧失了鉴赏对象,而如果没有鉴赏者,艺术品严格来说就不成其为艺术品,因为艺术家只有在鉴赏艺术品时才能够使其成为真正的艺术家,而艺术品也只有在被鉴赏时才能成为真正的艺术品。虽然也有人强调艺术家在这种关系之中的重要影响,但事实上艺术家在这种关系之中是退居到极其次要的位置的,而鉴赏者与艺术品之间的关系才是其最为直接的关系。

一、艺术鉴赏的主要理论:移情说、距离说

人们总是将移情与距离作为两种对立的审美原则来看待。移情的特点被认为是消除了鉴赏者与艺术品之间的距离,而距离则是保持了鉴赏者与艺术品之间的距离。但是实际情况要比人们的论述复杂得多。其中移情是一种具有突出动态特征和主体色彩的积极审美方式,而距离则更像是一种类似消极的静态特征和非主体色彩的审美方式。移情与距离的区别同样是相对的。虚静的移情类似于距离,而距离同样无法彻底排除移情。

所谓移情在里普斯的论述之中是鉴赏者将自我融入审美对象之中,其审美欣赏的特征在于使人们感到审美愉快的自我与对象的对立消失了,自我与对象是高度融合的,不可分割的,甚至对象就是自我,自我就是对象。这个审美对象当然并不仅仅指艺术品,但是艺术品却显然是极其重要的一种审美对象。对于移情,人们总是存在片面的理解。

一是将移置的内容只是理解为情感,其实移情所移置的除了情感,还有心境,甚至生命的状态和境界。表面上看来,当年庄子与惠子关于鱼之乐的辩论,只是一种情感范畴的辩论,其实又何尝不是一种生命智慧的美学辩论呢?《庄子·秋水篇》有云:"庄子与惠子游于濠梁之上。庄子曰:'儵鱼出游从容,是鱼之乐也!'惠子曰:'子非鱼,安知鱼之乐?'庄子曰:'子非我,安知我不知

第六章　审美的艺术智慧

鱼之乐?"与其说庄子只是将其快乐的情感移置于鱼,不如说是将逍遥快乐的生命移置于鱼。如果说惠子是逻辑上的胜利者,是因为他成功地运用了逻辑学,采取了三段论,即只有鱼才知道自己快乐与否,庄子不是鱼,所以庄子不知道鱼之快乐与否。庄子也以逻辑上的三段论回敬惠子,即只有我才知道我知道或不知道鱼之快乐,惠子不是我,所以惠子不知道我知道或不知道鱼之快乐。与其说庄子是逻辑上的胜利者,还不如说是美学上的胜利者,因为惠子的观点符合生活的事实逻辑,庄子的认识则更合乎情感逻辑。

二是将移情方式只是理解为外置,而忽略了同样存在的内置。洛兹指出:"我们不仅把自己外射到树的形状里面去,享受幼芽发青伸展和柔条临风荡漾的那种快乐,而且还能把这类情感外射到无生命的事物里去,使它们具有意义。我们还用这类情感把本是一堆事物的建筑物变成一种活的物体,其中各部分俨然成为身体的四肢和躯干,使它现出一种内在的骨力,而且我们还把这种骨力移置到自己身上来。"①这就说明,所谓移情并不单单是将鉴赏者的情感外置于审美对象,同时还包括将审美对象内置于鉴赏者自我的内心活动之中。如果鉴赏者以类似迷狂的自我情感观赏审美对象,把自我情感移置于审美对象,这就会使审美对象拟人化,使审美对象成为鉴赏者情感的灌注物乃至载体;但是如果鉴赏者以虚静的心境观赏审美对象,将审美对象移置于自我精神世界之中,就会不知不觉地将自我物化为审美对象。前者就是王国维《人间词话》所谓"万物皆着我之色彩",后者就是庄子《齐物论》所谓"物化"。人们常常将带有强烈情感的移情看成是移情,而将没有以强烈自我情感灌注事物的虚静心境的移情排除在移情之外,但是徐复观阐述了不同的观点:"挟带感情以观物,固然有挟带感情之我在物里面;以虚静之心观物,依然有虚静的我在物里面。没有'悠然'的陶渊明,如何有'悠然见南山'的'悠然'之'见';没有'澹澹'、'悠悠'的元好问,如何会对'澹澹起'的寒波,'悠悠下'的白鸟感到兴趣,而收入为诗句。"②移情说的局限是不仅不能有效地区别自然与艺术品作为审美对象的差异,而且还不能全面地阐述移情之外置与内置的相对

---

① 转引自朱光潜:《西方美学史》下,人民文学出版社 1979 年版,第 600 页。
② 徐复观:《中国文学精神》,上海书店出版社 2004 年版,第 56 页。

性。即使所谓"登山则情满于山,观海则意溢于海"(刘勰《文心雕龙·神思》)所体现的移情,也并不仅仅是鉴赏者将自己的情感移置于审美对象,使审美对象成为鉴赏者情感的灌注物或承载体,同时还包括着审美对象内在化为审美者内心感受和心理反应的成分。移情常常是外置与内置同时进行,在外置的同时也存在着内置,在内置的同时也存在着外置。或者所谓外置同时就是内置,所谓内置同时也就是外置。移情说心理学层面的努力与描述,又使其暴露出哲学思辨的缺失。

移情说的突出缺陷,是不仅仅狭隘地理解了移情的内容与方式,还在于没有揭示出移情的形成条件,没有认识到鉴赏者是形成移情的根本原因,没有认识到鉴赏者甚至可以违背审美对象自身的特征而形成仅仅属于他自己的情感和生命的移置。如《淮南子·齐俗训》有云:"夫载哀者闻歌声而泣,载乐者见哭者而笑。哀可乐者,笑可哀者,载使然也。"移情说的缺陷还在于没有深刻认识到移情形成的心理条件尤其是心理结构的相似性以及同构关系。一般情况下,审美对象与鉴赏者结构上的同构关系似乎更有利于形成移情,如董仲舒有所谓:"人之形体,化天数而成。人的血气,化天地而仁。人之德行,化天理而义。人之好恶,化天之暖清。人之喜怒,化天之寒暑。人之受命,化天之四时。人生有喜怒哀乐之答,春夏秋冬之类也。喜,春之答也。怒,秋之答也。乐,夏之答也。哀,冬之答也。天之副在乎人,人之情性有由天者矣。"(《春秋繁露·为人者天》)这个被董仲舒与阿恩海姆细致描述过的道理,却被移情说忽视了。移情说忽视了移情所需要的生活体验基础。如果说开悟有解悟与证悟两种途径,那么对艺术品的认知有些像解悟,而对自然的付诸实践的觉悟则属于证悟范畴。但无论哪一种情形都并不仅仅是一种移情,最深刻的移情常常伴随着生命开悟同时进行。通常情况是依赖生活实践的证悟比依靠书本认识的解悟更加深刻,更加有价值。正如宗白华所说"现实生活中的体验和改造"其实也是移情的基础,并且"移易"与"移入"也有所不同。他举《伯牙水仙操》"序"的例子道:"伯牙学琴于成连,三年而成。至于精神寂寞,情之专一,未能得也。成连曰:'吾之学不能移人之情,吾师有方子春在东海中。'乃赍粮从之,至蓬莱山,留伯牙曰:'吾将迎吾师!'划船而去,旬日不返。伯牙心悲,延颈四望,但闻海水汩波,山林窅冥,群鸟悲号。仰天叹曰:'先生将移我情!'乃援琴而作歌云:'緊洞庭兮流斯护,舟楫逝兮仙不还,移形素兮蓬莱山,歆钦伤宫仙不还。"①显然是伯牙的生活遭际使其最大限度地获得了生命感悟,以及移情于自然事物的条件和机会。伯牙孤寂之中的悲叹,不仅是一种移情的发端,同时也是审美的开始乃至生命的开悟。

距离说的提出者是布洛。心理距离说声称适意是一种无距离的快感,而美就其最为广义的审美价值而言则是一种距离。布洛的距离说确实揭示了一种审美规律,甚至成为人们衡量是否获得无利害态度的准则。在布洛看来,与审美对象保持恰当距离是形成审美的基本原则和条件,保持恰当审美心理距离是产生审美快感的心理基础。游九功有诗云:"烟翠松林碧玉湾,卷帘波影动清寒。住山未必知山好,却是行人仔细看。"长期居住在那里的人们常常计较维持生存所必需的生活资料,所以对风景视而不见,因为好看的风景并不能直接作为饭吃。但那些酒足饭饱的人们却往往舍弃这种直接功利目的,因而他们能真正发现美。如果人们用现实态度和功利目的鉴赏《奥赛罗》,常常会因这种利害关系影响对艺术品客观、冷静的鉴赏,常常会使那些本来存在种族歧视意识的观众,因为白人女子被黑人男子所杀而激起更加偏激的种族歧视,会使本来戴有"绿帽子"但对妻子敢怒而不敢言的男子,因为妻子被杀而深感快意。如果确实有这种现象发生,那么保持一定审美心理距离显然是必要的。但是我们看到,并不是只有心理距离才是必要的,某种程度的空间距离与时间距离同样能够产生审美快感。如古代女诗人郭六芳所谓"侬家家住两湖东,十二珠帘夕阳红。今日忽从江上望,始知家在画图中",苏轼所谓"近看成岭侧成峰,远近高低各不同。不识庐山真面目,只缘身在此山中",其实就揭示了空间距离的必要性。另外,如朱光潜《谈美》所言,卓文君私奔在当时应该是失节,是一件"秽行丑迹",但由于时间距离,至今天则发展成为情史佳话。②许多历史人物在当时默默无闻,后来却赢得了人们的敬仰,有相当一部分就是因为这种原因。距离说的主要贡献在于实现了无利害理论由认识论向心理学的重要转变,把艺术提高到了超出自我个人利害的狭隘范围,有助于提高人们

---

① 宗白华:《美学散步》,上海人民出版社 1981 年版,第 16—17 页。
② 朱光潜:《谈美·谈文学》,人民文学出版社 1988 年版,第 19 页。

的感知水平和艺术鉴赏能力。

康德审美无利害观念总受到一些实用主义美学家的批评和责难。这是因为所谓利害关系常常涉及理论和实际两种形态。前者只是一种隐含在现象之中的利害关系,后者则直接地甚至明确地体现为功利目的。但也有其相同之处,不仅理论的利害关系不能建立在虚幻、想象和错误认同的基础上,而且实际的利害关系也不能建立在虚无的对象之上,它们无一例外地体现为快感,只是理论的利害关系更多地涉及精神层面,而实际的利害关系主要满足物质层面的欲望,但这并不是完全绝对的。审美无利害说的特点在于将无其他目的和欲望,仅为满足审美欲望而获得的快感作为审美快感。但这种无利害其实仅仅是瞬间感受,因为在审美活动之前或之后的较长时间仍然无法避免地存在着利害关系。审美活动之前的审美趣味和审美经验,以及审美活动之后所形成的更新审美经验与趣味的存在本身就证明了这一点。

布洛距离说常常会遇到这样两种情况:一是导致通过审美对象来识别审美体验,又通过审美体验来认同审美对象的循环解释现象;二是存在特殊情况特殊对待,缺乏审美判断和审美趣味的同一性准则。其明显缺陷还在于模糊了对自然与艺术品鉴赏的实际区别。其实最理想的审美心理距离表现在对自然的鉴赏之中,而不是在对艺术品的鉴赏之中。但对自然的鉴赏常常涉及空间距离而不是心理距离。因为对自然的鉴赏有时存在一定安全隐患,对艺术品的鉴赏则没有这种隐患。布洛距离说的缺陷在于把对自然的实际空间距离与对艺术品的心理距离常常混为一谈,而且一并冠之以心理距离。他还将对艺术品的现实态度作为审美活动中审美者与审美对象未能保持一定心理距离乃至导致审美偏差甚至失误的主要原因。在他看来,对艺术品鉴赏的实际生活态度常常是以一定功利目的为特征的,这就造成了将实际生活态度与审美态度相对立的情形。其实完全超越了实际欲望满足的纯粹审美是微乎其微的。如果说审美能够有效地化解鉴赏者与审美对象之间的对立与矛盾而超出和谐境界,那么这种调和显然就是一种功利满足,至于审美所具有的所谓净化作用,仍然清楚地表露出功利性。如阿多诺所说:"审美的无利害性,使利害关系超出特殊性。客观而论,在构成审美整体性的过程中,利害关系引发出一种在社会整体的适当安排中的利害关系。总之,审美兴趣之目的不在于某种特殊的满足,而在于无限可能性的实现,但若无特殊的满足,后者也就无从谈起了。"①

对事物的感知,不仅包括观察,而且意味着将对象视为何物。一般情况下,任何对象,只要人们用审美眼光来感知和审视,它就毫无疑问地会成为审美对象;相反,如果用实用眼光来看待,它就成为实用工具或材料。无论自然还是艺术品同样存在这种现象。但有些审美对象在特定环境下总是体现其审美属性,而在另外环境下则主要体现其实用属性。一般情况下直接专注于审美对象的感知是审美态度,而关注于其起因乃至后果的感知则可能是实用态度,但是不能一概而论。所有这些,都使这一问题显得异常复杂,乃至难以进行清晰论述。不能清楚阐述审美关系,是距离说的又一缺陷。距离说还有一个缺陷是不能清楚界定适度距离之度。如果将距离看成鉴赏者投入状态与无利害性的结合体,那么鉴赏者缺乏必要的投入状态就是距离过远;鉴赏者过度投入就是所谓距离过近。距离的适度,并不仅仅取决于鉴赏者的投入态度,而且取决于审美对象的性质,但是难以找到唯一确定的度,审美距离常常因鉴赏者而异,因审美对象而异,缺乏应有的同一性标准。因而布洛虽然完成了认识论到心理学的转变,但未能从根本上改变距离说模糊不清的缺憾。由于距离说并不能清楚阐述审美对象作为自然存在物与艺术品的区别,以及审美心理距离与实际距离如时间和空间距离之间的复杂关系,而不能很好地阐述审美心理规律,至少未能深刻地揭示出审美心理的特殊规律。

二、艺术鉴赏的基本特征:阐释与反阐释

艺术鉴赏的基本功能常常被认为是对艺术家创作意图的阐释。艺术品的永恒意义是而且只能是艺术家的创作意图,而不是其他东西。最为常见的想法,自然是通过艺术品来推测艺术家的意图。所谓创作意图,是艺术家心目中的构思或计划,与艺术家对艺术品的态度,以及他的创作动机和感知方式等等有着一定亲缘关系。但由于种种原因,艺术品并不一定能完全表现艺术家的意图,人们也并不一定能正确推测出艺术家的意图。一是人们无法将有些艺术品归之于某一特定艺术家,其创作意图对艺术品来说并不确切。有些艺术

---

① 阿多诺:《美学理论》,四川人民出版社 1998 年版,第 20 页。

品是由众多艺术家长期合作,集体创作而成,并不是由唯一艺术家创作出来。有些艺术品虽然由某一特定艺术家独立完成,但其创作意图并不明确,甚至模糊不清。即使有清晰意图,但他所知道的仅仅是创作意图的意识层面,对更深刻、直接的无意识层面的意图则无法清楚知道。二是所有艺术品都是技巧的产物,艺术家为了获得成功,常常借助想象力的自由运用和审美意象的丰富显现,常常使人们联想到许多思想,但由于没有明确思想意图,以及没有与之完全贴切的语言来准确表达,总是显得并不完全明白易懂,有时甚至为了制造朦胧的审美效果还故意闪烁其词,使艺术品变得扑朔迷离,模棱两可。三是即使有些艺术家常常乐意明白地告诉人们他的创作意图,但并不能够排除其不善言辞,甚至词不达意的可能,而且也无法肯定他的申明就没有任何人为装饰或故作姿态的可能。这就决定了人们对艺术家创作意图的推测必须建立在种种可能性的基础上,虽然这些可能性通常比推测略微可靠些,但如果人们的鉴赏全然依赖这些信息,则势必使诸多艺术品由于对艺术家的知之不多和证据不足而变得不可理解。

总之,尽管人们寄希望于通过艺术品来认识艺术家及其创作意图,但认识艺术家的创作意图与认识艺术品从来就不是一回事情。那种将艺术家的创作意图与人们的阐释等同起来的做法显然是错误的。因为我们既不能保证艺术家的所有创作意图都能够获得全面准确明白的表达,也不能保证艺术品所表达出来的所有思想信息仅限于创作意图。艺术品的意义常常取决于艺术家的意图意义、艺术品的意象意义和鉴赏者的理解意义三个方面,而且常常由于艺术品的生命力、艺术品意义的无限性,以及人们阐释艺术品时所采用的多种方式而具有极其丰富的意义。因而尽管人们总是理想地认为对一部艺术品应该只有一个正确阐释,但实际情况是,所有对艺术品的阐释只能是历史的匆匆过客,没有一种阐释会是至高无上或唯一正确的终极阐释。最正确的阐释只能是最能够涵盖一切阐释的阐释。即使如此,这种阐释仍然是不可靠的,因为涵盖一切阐释的阐释总是存在推测和选择的嫌疑。虽然人们总是力图通过各种方式和途径获得关于艺术家的最为全面、准确和明白的阐释,但最终所获得的绝大多数阐释只能是一种意图误置。这种意图误置虽然不是鉴赏者的本意,但却是不得已的现象。追求准确阐释艺术家创作意图的努力,只能是一种徒劳无益、自欺欺人的美丽神话,虽然从过去到现在总有人在不遗余力地奋斗着,但到头来都只能是一种借助艺术家的死魂灵而自我言说的伎俩。如果用这种自欺欺人的阐释来欺骗并强制人们必须心悦诚服地接受,就是一种不文明甚至不道德的行为。但这种一劳永逸的行为却在日益严峻的应试之中发挥着异乎寻常的功效,甚至具有了超出阐释本身的政治和经济价值。

对艺术家创作意图的阐释,无论其结果正确还是意图误置,其根源是尊重了艺术家对艺术品的统治权力,而将鉴赏者仅仅看成了艺术家意图密码的破译者。这种迷信和膜拜艺术家的阐释行为后来便受到人们的质疑乃至否定。而对这种阐释的否定常常是从否定艺术家和肯定鉴赏者的中心地位开始的。人们总是将艺术家的死亡与鉴赏者的诞生相提并论,甚至以艺术家的死亡来换取鉴赏者的诞生。在福柯等人看来,古代的艺术品是没有具名的艺术家的,只是近代以来对著作权以及某种社会财产的重视,才使艺术家被个人化,乃至在此基础上建立了以艺术家为中心的鉴赏模式。现代社会的艺术创作已经摆脱了"表现"的必然性,其本质不是与创作行为有关的崇高情感,也不是将某个主体嵌入艺术语言,而是由能指本身的性质所支配的创造开局;艺术创作同时还与奉献和奉献生命本身联系在一起,它故意取消在艺术品中不需要再现的自我,而使艺术品在有责任创造不朽的地方获得杀死艺术家的权力或成为艺术家的谋杀者,而且艺术家在他自己与艺术品之间产生的矛盾和对抗中取消了独特的个人标志,所有这些都导致了艺术家的消失。罗兰·巴特甚至更加明确地指出:传统的以艺术家为中心的艺术研究是把艺术当做艺术家自我及其生活的表现,而艺术创作其实是非个人化的,只是一种单纯的语言活动。艺术品是由各种引证组成的编织物,它们来自文化的成千上万个源点。他认为:"一个文本是由多种写作构成的,这些写作源自多种文化并相互对话、相互滑稽模仿和相互争执;但是,这种多重性却汇聚在一处,这一处不是至今人们所说的作者,而是读者:读者是构成写作的所有引证部分得以驻足的空间,无一例外。"①罗兰·巴特是以宣判作者乃至艺术家的死亡来换取读者乃至鉴

---

① 罗兰·巴特:《作者的死亡》,选自《罗兰·巴特随笔选》,百花文艺出版社 2005 年版,第301 页。

赏者的诞生的。并且由于这种对作者、艺术家的死亡宣判,颇有说服力地抬高了读者乃至鉴赏者的中心地位。接受美学虽然没有宣布艺术家的死亡,但是他们显然赋予了读者和鉴赏者以接受活动的中心地位,把读者和鉴赏者看成了艺术活动的最后决定因素。读者乃至鉴赏者不再是艺术信息的被动接受者,而是积极创造者,他们常常在对艺术空白的填补和具体化的过程之中创造出更加丰富的意义,甚至远远超过了艺术品本身的意义范畴。他们不再如履薄冰地停留在阐释艺术家创作意图的范畴之中,而是将明显具有创造性误读性质的阐释看成艺术品意义得以产生的基本方式,并且认为正是由于他们的能动创造才使艺术品获得了永恒的生命力。至桑塔格甚至明确反对阐释,不仅否定艺术品的客观意义,认为传统的阐释方法追求确定性与透明性,但艺术存在本身就是反对阐释的。真正的阐释应该是对艺术品的一种修改和解放。宣告艺术家的死亡以及张扬鉴赏者能动创造地位的观点的最为有效的意义,在于最大限度地将鉴赏者从艺术家死魂灵的笼罩之中解放了出来,但也不免陷入另一个盲目创造与肆意颠覆的怪圈之中。这可能导致另外一种徒劳无益和自欺欺人的鉴赏行为。

第三节　艺术家与鉴赏者

艺术家与鉴赏者的关系是以艺术品为纽带的关系。他们的关系基础应该是审美活动。艺术家的作用在于审美传达,而鉴赏者的价值在于审美接受。正是这种传达与接受的活动将两者有机地联系了起来,但这种联系在其具体表现之中总是不时地超出自身的范畴,走向更加遥远的地带。

一、艺术家与鉴赏者关系的主要理论:主体间性论

审美活动将艺术家与鉴赏者有机地联系了起来。从最基本的信息流通来看,艺术家是言者,鉴赏者则是听者,艺术家是审美信息的发出者,鉴赏者是审美信息的接受者。他们通过艺术品,在特定语境之中完成着相互之间沟通与交流的目的和任务。但艺术家与鉴赏者之间常常超出具体艺术品限制的关系

同样重要。

其一，从生产与消费的关系看艺术家与鉴赏者之间关系的主体间性。艺术家无疑是艺术生产者，而鉴赏者显然是艺术消费者。既然艺术生产受生产普遍规律的制约，自然也受生产与消费的普遍规律的制约，并且因此而显示出作为一般生产的共同规定性。马克思有这样一段论述："生产直接是消费，消费直接是生产。每一方直接是它的对方。可是同时在两者之间存在着一种中介运动。生产中介着消费，它创造出消费的材料，没有生产，消费就没有对象。但是消费也中介着生产，因为正是消费替产品创造了主体，产品对这个主体才是产品。产品在消费中才得到最后完成。"①具体来说，可引申为：一方面艺术消费生产着艺术生产。在艺术消费中艺术品才成为现实作品。艺术品不同于自然对象，其只在艺术消费中才证实其为艺术品。如一件衣服由于穿的行为才现实地成为衣服；一间房屋无人居住，事实上就不成其为现实的房屋，而衣服和房屋本身就分别是服饰艺术和建筑艺术。艺术品之所以是艺术品，不是它作为物化了的活动，而是它作为活动着的主体的对象，所以说艺术消费替艺术品创造了主体，正是在消费中艺术品才最后完成。艺术消费创造出新的艺术生产的需要，因而是创造出艺术生产的观念上的内在动机，而这种内在动机显然是艺术生产的前提。艺术消费在观念上提出把艺术生产的对象作为内心意象，作为需要、动力和目的。因而，艺术消费生产出生产者的素质。另一方面艺术生产生产着艺术消费。艺术生产为艺术消费创造材料；艺术生产决定艺术消费的方式，如与用刀叉或手解除饥饿有所不同一样，音乐和绘画也决定着艺术消费必然分别用听觉或视觉的感官来消费；艺术生产靠它起初当做对象生产出来的产品在消费者身上引起需要，生产消费的动力。艺术消费本身作为动力是靠对象作媒介的。艺术消费对于作为对象的艺术品所感到的需要，是由作为对象的艺术品的知觉所决定的。同样，艺术生产生产出消费者的素质。马克思有所谓："艺术对象创造出懂得艺术和具有审美能力的大众。"②艺术消费与艺术生产还存在同一性。

---

① 《马克思恩格斯选集》第2卷，人民出版社1995年版，第9页。
② 同上书，第10页。

其二，从召唤与应答的交往关系看艺术家与鉴赏者之间关系的主体间性。绝大多数艺术家创作的终极目的不是为束之高阁，而是为了赢得鉴赏者的回应、承认乃至赞许。艺术家以赢得鉴赏者的回应、承认与赞许而成其为艺术家，鉴赏者也以接受了艺术家的召唤、吁求和默会而成其为鉴赏者。萨特就有类似的看法："阅读是作者与读者之间的一个慷慨大度的契约"，并且"建立了一种辩证的交往关系：当我阅读时，我提出要求；如果我的要求得到满足，我继续往下念，这引起我对作者提出了更多的要求，那就是说要求作者对我提出更高的要求。反过来也如此，作者对我的要求是要我把我的要求提高到最高的程度。就这样，我的自由通过自身的展示，也展示了别人的自由"。① 审美交往是艺术家与鉴赏者借助艺术品的纽带而进行的对话交流，是依赖艺术家的艺术品创造与鉴赏者的艺术品再创造而完成的。其中艺术家的艺术创造依赖鉴赏者的评价获得自我认同，鉴赏者的评价也依靠艺术家的赞许获得自我认同。正是这种相互对话与交流所达到的既保持相应距离，又最大限度的相互承认、认可和赞许的关系构成了艺术家与鉴赏者关系的基础。俞伯牙与钟子期的故事典型地体现了相互认同关系的实质。据《吕氏春秋》载："伯牙鼓琴，钟子期听之。方鼓琴而志在太山，钟子期曰：'善哉乎鼓琴，巍巍乎若太山。'少选之间，而志在流水，钟子期又曰：'善哉乎鼓琴，汤汤乎若流水。'钟子期死，伯牙破琴绝弦，终身不复鼓琴，以为世无足复为鼓琴者。"（《吕氏春秋·孝行览》）在艺术家与鉴赏者的这种关系之中，无论艺术家还是鉴赏者，都不是被动接受的客体，而是主动发生影响和作用的主体，双方都以自己的主体方式对对方产生着深刻影响，并且共同地遵循着某种相互认同的同一性原则，建立了某种互为主体的双向互动关系。正是基于互为主体的双向互动，以及主体间性关系之上的同一性使艺术家与鉴赏者处于更和谐的关系之中。

事实上，艺术家与鉴赏者之间的主体间性关系常常涉及两种内在关系，即艺术家与艺术品之间的主体间性关系，鉴赏者与艺术品之间的主体间性关系。如苏轼《琴诗》云："若言琴上有琴声，放在匣里何不鸣？若言声在指头上，何

① 萨特：《为何写作》，选自《西方文艺理论名著选编》下，北京大学出版社 1997 年版，第 105—106 页。

不于君指上听?"这首诗所揭示的实际上就是艺术家与艺术品之间的主体间性关系。另外如王阳明所说:"你未看此花时,此花同汝心同归于寂,你来看此花时,则此花颜色一时明白起来,便知此花不在你的心外。"①可以看成是鉴赏者与艺术品之间主体间性关系的体现。但无论艺术家与艺术品的主体间性关系,还是鉴赏者与艺术品之间的主体间性关系,归根结底是艺术家与鉴赏者之间的主体间性关系,因为艺术品只是这种主体间性关系的中介点。

形成艺术家与鉴赏者主体间性论的哲学基础是现象学。现象学认为:人们所经验的世界并不是感知主体个人综合的产物,而是一个外在于感知主体的世界。这个世界本质上是胡塞尔所说的"互为主体的世界"。在审美感知之中,艺术家与鉴赏者处于一个互为主体的共同体之中。在这里,包括艺术家与鉴赏者在内的每个人都是感知和经验的主体,都有自己的感知经验,都以自己的感知经验在自我之中经验和认识着感知对象,并使感知对象得以构造和共现地映现出来,也同时使自我在感知对象的自我之中被构造和共现地映现出来。也就是在互为主体的世界之中,无论艺术家还是鉴赏者都是能够感知和经验,也能够被感知和经验的主体。鉴赏者一方面以艺术家的艺术意志为转移,使艺术家比平时任何时候都享有了对鉴赏者至高无上的权力与自由;但另一方面,鉴赏者似乎又并不以艺术家的艺术意志为转移,使艺术家总是俯首听命于其因果律和必然律。艺术家对鉴赏者的绝对权力与鉴赏者对艺术家的绝对权力常常达到了空前的和谐与统一。在这里,鉴赏者存在于艺术家之中,艺术家存在于鉴赏者之中,甚至出现于其中的一切都既是审美主体,又是审美客体,而且没有一种是真正被动的客体,每一种都以主体方式处于极度亢奋的参与互动状态。在艺术家与鉴赏者的这个关系之中,无论具有诱发力的鉴赏者还是艺术家,其实都是主体,它们之间关系的实质仍然是主体间性。与其说是艺术家在其鉴赏者之中获取他所赋予的心灵介入要素,不如说是其心灵之中构造鉴赏者,如胡塞尔所说"他人在我之中被构造为他人"②。如果艺术家对审美体验的本体感悟超越了单纯的审美范畴,达到了更加广阔的感知和体

---

① 《王阳明全集》第 1 卷,红旗出版社 1996 年版,第 112 页。
② 胡塞尔:《生活世界现象学》,上海译文出版社 2002 年版,第 193 页。

164

验领域，实际上就能够通过对人类感知和体验方式的整体感悟达到对人类生命的整体感悟境界。

可见，艺术家与鉴赏者互为主体性和主体间性是艺术家与鉴赏者关系的基本形态，艺术家与鉴赏者之间和谐关系的实质是建立在互为主体性基础上的主体间性。正是这种双向互动、互为主体乃至主体间性构成了关系的基础。艺术家与鉴赏者之间关系的实质归根结底不是双向互动，也不是互为主体，而是主体间性，即艺术家与鉴赏者都存在于艺术家或者鉴赏者的主体之中。存在于艺术家心目之中的鉴赏者，人们常常称之为隐含读者或理想读者；存在于鉴赏者心目之中的艺术家，又通常称之为隐含作者或理想作者。这说明，无论艺术家还是鉴赏者，其实在其心理世界之中都存在着两个主体，即艺术家与隐含读者，或鉴赏者与隐含作者。拉康揭示了艺术家与鉴赏者主体间性关系的实质。艺术家与鉴赏者都是通过这些承认和赞许所体现的公众欲望得到了这种欲望的价值和意义，并且有意识或无意识地将其作为自我原始欲望的。在拉康看来，人的欲望是在他人的欲望里得到其意义。这不是因为他人控制着他想要的东西，而是因为他的首要目的是让他人承认他。任何言谈者即使独白都包含了一个听话人，"言谈者在其中构作成主体间性"①。作为一个以艺术创作方式进行言谈的艺术家，与作为一个以艺术接受方式进行言谈的鉴赏者，正是在其言谈的主体间性的延续中实现其赢得对方承认乃至赞许的目的。在作为言谈者的艺术家或鉴赏者的自我构成之中，除了言谈的自我这一主体，还包含为其提供无意识原始欲望的听话人这另一主体。这二者之间相互影响的关系，其实就是作为言谈者的艺术家或鉴赏者主体间性的实际内容。这个存在于艺术家与鉴赏者自我构成之中的作为听话人的他人或说话人的他人并不是一个被动的客体，而是对艺术家或鉴赏者提供无意识原始欲望的主体，这就是拉康所谓"无意识是他人的话语"、"人的欲望就是他人的欲望"。② 正是艺术家与鉴赏者所构成的二者之间的主体间性构成了这种关系的基础。庄子

① 拉康：《精神分析学中的言语和语言的作用和领域》，选自《拉康选集》，上海三联书店2001年版，第278页。

② 拉康：《主体的倾覆和在弗洛伊德无意识中的欲望的辩证法》，选自《拉康选集》，上海三联书店2001年版，第625页。

第六章　审美的艺术智慧

这样一段话充分说明了艺术家与鉴赏者主体间性关系的内在实质:"昔者庄周梦为胡蝶,栩栩然胡蝶也,自喻适志欤! 不知周也。俄然觉,则蘧蘧然周也。不知周之梦为胡蝶欤,胡蝶梦为周欤? 周与胡蝶,则必有分矣。此之谓物化。"(《庄子·齐物论》)如果说庄子的这段文字体现了艺术家与鉴赏者之间主体间性关系的内在实质,那么卞之琳《断章》则更加鲜明地揭示了艺术家与鉴赏者主体间性关系的外在表征。其诗云:"你站在桥上看风景,看风景的人在楼上看你。明月装饰了你的窗子,你装饰了别人的梦。"

　　主体间性论关于主体间关系的阐释,有其深刻之处,但也存在一些缺憾。这些缺憾之中最为突出的是,没有深入细致地揭示主体间性关系的具体情形,仍然有些模糊不清,甚至有些似是而非。艺术家与其艺术品、鉴赏者与其艺术品,乃至艺术家或鉴赏者与一切审美对象之间主体间性关系的相同与差异,艺术家或鉴赏者与艺术品或自然美之间主体间性关系的差异等,似乎并没有得到清晰的阐述,甚至有些模糊了自然美与艺术美之间的界限,以及艺术家与其艺术品或审美对象之间差异的情形。另外主体间性论也没有很好地阐明艺术家与鉴赏者关系的复杂性,似乎只是较好地揭示了二者之间的和谐关系,而对于对立关系的描述显得尤其薄弱。

二、艺术家与鉴赏者关系的主要特征:和谐与对立

　　艺术家在创造艺术品的同时,也创造着他们所需要的鉴赏者,鉴赏者在鉴赏艺术品的同时,也创造着他们所需要的艺术家。构成他们关系的基础,除了生产与消费的关系之外,主要还是审美传达与接受的关系。他们的和谐关系常常建立在共同的文化传统、审美期待以及审美趣味的基础之上。艺术家在创造艺术品时常常创造出自己所预设的理想鉴赏者或所谓隐含读者,而鉴赏者在鉴赏艺术品时也总是构想出自己的艺术家及其人格形象,也就是所谓隐含作者。尽管这种相互预设和构想的艺术家与鉴赏者可能并不一定与现实的艺术家和鉴赏者完全相符,而且也总是随着时间与语境的变化而变化,但所有这些并不能从根本上动摇其和谐关系的基础。因为他们共同的文化基础造就了几乎相同的审美趣味与审美期待。尽管这种共同的基础常常不能脱离艺术品,但也不会仅限于艺术品。在这种共同的文化基础之中,艺术家并不以现实

的人格,而是以艺术家的人格与鉴赏者谋面,但这个艺术家的人格常常以独特个人魅力影响着鉴赏者。严格来说,这种个性化总是以共同文化传统为基础。鉴赏者虽然也总是体现出个性化的色彩,但他们也常常在特定语境之中聚合成为超越具体艺术品的鉴赏者群体。艺术家与鉴赏者正是依赖他们所构成的共同体以及和谐关系实现其共同的艺术期待和审美期待。艺术家的权威在于使审美体验成为可能,鉴赏者的任务是让更多的人感受或接近与艺术品相称的审美体验。

艺术家与鉴赏者的关系并不总是和谐的,有时候还十分紧张。虽然艺术家似乎总是需要鉴赏者,但有时候也绝不一味地迎合鉴赏者,有时甚至故意制造期待遇挫,以显示其卓尔不群的艺术家风范,并最大限度地增强其艺术感染力;鉴赏者在期待从艺术家及其艺术品那里获得一种启迪或慰藉的同时,也总是不可避免地怀有某种程度的失望与不满。与设法满足鉴赏者的审美需要相比,艺术家尤其是先锋艺术家似乎更重视更新鉴赏者的期待视界,甚至在与鉴赏者的审美观念发生冲突时,不仅不愿意附和鉴赏者,而且总是将自己装扮为人类新范式的创立者;鉴赏者作为审美快感的体验者,同时又总是以自己的审美趣味作为标准,乃至在大众化过程之中总是以低俗甚至庸俗的审美趣味践踏着至高无上的审美权威性。艺术家与鉴赏者紧张关系的实质在于都希望对对方拥有控制权。艺术家与鉴赏者紧张关系的极端发展,常常导致这样两个矛盾和对立的阵营:艺术家厌恶批评家,而批评家却常常看不起艺术家。艺术家常常依赖个人的创造天赋以及个性,往往把美学看成艺术的次要形式,甚至无视审美原理的价值,以尽可能突破这些原理的束缚为乐趣;批评家则主要依赖日积月累的审美原理以及学理基础,往往将美学看成一种批评活动,总是运用某种原理寻求着鉴赏和批评的途径。其实,无论艺术家还是鉴赏者,如果极端发展,都不是尽善尽美的。艺术家之创作常常能够见出生命的真如本性和生活情态,但不免肤浅与重复;批评家之批评虽然显示出知识的渊博与学理的严密,但常常不可避免地陷入吊书袋的泥坑,难以见其真实情性。

艺术家与鉴赏者既存在以艺术品为媒介的间接关系,又存在某种直接关系。无论他们之间的关系是和谐的还是紧张的,总是休现为主体间性关系。在这种关系之中,艺术家是鉴赏者的艺术家,鉴赏者也是艺术家的鉴赏者。构成他们关系的基础是哲学层面的共同精神,是心理学层面的共同集体无意识。艺术赞助在艺术发展史上也起着联系艺术家与鉴赏者的作用:艺术赞助在为艺术家提供经济保障的同时,也常常影响艺术家的创造活动。艺术家总是依照赞助人的委托开展工作,且体现其一定的艺术意志,至少要起到展示财富和影响的目的,因而艺术家所创造的艺术品总是不同程度地承载着赞助人的某些或显或隐的信息。在这种情况下赞助人实际上已经参与了艺术品的创造,至少是间接地参与了艺术品的创造。但赞助人毕竟是一个鉴赏者,虽然他们永远不可能使艺术创造完全体现其所要求的工作,但他们所表现出来的要求公开展示其鉴赏力,作为人们一直赞许或讥笑对象的事实总是客观存在的。因为艺术家为了满足提供赞助的鉴赏者,在尽可能展示其作为艺术家的个性特征的同时,总是要考虑到赞助人的需要,必须尽可能符合其需求并为其所理解。艺术家与鉴赏者是以不言而喻的方式相互界定的,可以说艺术家与鉴赏者共同创立了艺术界,艺术界为艺术创造提供了尝试的诸多可能性,但同时也制造了成功与失败的可能性。

第七章

美学的生命智慧

第一节　西方美学的生命智慧

在人类的生命历程之中,青年时代血气方刚,生命力旺盛,往往显示出强烈的扩张欲望和外向型性格,乃至最容易产生以自我为中心的偏激观念。整个西方文化包括西方美学在内就是这种具有青年时代性质的文化。西方美学是具有人类青年时代特征的外向扩张型美学。这种美学的优势在于充满生命的激情与扩张欲望,但也不免显得偏激乃至近乎粗暴。西方美学经过漫长的历史发展,积累了较为丰富的生命智慧,主要表现在弘扬审美的自我解放意识、社会批判精神和自然协同观念。

一、裸露与展示自我的解放意识

人类生来并不自由,也不是纯粹主体,只要作为人而生存,就必然受到来自自我本体的有意识或无意识内在本能的驱使,受到外在于自我的自在存在的外界的制约,受到来自人类自身创造的自为存在的文明的驯化,并且在三者的共同控制和奴役之下被奴化乃至异化为真正意义的异化主体。西方美学对此有深入认识。在他们看米,审美的首要功能就在于能够将人类的自我从本能、外界和文明的束缚之中解放出来,实现对于自我的解禁、敞开、释放、裸露和展示,而且常常达到极致。在海德格尔看来,遮蔽既可能是一种拒绝,也可能是一种伪装,而审美的功能在于解蔽,他明确指出:"美是作为无蔽的真理的一种现身方式。"①审美是人们企图解禁、敞开、释放、裸露和展示自我的一种方式,马斯洛甚至把审美的高峰体验"理解为行动的完成,或格式塔心理学的闭合,或赖希式的最大的情欲高潮,是彻底的释能和宣泄,是高潮,是完美极致,是泄空,是完结"。②

　　所谓审美主体只是一种形而上学的虚构,真正的审美主体并不存在。现实存在的审美主体都是被本能驱使和奴役的异化主体。因为人类作为有生命的存在物,其实是各种愿望、欲望、生命等本能冲动的集合体,正是由于各种本能欲望的驱使使人类从来就不是自由的,而是被奴化的。在西方美学看来,审美的功能之一就是将审美主体从上述本能欲望的驱使、奴役和异化中解放出来使其成为纯粹主体。虽然肉体是人类生命的载体,没有肉体生命,就不会有人类生命存在,但肉体乃至为了维持肉体生命存在必须满足的生理本能需要又常常是人类异化的根源。人类为了维持肉体生命的存在,就必须使其生命囿于粗陋的功利需要,被本能欲望所主宰和奴役,其审美主体也就只能是异化主体,不可能是纯粹主体。审美由于并不过分直接关乎功利需要,常常能使审美主体在对客体的纯粹观审即所谓审美直观中彻底或暂时忘却自我的存在,使其从本能欲望的驱使、奴役和异化之中解放出来,由异化主体提升为纯粹主体。黑格尔指出:"审美带有令人解放的性质,它让对象保持它的自由和无限,不把它作为有利于有限需要和意图的工具而起占有欲和加以利用。"③叔本华也认为审美快感的特征就在于使"认识从意志的奴役之下解放出来,忘记作为个体人的自我和意志也上升为纯粹的,不带意志的,超乎时间的,在一切相对关系之外的认识之主体"。④ 尼采虽然明确指出审美的意义在于权力

---

　　① 海德格尔:《艺术作品的本源》,选自《海德格尔选集》上,上海三联书店1996年版,第276页。

　　② 马斯洛:《论高峰体验》,选自《西方二十世纪文论选》第1卷,中国社会科学出版社1989年版,第292页。

　　③ 黑格尔:《美学》第1卷,商务印书馆1979年版,第147页。

　　④ 叔本华:《作为意志和表象的世界》,商务印书馆1982年版,第278页。

意志,但也认为"一切现象若在无意志的状况下来观察似乎都是美的"。① 可见审美主体如果真正忘却自我,摆脱本能控制和奴役,就能够最大限度地发现美的事物,获得审美解放。

审美主体除了受自我本能的驱使和奴役,还受外在于自我的自在存在的外界及其力量的控制和奴役。这种外界力量以非人为创造的特征存在,或直接作为一种外在的强制性力量束缚和奴役审美主体,或内化于审美主体的本能需要之中作为一种内在本能控制和奴役审美主体,使其由于不能全面占有自己的感觉、情感和思维等本质而异化。因为其他人类生命活动尤其是科学活动必须充分尊重外界力量,谁正确揭示了外界的客观规律,完全体现了外界意志,谁就拥有了至高无上的权力话语;谁如果无视外界的存在,或不能正确体现外界的意志和规律,谁就丧失了基本话语权。审美则是自由的主体性生命活动,不仅人类作为生命存在物都是审美主体,而且每个审美主体的主观趣味都是审美的最后标准。任何审美主体都拥有根据自己主观趣味乃至本能欲望建构其审美话语的基本均等的话语权。正是审美的这种主体性,能够使人类最大限度地摆脱私有财产以及以此为基础形成的物质世界和社会政治环境等外界力量对自身的统治和奴役,使人类从其控制和奴役中从解放出来,由被外界奴役的异化主体提升为纯粹主体。席勒认为:唯独审美的训练能够将人们的心绪引向不受任何限制的境界,也"只有在审美状态中,我们才觉得我们像是脱开了时间,我们的人性纯洁地、完整地表现了出来,仿佛它还没有由于外在力的影响而受到任何损害"②。

虽然人类创造的诸如国家、上帝、教会、人和财产等所谓文明是把自己的本质力量转移给创造物,是人类本能活动尤其是本能欲望升华的产物,但这种文明一旦独立存在,就作为一种异己力量对人类的生存构成一种束缚,且转移得愈多,升华得愈高级,人类就愈依赖于这些创造物,愈使自己在商品拜物教乃至偶像崇拜中被异化为创造物的奴隶。在卢卡奇看来,在发达商品经济条件下,人类活动的结果或人的创造物往往变成某种自律的并反过来统治和支

---

① 尼采:《权力意志》,中央编译出版社 2000 年版,第 122 页。
② 席勒:《审美教育书简》,上海人民出版社 2003 年版,第 172 页。

配人的力量。这就是资本主义社会特有的商品拜物现象和物化即异化现象。它使商品结构中物的关系掩盖了人的关系，或者说使人的关系变成了一种物的关系。卢卡奇指出："人自身的活动，他自己的劳动变成了客观的、不以自己的意志为转移的东西，变成了依靠背离人的自律力而控制了人的某种东西。"①弗洛伊德也有类似看法。在他看来，文明常常以求同或超我的方式行使着控制和监督主体的功能，而这种控制和监督必然表现为对审美主体自我尤其是本能的控制、压抑和监督。文明常常将利己欲望视为受监控的东西，而仅仅将利他看成文明行为，这必然导致对本能的牺牲和压抑。"文明除了牺牲性的满足，还要求作出其他牺牲"。② 马尔库塞将文明区分为压抑性文明与非压抑性文明，但他并不认为人类所遭受的文明压抑会因此而减弱。在他看来，虽然现代科技的发展和财富的增加很大程度上缓解了由于匮乏所引起的心理压力，但文明对人的压抑并没有消除，反而有增无减，深入到人类生存的各个领域。除了某些真正的审美和艺术活动之外，其他一切活动都被普遍异化，甚至人类创造的社会统治也作为一种非人格的异己力量普遍存在于社会生活的各个方面，而且使人类的劳动异化为苦役，使爱欲降格为单纯性欲。他甚至认为人类的所谓文明史就是爱欲的压抑史。在弗洛姆看来，全人类都成了其创造出来的核武器和政治制度的囚犯。宗教、哲学、科学、艺术乃至一切文明，虽然都是人所创造的，对人类生活有一定价值，但同时又是美丽的陷阱，是一种把生命与事物、经验与人工制造物、情感与屈从相混淆且诱使人自觉或不自觉地就范的圈套。文明的进化是在代表理想的超我影响下进行的，而伟人、长辈、上级及其创造或制定的理想规范常常就是文明的基本内涵。伟人之于常人、君主之于臣民、父母之于孩子、教师之于学生，常常以某种权力的形式使其服从，甚至奴化。作为服从主体的常人、臣民、孩子和学生必须屈从于他们所创造或制定的理想规范，并视为至高无上的文明传统。这种严格屈从乃至求同的心理其实就是文明对人类自身控制、奴化甚至异化的表现。福柯认为："权力是根据那些简单的和无限再生的法律、禁忌和审查的机制来起作用

① 卢卡奇:《历史与阶级意识》,重庆出版社 1989 年版,第 96 页。
② 车文博:《弗洛伊德主义原著选辑》上,辽宁人民出版社 1988 年版,第 438 页。

的：从国家到家庭、从君主到父亲，从法庭到日常琐碎的处罚，从社会的统治当局到构成臣民的各种机构，人们在不同的范围内发现了权力的一种普遍形式。"①

由于其他人类活动必须服从文明所建构的权力话语，审美却不存在权力话语，任何一个审美者都没有使其他审美者服从、奴化甚至异化的权力，也没有必要必须服从某种所谓权力话语。所以审美能够使审美主体从人类自身创造的文明成果的束缚和压抑之中解放出来，由异化主体提升为纯粹主体。人类自由的需要和机能并不是文明的必然结果，反而常常受制于其所创造的所谓文明。人类自由的需要和机能只有抵制和消除文明的控制和压抑，才能真正变为现实。马尔库塞指出："审美天地是一个生活世界，依靠它，自由的需求和潜能，找寻着自身的解放。"②在马尔库塞看来，审美解放功能至少表现在三个方面：现实原则下的感性与理性彼此对立，审美能够使这一对立趋于和谐；现实原则下人受制于压抑的系统，审美能够使这一压抑得到解放；现实原则下人是不自由的存在，审美能够使人复归于自由的存在。审美就具有这种使人类的自由需要和机能从其创造的所谓文明中解放出来的功能。

我们应该看到，西方美学对审美自我解放功能的认识是很有价值的，是富有生命智慧的。自我解放作为人类一切生命活动的宗旨，理所当然也应该是审美的终极目的。受到严重压抑和奴役的生命，不应该成为人类的现实，但现实恰恰是人类生命到处遭受各种束缚与奴役。过去马克思将获得解放的希望寄托于私有财产的废除，希望通过武装暴动和阶级革命来废除私有财产，但这仅仅是阶级矛盾激化到一定历史阶段的必然产物。在现代工业文明已经在很大程度上缓和了阶级矛盾，至少表面上维持着民主氛围的情况下，审美解放虽然不是彻底的自我解放，但能帮助人们获得精神的长期自我解放，而且能够最大限度地避免暴力革命的破坏性。所以审美的自我解放意识显然是一种相对温和而且明智的生命智慧。

---

① 福柯：《性经验史》，上海人民出版社2002年版，第63页。
② 马尔库塞：《审美之维》，广西师范大学出版社2001年版，第104页。

二、否定与超越社会的批判精神

虽然从柏拉图开始，西方社会的人们就没有停止对社会的批判，如柏拉图早就指出："每一种统治者都制定对自己有利的法律，平民政府制定民主法律，独裁政府制定独裁法律，依此类推。他们制定了法律明告大家：凡是对政府有利的对百姓就是正义的；谁不遵守，他就有违法之罪，又有不正义之名。因此，我的意思是，在任何国家里，所谓正义就是当时政府的利益。政府当然有权，所以唯一合理的结论应该说：不管在什么地方，正义就是强者的利益。"①但这一社会批判精神并没有如人们所幻想的成为历史的结论，却常常散发出不同的声音，其中黑格尔将现实性与合理性等同起来，认为现存的任何事物都肯定有一个存在的合理基础或根据的观点可能最具影响力。他甚至在《历史哲学》之中演绎为世界的历史就是世界的审判，明确指出："'理性'是世界的主宰，实际历史因此是一种合理的过程。"②这种在文化领域为社会秩序辩护的思想，在现代社会不但没有弱化，反而随着科学技术的日益意识形态化而显得更加突出。因为过去君权神授的观念，已经受到人们的普遍怀疑甚至批判，已经不能成为维护社会秩序的理由，但是科学技术对社会权利合理性和合法性的伪装，甚至具有某种无可辩驳的优势，除了哈贝马斯等为数极少的思想家之外，很少有人能够对其进行怀疑。在科学技术并不发达的时代，伪装权力的方式常常是某种自造的天赋权力的意识形态，声称和标榜他们代表着上帝、神灵或者人民的意志，并依赖这种似乎天经地义的理由行使和享受着政治权力，如古代教皇、皇帝和斯大林主义者。这种使政治权力合法化的意识形态虽然在历史上曾经产生过巨大力量，但随着科学技术的进一步发展，生产力的相对发展不再自然而然地表现为一种旨在超越现存结构的解放性力量，其意识形态的欺骗性日益暴露，现存权力结构的合法性变得脆弱不堪。于是从不再令人信服的传统意识形态领域之外寻求能够为其提供合法性的新意识形态就成为一种当务之急，日渐受到人们信服甚至较少具有令人讨厌的意识形态

① 柏拉图：《理想国》，商务印书馆1986年版，第19页。
② 黑格尔：《历史哲学》，上海书店出版社1999年版，第9页。

性,而且被视为第一生产力的科学技术,如今理所当然地被视为使政治权力合法化的最为有力的新基础,在这种合法性基础形成的同时还抛弃了旧的意识形态形式。科学技术虽然在传统意识形态赋予政治权力的合法性日渐受到怀疑、反对乃至最终削弱的过程中曾经发挥过关键性甚至决定性作用,但随着科学技术的意识形态化,其赋予政治权力合法性方面的功能所存在的严重弊端同样应该受到关注。如哈贝马斯指出:"当今那种占统治地位的、相当呆滞的、在幕后起作用的、把科学变成偶像的意识形态,较之旧式的意识形态更加不可抗拒和无孔不入,因为随着对实际问题的掩盖,它不仅仅为一种占统治地位的特殊的阶级利益作辩护和压抑另一个阶级的局部的解放需要,而且又侵袭了人类的要求解放的旨趣本身。"①

正是由于任何时代社会利益的最大获得者常常拥有至高无上的政治权力,并以竭力维护这种社会秩序作为核心任务,审美作为一种具有自由性和超越性的精神活动,所显示出来的对并不符合审美理想的社会秩序的不同程度的介入、对抗、否定、超越和异在意识,才显得格外有价值。因为人们在对社会的感知、解释、判断和评价过程中总是自觉或不自觉地以审美者的审美理想作为标准,这就必然引起他们对并不符合审美理想的社会的否定、超越和异在的批判态度。以法兰克福学派为代表的西方美学关于审美终端显现形式之一的艺术否定、超越和批判社会功能的发掘具有特殊意义。阿多诺所期待的那种尚无人知的审美形式即理想化的艺术形式,常常是以摆脱行政管理控制下的所有观念,避免受到意识形态的同化,以及摆脱文化产业的庇护,避免消费市场的侵蚀作为主要目的的,他甚至明确提出"艺术乃是社会的社会对立面"。②也许马尔库塞的阐述更加透彻。在马尔库塞看来,苏联式马克思主义美学的缺陷:一是在强调人的社会性时,忽视了人的自然本性;二是在强调艺术对现实的肯定反应时,忽视了否定表现。其实作为审美形式的艺术的一个主要特质就是异在化。"艺术异在化是对异化了的生存的自觉超越——是一种'高层次'或中介了的异化",即使在为现实形式涂脂抹粉的时候,甚至也对抗着

　　① 哈贝马斯:《作为意识形态的技术与科学》,选自《二十世纪哲学经典文本》(西方马克思主义卷),复旦大学出版社 1999 年版,第 436 页。

　　② 阿多诺:《美学理论》,四川人民出版社 1998 年版,第 13 页。

第七章　美学的生命智慧

现实形式,至少摆脱了生活现存形式,至少创造出了容忍的甚至类似说教和功用与现存现实社会不和解的条件的意向。①

西方美学从柏拉图、马克思到马尔库塞一直传承着一种社会批判的精神。这种精神虽然在西方美学发展的某些阶段可能发生过暂时性中断,但是作为一种生命智慧是有着值得借鉴的价值的,至少在帮助我们认识现代社会的缺憾方面存在诸多启发意义。尤其当我们从相信封建迷信到盲目迷信科学技术,乃至一味迷信西方现代文明,不自觉地以西方社会作为评价标准和理想模式的时候,事实可能潜伏着极其危险的后果。这就是我们可能并不能真正享受现代文明的正面成果,反而遭到负面影响的报复,甚至可能以毁灭自己民族最可宝贵的生命智慧为代价。

三、发现与肯定自然的协同观念

长期以来,西方社会对待自然的态度总是存在一定错误:一种错误是无视自然自身存在的独立性和合理性,将自然视为单纯的征服、掠夺乃至利用的对象。这一错误思想由来已久,而且影响深远。我们甚至可以从亚里士多德的有关论述之中发现这一思想的最早表述。在亚里士多德看来,"经过驯养的动物,不仅供人口腹,还可供人使用;野生动物虽非全部,也多数可餐,而且[它们的皮毛]可以制作人们的衣履,[骨角]可以制作人们的工具,它们有助于人类的生活和安适实在不少。如果说'自然所作所为既不残缺,亦无废墟',那么天生一切动物应该都可以供给人类的服用。"②亚里士多德理论的极端发展,往往演变为享乐主义。在享乐主义看来,享乐是伦理的顶峰,除了随时随地、随心所欲地享乐之外,其他一切只是伦理学者的一种唠叨。他们不仅坚信精神的满足并不比腹部的满足更重要,甚至会如伊壁鸠鲁一样认为"腹部的快乐是一切善的起源和根由:就是明智与文化也必定与之相关"③,而且以为即使有人因为滥杀、滥捕、滥吃动物肉乃至消化不良而一命呜呼,也是十分令人羡慕的。亚里士多德的理论尤其是后来的享乐主义理论,对环境恶化、

① 参见马尔库塞:《审美之维》,广西师范大学出版社 2001 年版,第 63—74 页。
② 亚里士多德:《政治学》,商务印书馆 1965 年版,第 23 页。
③ 转引自昂弗莱:《享乐的艺术》,三联书店 2003 年版,第 272 页。

生态平衡遭到破坏,有着不可推卸的责任。另外一种错误是将环境恶化、生态平衡破坏一味归罪于人类对自然的干预、掠夺、征服和利用。也许哈肯的说法也有一定道理:近来生态平衡成为一个热门话题,而且人们几乎较为一致地认定这一平衡的破坏是由于人类的干预,其实"即使没有人类的干预,生态平衡或即生物平衡也绝不像人们长期以来所假定的那么完美"。自然的生态平衡绝不只是一成不变的,而且这种变化也常常有自然灾害的原因。"在有生命的自然界中,即使外界环境的微小变化也常能创造出完全新型有序状态,也就是各种物种的全新分布"。但这并不意味着新物种就必然如达尔文所认为的那样客观地优越于被淘汰和取代的物种,甚至可能存在复杂生物被较简单生物所取代的所谓退化现象,而导致这一现象的原因,只是由于新物种能够更好地适应新的生存条件。①

蔑视甚至贬低自然的思想在西方美学发展史上是普遍存在的。黑格尔就是一个典型代表。在他们看来,现实世界一切有生命的自然存在物之所以是美的,并不是因为它本身而美,而是"为我们,为审美的意识而美",而是作为审美者的人的"具体的概念和理念的感性表现时",才具有美质,但是即使作为自然美的顶峰的动物生命,也由于受一些完全固定的性质束缚而"很有局限",甚至其生命"是贫乏的,抽象的,无内容的"。② 阿多诺虽然一针见血地批评了以黑格尔为代表的西方美学家的偏颇,认为:"自然美之所以从美学中消失,是由于人类自由与尊严观念至上的不断扩展所致。该观念发端于康德,但在席勒与黑格尔那里得到充分认识,后两者将这些伦理概念移植到美学之中,其结果,在艺术中,就像在其他方面一样,没有什么值得重视的东西,除非它将存在归功于自律性的主体"。③ 甚至认为:"在《美学》中,黑格尔的客观唯心主义流露出一种有利于主观精神的、赤裸裸的、几乎缺乏考虑的偏见"。但他还是承认"自然美作为一种突如其来的有关至善的允诺并非是独立的,而是有赖于其对立面——主观意识,以便达到赎救的目的。此说在这一程度

---

① 参见哈肯:《协同学——大自然构成的奥秘》,上海译文出版社2005年版,第64—67页。
② 参见黑格尔:《美学》第1卷,商务印书馆1979年版,第160—170页。
③ 阿多诺:《美学理论》,四川人民出版社1998年版,第110页。

上是正确的"。①

尽管黑格尔等西方美学家在阐发审美的艺术智慧方面取得了人们难以企及的成就,但是他们蔑视甚至否定自然的生命态度,并不具有真正的生命智慧,至少在现代社会是受到人们的较为普遍的质疑和批判的。与这种缺乏生命智慧的西方美学相比,晚熟的协同学倒是有效地弥补了这一缺陷。在协同学看来,大自然之所以既存在使某些物种被淘汰而另外一些物种繁荣昌盛,又存在各个物种残酷竞争又稳定共存的情形,就在于自然界的一切生物之间存在一种协同关系,也就是所谓"许多个体,无论是原子、分子、细胞,或是运动、人类,都是由其集体行动,一方面通过竞争,另一方面通过协作而间接地决定着自身的命运。但它们往往是被推动而不是自行推动的"②。尽管协同学并不代表西方美学的主流话语,在长期的美学发展之中处于弱势,只是在晚近时代才逐渐受到人们的推崇,但是它毕竟体现了人类应该具有的生命智慧的发展方向,而且事实上也是具有一定生命智慧的。这种生命智慧虽然与中国、印度美学比较起来仍然显得十分薄弱,但毕竟传递了一种成熟的希望,使西方美学具有了从青年生命智慧向中年生命智慧提升的可能。

第二节 中国美学的生命智慧

人类的中年时代常常有旺盛的精力,同时又由于青年时代的奋斗与努力而积累了一定智慧,显得成熟而老练,既避免了青年时代的偏激与过度,又保留了一定的旺盛生命力,常常显得刚健而文雅。中国文化包括中国美学在内,主要地体现了人类中年时代的生命智慧。尽管获取人类的生命智慧是人类共同追求的目的,但是中国美学的生命智慧似乎更加深刻地体现为人类中年时代的中庸与和谐的性格,它甚至贯穿于整个中国文化精神之中。在中国人看来,中庸是审美的基本特征。宗白华指出:"青年人血气方刚,偏于粗暴。老

---

① 阿多诺:《美学理论》,四川人民出版社 1998 年版,第 134 页。
② 参见哈肯:《协同学——大自然构成的奥秘》,上海译文出版社 2005 年版,第 64—67 页。

年人过分考虑,偏于退缩。中年力盛时的刚健而温雅方是中庸。它的以前是生命的前奏,它的以后是生命的尾声,此时才是生命丰满的音乐。这个时期的人生才是美的人生,是生命美的所在。"①中国人所认识的审美,确实在某些方面显得比伦理、科学和政治更有优势,如伦理具有束缚的性质,而审美常常是自由的、自发的,归根结底是以中庸为限度的,最终应该是合乎伦理的;政治虽然以改造社会作为目的,但是任何政治革命同样存在破坏性,而审美对社会的创造则常常是观念形态的,温和而有节制的;科学虽然强调尊重自然规律,但在所谓征服与利用的过程之中无疑造成了对自然的极大破坏。

一、修身为本的自我超越精神

人类的生命存在本身是有局限性的,所以人类的使命之一就是追求生命的自我超越与完善。西方美学虽然也追求生命的自我超越,但是他们的超越很大程度上是建立在否定身体的基础上的。因此这种生命智慧的基本精神实际上是通过对身体的否定来实现的,这样就丧失了建立在身体基础上的自我超越的可能,如苏格拉底虽然重视生命的自我超越,但他不将超越的希望寄托于道德的自我完善,而是寄托于把灵魂和精神从自我的身体之中解脱出来。在他看来,一个热爱智慧的人在临死的时候并不感到悲哀,而一个感到悲哀的人常常是热爱身体甚至财富和名誉的人。每一个寻求智慧的人,都必须接近他的灵魂,而灵魂作为一个无助的囚犯,总是捆绑在身体之中,所以人们充其量只能是透过身体这一灵魂的囚室间接地感知,只能是在无知的泥沼里打滚。他甚至得出结论:"只有在我们死去以后,而非在今生,我们才能获得我们心中想要得到的智慧。"②

与西方美学这种认为只有使灵魂从身体中解脱和分离出来才能获得生命的真正超越的观点不同,中国美学虽然也有如老子道家美学和禅宗美学那样在不同程度上表现出轻视身体而重视生命智慧的特点,如老子有所谓"吾所以有大患者,为吾有身;及吾无身,吾有何患"(《老子》第十三章)。但是中国

---

① 宗白华:《希腊哲学家的艺术理论》,选自《美学散步》,上海人民出版社 1983 年版,第336 页。

② 柏拉图:《裴多篇》,《柏拉图全集》第 1 卷,人民出版社 2002 年版,第 64 页。

美学的这种观点并没有否定身体存在前提下的道德自我完善,这甚至成为中国美学的一个最为基本的生命智慧。

儒家美学"修己以敬"(《论语·宪问》)的思想显然是中国美学重视修身为本的自我超越精神的集中体现,同时也构成了中国美学生命智慧的基本内容。与道家和佛教美学不同,儒家美学强调修身为本的自我超越精神是完全建立在肯定至少是承认身体的基础上的,而且从孔子开始就表现出了对道德自我超越精神的高度重视,甚至将修身看成了生命超越的最重视途径。中国儒家美学之强调修身,是贯穿于日常生活的各个时候的,他们十分重视自我反省,有所谓"三省吾身"(《论语·学而》)、"见贤思齐焉,见不贤而内自省也"(《论语·里仁》)的观点,自我反省是一种十分有效的道德自我完善与超越的方法和途径。只是西方基督教美学将这种自我反省转化为面对上帝的一种忏悔与祈祷,中国儒家美学则简化了这一程序,直接地面对自我良心与道德理想进行反省。这虽然丧失了道德理想人格化的深刻影响,但是另一方面也强化了自我超越与完善的使命感和责任感。西方基督教美学将道德自我完善的偶像集中在上帝身上,中国儒家美学则将超越与完善的榜样普遍化地定位于普通人,如所谓"三人行,必有我师焉:择其善者而从之,其不善者而改之"(《论语·述而》),这不仅有效地拓宽了榜样存在的范围,而且创造了更加广泛甚至普遍的超越机会。所谓"自天子以至于庶人,壹是皆以修身为本"(《礼记·大学》)高度概括了中国美学的这一生命智慧。不仅如此,中国儒家美学还将修身建立在正身的基础上,而且将正身与外在影响有机结合起来,有所谓"其身正,不令而行;其身不正,虽令不行"(《论语·子路》)的观点。儒家美学同时也将修身与正心相联系,有所谓"修身在正其心"(《礼记·大学》),甚至将正身看成克服忿愤、恐惧、好乐、忧患等情绪的主要手段。现代社会普遍存在的焦虑及其所导致的诸如心不在焉、视而不见、听而不闻、食而不知其味等现象,在某种程度上也是与不重视修身为本的自我超越精神密切相关的。

道德的自我完善与生命的内向超越,作为中国生命智慧的基本内容,其根本在于中庸,如孔子所说:"中庸之为德也,其至矣乎!"(《论语·雍也》)甚至将是否以中庸为修身之根本作为衡量和区别君子、小人的基本标准,有所谓"君子中庸,小人反中庸"(《礼记·中庸》)的观点。虽然西方哲学家如亚里士多德也有所谓中庸的思想,但是西方的这一思想仅仅停留在伦理学的层面,并没有上升到民族基本精神和生命智慧的高度,因此也没有像在中国那样产生深刻影响,乃至固化于民族的集体无意识之中。儒家美学重视自我超越精神,是顺着由小人向君子攀缘而上,以最终达到圣人生命境界为目的的。圣人的特点在于不仅具有忠信的道德品格,而且将忠信固化于人的无意识之中,成为类似于本能的思想和行动的范式,如朱熹所谓"忠信如圣人,生质之美者也"(朱熹《论语集注·公冶长》)。

　　强调修身为本的自我内在超越精神,是中国民族文化精神的一个重要内容。自儒家学派逐渐占据统治地位以来,这种思想日益得到巩固和强化,而且诸如道家和佛家也以其不同方式强化着这一思想。有所不同的是,儒家的修身常常与齐家、治国、平天下相联系,他们所关注的主要是人类社会自身和谐的人际关系和社会秩序的构建,道家和佛家之修身则更加关注人类与自然乃至宇宙和谐关系。中国的修身传统,虽然在五四新文化运动之后表面上有所动摇,但通过毛泽东等人对马克思主义的中国化,仍然在很大程度上保持了这一传统。相形之下,西方文化虽然有苏格拉底等思想家十分重视修身的内在超越思想,虽然也有斯多葛学派以及后来的精神科学和内省心理学等阐发过类似思想,但是由于基督教上帝救赎的宗教观点影响,以及后来的科学精神对人类自我对象的知识化认识,这种内在超越精神逐渐被外在超越所取代,没有像中国文化那样占据主流地位。余英时认为:"自我修养的最后目的仍是自我求取在人伦秩序与宇宙秩序中的和谐。这是中国思想的重大特色之一。西方仅极少数思想家如斯多葛派曾流露过这种观点,但已在古代末期,不久即为基督教的观点所掩盖。只有在中国史上,个人修养才一直占据着主流地位。"①重视内向超越精神,作为中国美学的生命智慧,虽然可能存在忽视外向追求,在一定程度上缺失科学精神和扩张意识的缺陷,但是追求自我修养的完善与道德的内向超越精神,确实应该是人类在任何时代都必须重视的课题,而且也是克服现代社会普遍存在的焦虑心态的明智选择。

---

① 余英时:《从价值系统看中国文化的现代意义》,选自《文史传统与文化重建》,三联书店 2004 年版,第 480 页。

① 余英时:《从价值系统看中国文化的现代意义》,选自《文史传统与文化重建》,三联书店 2004 年版,第 480 页。

二、和而不同的人际交往原则

印度美学强调平等意识的同时,也在某种程度上抹杀了人类乃至一切事物的差异,有所谓:"至于蝼蚁,在一切生命之慧中,无分别得见。"①肯定一切生命没有差别的优势在于在不同事物之中看到了相同,这与中国道家美学尤其是庄子齐物论思想是一脉相承的。这种美学智慧的根本在于不承认至少不重视美与丑的差异,即庄子所谓"凡物无成与毁,复通为一"(《庄子·齐物论》)的思想,所以他主张:"判天地之美,析万物之理,察古人之全,寡能备于天地之美,称神明之容。"(《庄子·天下》)老子也有"天下皆知美之为美,斯恶已"(《老子》第二章)的看法。这种美学智慧的优势在于避免了科学仅满足于区别与分析的精神,对形成完整和平等的认识方法和生命态度,形成更加豁达完整的生命智慧是有很大启发意义的。

有所不同的是,在中国占据统治地位的儒家美学,虽然也有所谓"人人皆可为尧舜"(《孟子·告子下》)的思想,但并不是主张人们之间的平等与无差别,而是相对自我生命超越最终可能达到的境界而言的。儒家美学虽强调所谓"君君、臣臣、父父、子子"的伦理等级秩序,并且在后来的历史发展中似乎起了极其重要的作用,但他们强调和谐的人际交往原则事实上也体现了一定民主意识,至少也是肯定了差异的存在,并且给予差异及其相互协调与共同存在的极大认同。孔子所谓"君子和而不同、小人同而不和"(《论语·子路》)和"君子周而不比,小人比而不周"(《论语·为政》),就是这一和而不同的人际交往原则的思想基础。这种观点落实在人际交往之中,就是既强调不同观点的共同存在,又反对丧失原则的同流合污,既尊重差异与独立的多元并存以及团结与合作,又反对整齐划一的专制与控制。《左传·昭公二十年》以厨子和羹与乐师操琴的设喻系统阐发了和与同的差异,认为和就是承认矛盾的客观性与不同意见的合理性,并且允许不同看法和意见的存在,而同则抹杀了差异与矛盾,乃至不允许不同意见与认识的存在。在此基础上,还进一步阐述了治理国家应该坚持和而不同的原则,提出了"济五味,和五声","以平其心,成

---

① 《菁华奥义书》,《五十奥义书》,中国社会科学出版社1984年版,第787页。

其政"的思想。《国语·郑语》在更普遍的意义上阐述了"和实生物,同则不继"的思想,并且指出了排除异己、强调同一的专制可能造成恶劣的后果。

儒家美学也许并不比道家美学和后来的禅宗美学更富于生命智慧,但他们关于人际交往原则的详细阐述却有效弥补了无宗教观念的人们之间交往的基本原则。他们主张"无争"与"和为贵"的思想,如所谓"君子无所争"(《论语·八佾》)以及有子所说"礼之用,和为贵。先王之道斯为美。小大由之,有所不行。知和而和,不以礼节之,亦不可行也"(《论语·学而》)等,从消极方面看是不争,从积极方面是和为贵。维持这一交往原则的道德伦理基础是礼。但这只是一种文化阐释,真正的心理基础则是"爱人",而爱人的基本尺度则是"成人之美,不成人之恶"(《论语·颜渊》)。儒家美学强调和谐相处,无所争执的人际交往原则,确实是构建人与人之间和谐关系的基础,同时也应该是处理一切社会关系的基本准则,也是以儒家为代表的中国文化最为突出的社会原则和政治制度的基础。中国人不仅在处理人与人之间关系的大大小小事件之中,都应该以和谐作为基本准则,而且常常拓展到人与人之间关系之外的国家治理与政治制度之中,涉及一定民主政治与专制政治的基本意识。道家美学也强调所谓"均调天下,与人和者"(《庄子·天道》)的和谐思想。遗憾的是这种和谐思想在后来并没有发展成为一种成熟的民主政治,也没有成为其理论依据。但这并不意味着中国美学落后于柏拉图《理想国》,没有相应民主政治思想,只是历史的发展没有使其成为中国政治的理论基础。

在亨廷顿看来,不同文明之间可能发生冲突,乃至发展为战争,但中国和而不同的民族文化精神,则为人们提供了不同文化和平共处、共同发展的精神基础和理论依据。受这一思想影响发展起来的中和美学风格,往往成为中国文学艺术的一种基本精神。不可否认,和而不同的思想,存在着对其他文化缺乏竞争与扩张优势等缺陷,但所体现出来的兼容性却具有一定价值,至少在全球化时代殖民主义文化再度兴盛的情况下是应该受到人们普遍关注的。

三、天人合一的宇宙和谐观念

人们常称道美国作家梭罗《瓦尔登湖》对自然的欣赏,其实中国美学对自然的讴歌和赞美,不仅早于西方,而且是中国美学的一个永恒主题。中国人对自然的态度,以及关于人与自然和谐关系的阐述,大体可用天人合一或人与天地万物为一体来概括。按理来说,儒家美学至少在孔子那里,对人与自然关系是缺乏阐述的,但是《周易》和《礼记》却有效弥补了这一缺憾。因为如果一个美学仅仅关注自我问题,显然是自私,只对人类问题感兴趣的美学也同样是狭隘的。只有对自然的豁达平等的和谐观念才能最大限度地体现人类生命智慧所能够达到的最高层次。如《周易》所谓"夫大人者,与天地合其德,与日月合其明,与四时合其序,与鬼神合其凶吉"(《周易·乾文言》)的说法,对人与自然和谐关系进行了系统阐述。比较而言,《中庸》则更深入地阐述了人与自然和谐关系的基本内涵是尽性,是从尽己之性到尽人之性,乃至尽物之性攀缘而上,逐步达到赞天地化育的和谐关系顶峰的体现,如其所云:"唯天地至诚,故能尽其性,能尽其性,则能尽人之性,能尽人之性,则能尽物之性,能尽物之性,则可以赞天地之化育,能赞天地之化育,则可以与天地参矣。"(《礼记·中庸》)道家美学也十分称道这种和谐,有所谓"常宽容于物,不削于人,可谓至极"(《庄子·天下》)的说法。

应该说对人与自然和谐关系的阐述,道家美学是最有发言权的。老子以"道生一"为基础的协同学思想,对庄子产生了极其深远的影响,庄子所谓"道通为一"的齐物论思想对老子思想进行了深刻发挥,并且真正提升到生态美学的高度。"齐物论",不仅是庄子生态美学的理论基础,而且也是道家学派生态美学的理论基础。老子是主张"天地不仁,以万物为刍狗,圣人不仁,以百姓为刍狗"(《老子》第五章)的,也就是将万物、百姓一律作为生命存在物同等看待,在这里没有高低贵贱的等级差别。庄子则在此基础上,更加明确地阐发了他的齐物论思想,他看到了现实世界一切存在物所具有的共通特质,认为:"天地一指也,万物一马也。"(《庄子·齐物论》)也就是所谓"自其同者视之,万物皆一也"(《庄子·齐物论》),郭象对此则在生态美学的角度进行了具体解释:"虽所美不同,而同有所美。各美其所美,则万物一美也。"(《庄子·齐物论》郭象注)老庄及其道家学派认为包括生命存在物在内的现实世界一切存在物都具有美质,而且这些美质之间不存在高低区别的观点,显然比黑格尔等西方思想家认为艺术美高于自然美,乃至贬低、否定甚至排斥自然美的美学思想更具有现代意义。中国人是有史以来所有民族之中,最能深切体会出人与自然和谐关系的民族,中国艺术家也是最能在盎然趣机之中参透人类与宇宙内在生命精神,并且使自己的生命与自然宇宙大化生命悠然契合,在艺术意境创造之中深刻展示其广大和谐的生命精神的艺术家。庄子有所谓"夫明白于天地之德者,此之谓大本大宗,与天地和者也,所以均调天下,与人和者也,谓之人乐,与天和者,谓之天乐"(《庄子·天道》)的看法。道家美学虽然在中国政治美学之中并没有赢得与儒家美学相媲美的地位,但是在艺术美学的发展中却发挥了儒家美学所无法替代的优势。我们甚至可以说中国艺术精神其实就是道家美学精神的灵活运用。

中国人虽然也不免要利用自然,但并不像西方文化那样过分张扬这种思想,更不以所谓改造自然、征服自然作为人的自尊和伟大之所在,也不过分地张扬人是所谓宇宙的精华、万物的精灵的思想,而是充分尊重自然自身的发展规律,平等地对待自然界一切事物,主张所谓"天地之大德曰生"(《周易·系辞传下》),"尽物之性"(《礼记·中庸》),顺任自然,与天地万物共同存在、协调发展。这就决定了中国美学虽然缺乏西方近代以来认识自然、征服自然的科学精神,但却拥有了西方近代科学所没有的宇宙和谐观念,乃至广大和谐的宇宙生命精神。虽然科学的落后,使中国人因为经济和军事的落后而饱尝了鸦片战争以来遭受外敌侵略与蹂躏的苦难,但西方文化人与自然对立的思想却也遭到了生态破坏与环境恶化的大自然报复。

虽然儒家、道家和佛家美学有所不同,如儒家是从自我的和谐上升为人际关系的和谐,再上升为自然宇宙的和谐,道家则是从自然宇宙的和谐,再具体化到人际关系和谐乃至人类自我的和谐,于是儒家的宇宙和谐是以人类自身行为的伦理道德为基础,而道家的宇宙和谐是以自然宇宙生态秩序为基础,佛家则更以自然宇宙的生态伦理与人类自我的行为伦理为基础,但都充分肯定了天人合德、生生不息的广大和谐的宇宙生命观念。《中庸》所谓"万物并育而不相害,道并行而不相悖。小德川流,大德敦化。此天地之所以为大也"(《礼记·中庸》),以及庄子所谓"夫至德之世,同与禽兽居,族与万物并,恶乎知君子小人哉"(《庄子·马蹄》),其实是中国美学广大和谐生命理想的集中体现。柳宗元《始得西山宴游记》有所谓"悠悠乎与颢气俱,而莫得其涯;洋洋乎与造物者游,而不知其所穷","心凝形释,与万化冥合"的观念;苏轼《书晁补之所藏文与可画竹》诗云:"与可画竹时,见竹不见人;岂独不见人嗒然遗其身。其身与竹化,无穷出清新。庄周世无有,谁知此凝神"。王阳明在儒家美学与天地合德、道家美学道通为一,以及佛教美学一切万物悉有佛性的基础上,将儒家美学、道家美学和佛教美学融为一体,以仁爱与良知作为人与天地万物的共同基础,概括地阐述了中国美学的生命智慧:"夫圣人之心,以天地万物为一体"①,"盖天地万物与人原是一体,其发窍之最精处,是人心一点灵明"②。我们可以将儒家、道家和佛教美学的这些思想全部地纳入天人合一的宇宙和谐观念之中。这不仅是构成中国艺术意境的思想基础,同时也是中国美学的一个基本观念,更是中国美学最高生命智慧的阐述。在中国人看来,所谓普遍宇宙和谐,并不仅仅是人与自然的和谐,而且是自然一切事物各依其性,自生自灭,是自然界一切生命按照自身的生命逻辑绵延与进化。用庄子的话说,就是"凫胫虽短,续之则忧,鹤胫虽长,断之则悲。"用郭象的说法就是,"物各自然,不知所以然而然,则形虽弥异,其然弥同"。"我既不能生物,物亦不能生我,则我自然矣,自己而然,则谓之天然,天然耳,非为也,故以天言之……故天者,万物之总名也,莫适为天,谁主役物乎?故物各自生而无所出焉,此天道也"。(《庄子·齐物论》郭象注)

中国诗歌在诗人与自然界的没有任何隔膜与阻碍的心境之中所生成的物我无间的交流与融合,是这种交流与融合之中所形成的宇宙大和谐的体现,在这里,诗人与自然,自然与自然之间都处于一种"物各自然"的和谐之中。我们虽然不能说中国所有诗歌都达到了这种宇宙大和谐的境界,但是陶渊明、王维、孟浩然、韦应物、柳宗元等诗人的大部分山水诗基本上体现了这一普遍和谐观念。《世说新语·言语》有所谓"鸟兽禽鱼自来亲人"的说法,许多山水诗和山水游记显然都是人与自然的普遍和谐理念的丰富多彩的显现,都典型地体现了这一民族文化精神。如陶渊明"采菊东篱下,悠然见南山",李白《赠周处士》"当其得意时,心与天壤俱",《独坐敬亭山》"相看两不厌,惟有敬亭山",杜甫《岳麓山道林二寺行》"一重一掩吾肺腑,山鸟山花吾友与"等都显现

① 《传习录》,《王阳明全集》第 1 册,红旗出版社 1996 年版,第 56 页。
② 同上书,第 112 页。

了这种普遍宇宙和谐观念。在方东美看来，与宇宙"交相和谐、共同创进，然后直指无穷、止于至善"，"这就是中国民族最可贵的生命精神"。① 在中国人看来，自然是宇宙生命的大本营，宇宙间一切生命在这里获得了同等的生存与发展的机会与权利，这里既没有等级差异，也没有任何凌驾于自然之上的生命。不仅人与人之间，甚至人与自然界一切生命存在物之间都是如此。

第三节　印度美学的生命智慧

人类在晚年时代虽体力衰竭与精力下降，但往往异常富于人生的生命智慧，显得格外深刻，也由于过分考虑显得有些退缩与怯懦。印度文化包括印度美学在内充分地体现了这一异常内向且富于智慧的晚年性格特征，显示出更加深刻与睿智的生命智慧，代表了人类走向成熟时期的豁达与大度。

一、崇尚智慧的自我解脱思想

中国美学只强调道德修养的自我完善，充其量也只是一种自我超越，印度美学将崇尚智慧，追求解脱作为自我目的。这可能与印度人的自我所遭受的过分压抑有关。这种压抑实在使他们丧失了现实生存的信心，或是因为印度哲人确实有着超常智慧，使他们便捷地体验和认识到自我的有限与现实生命的无聊或虚无，才使他们能够痛下决心，将对于现实生命的无望和解脱作为自我超越的目的。在印度美学看来，解脱是人类的最高目的，甚至是终极目的，同时也是人类生命智慧的最高体现形式。印度美学将解脱的希望寄托于智慧，认为智慧是获得解脱的根本原因，没有智慧才可能导致束缚，乃至形成诸如恐惧、烦恼、焦虑等。《正理经》认为："苦以烦恼不适为特征。解脱是绝对地摆脱此（苦）。"②

将彻底的解脱思想看成智慧是印度美学的一个传统。《奥义书》告诫人

---

① 方东美：《广人和谐的生命精神》，选自《生命理想与文化类型——方东美新儒学论著辑要》，中国广播电视出版社 1992 年版，第 84 页。

② 《正理经》，选自姚卫群：《古印度六派哲学经典》，商务印书馆 2003 年版，第 66 页。

第七章　美学的生命智慧

们不应该贪婪，不应该有所执著，而应该放弃贪婪与执著，有云："是故有志欲，妄想，遍计我执之相，则为有缚；非是者，乃得解脱。是故当坚住于无有志欲，无有妄想，无有遍计我执，此解脱相也。"①又言："以此弃舍兮，尔其享受！而毋贪谁人之所有。"②印度美学将解除一切自我意念作为解脱的主要手段，如《奥义书》有言："尽弃一切法已，则顿然解除一切罪恶而得清净。顿然解脱矣。"③《正理经》更具体做了阐述："当苦、生、作业、过失（烦恼）、错误的认识被依次灭除时，解脱就会因对它们的持续灭除（而获得）。"④在《数论颂》看来，自性以法、离欲、自在、非法、非智、爱欲、不自在七种形式自己束缚自己，但是可以通过智慧一种形式使自己获得解脱，它甚至明确指出"由于智（得）解脱；由于相反则束缚"⑤。《瑜伽经》认为"病、昏沉、疑惑、放逸、懈怠、欲念、妄见、不得地、不安定，这些引起精神涣散的（状态）是障碍。"⑥《数经论》则主张"解脱不过是障碍的消除"。⑦

其实所有的解脱都起因于生死的困扰。人类可以改变一切，但对有生必有死的自然规律则是无法超越的，充其量只能是延长生命或延缓死亡，但不可能改变必有一死的命运。似乎人类的一切努力都可以看成是对生死的超越，但这种超越归根结底是十分有限的，充其量只能是一种自欺欺人的自我逃避而已。甚至一切文化，一切宗教都是如此。所谓对灵魂的认可，以及关于灵魂最终归宿的认识和努力，其实都是这种逃避的集中体现。在所有这些富于自我欺骗性质的逃避方式之中，宗教似乎最具有欺骗性。因为它承认灵魂并且承诺给予灵魂以理想化安排，但宗教的这种性质早已被马克思等思想家揭示清楚了。与宗教有所不同的就是美学。无论是中国道家美学，还是古希腊柏拉图美学，对此都有自己的阐述。印度美学与中国道家美学都有对生死的看法，相形之下印度美学更有一定可操作性，如《薄伽梵歌》就有所谓："生者之

---

① 《弥勒奥义书》，《五十奥义书》，中国社会科学出版社 1984 年版，第 470 页。
② 《伊莎奥义书》，同上书，第 506 页。
③ 《普度斗争世奥义书》，同上书，第 504 页。
④ 《正理经》，选自姚卫群：《古印度六派哲学经典》，商务印书馆 2003 年版，第 63 页。
⑤ 《数论颂》，同上书，第 163 页。
⑥ 《瑜伽经》，同上书，第 192 页。
⑦ 《数经论》，同上书，第 187 页。

死定然兮,死者之生必当。故于必不可免之事兮,汝竟不可忧伤!"①自我解脱的根本在于生命尤其是生死的解脱,印度美学除佛教美学之外,大多有较为鲜明的现实意义。

虚静常常被人们看成是达到自我超越和解脱的心理基础,中国儒家与道家,无论荀子的"虚壹而静",或老子的"致虚极,守静笃"、"涤除玄鉴"、庄子的"虚室生白",都表明了这一思想。但比较而言,似乎印度美学如佛教所谓"心无挂碍"(《心经》)更加深刻。虽然中国美学之虚静与印度美学之禅定存在很大相似性,都是一种心灵的彻底解放,但印度美学将这种解放完全明朗化,在这里显然体现了人们认识程度上的差异。印度美学尤其是佛教美学之"心无挂碍"其实是追求一种心灵解放之后的空灵、寂静境界与生命智慧。在印度美学看来,只有达到清净的境界,才能消除一切干扰和束缚,才能获得生命的智慧。如《薄伽梵歌》所云:"彼得于清净兮,诸苦之消除可证。诚彼心其清净兮,其智随之宁定。"②《薄伽梵歌》将瑜伽分为行业瑜伽与智慧瑜伽两种。在他们看来,行业瑜伽是逊色于智慧瑜伽的,智慧瑜伽是崇尚生命智慧的。它不仅有平等意识,甚至有所谓"平等性谓之瑜伽"③之说。在他们看来,成败、善与不善业等都是平等的,并且在此基础上形成了解脱观念,如所谓"哲人与智和合兮,行业生果斯弃,解脱乎有生之缠缚兮,入乎无垢氛地"④。我们可以将这种行为看做生命的彻底消沉,也可以看成生命的彻底顿悟。比较而言,后者似乎更加深刻。我们可以这样来看,所谓印度美学对生命的体验与认识是深刻的,是彻底厌弃了现实生命之后的一种超越或积极进取。

在克里希那穆提看来,只有摆脱了一切影响,乃至完全处于单独状态的头脑才有可能达到真正的解脱,为此,他甚至否定了一切企图通过摆脱某种事物而获得自由的思想。他甚至认为:"我们只知道从某种东西中解脱。从某种东西中解脱的头脑不是一个自由的头脑;这样的解脱,这样从某种东西中解脱

---

① 《薄伽梵歌》,《徐梵澄文集》第8卷,上海三联书店、华东师范大学出版社 2006 年版,第18页。

② 同上。

③ 同上书,第23页。

④ 同上。

出来的自由只是一种反应,它不是解脱。一个寻求自由的头脑从来就是不自由的。"①但他并不像禁欲主义者那样惧怕欲望,他说:"我们都知道宗教老师和其他人曾经说过,我们应该无欲、培养远离、摆脱欲望的束缚——这真是荒谬,因为欲望必须被了解,而不是被毁灭,如果你曲解欲望,塑造它、控制它、操纵它、压抑它,你或许正在毁灭某些特别美丽的东西。"②他反对任何形式和内容的执著,认为所有的执著都是与自由甚至智慧背道而驰的。他是这样阐述的:"执著知识与沉溺于其他没有什么两样。无论是在最低的水平还是在最高的水平上,执著都是只顾自己的;执著就是自我欺骗,是对自我空虚的逃避。"③

人们总是寄希望于知识,其实知识对人类来说仍然是一种束缚。知识虽然有一定用处,但是当它成为一种自我安慰与满足的借口,甚至成为自我夸大与膨胀的手段的时候,就是极其有害的,它常常不可避免地滋生心理的冲突与精神的困惑。知识是封闭的,充其量只是过去经验的一种记录,人们只有在知识缺席甚至存在词语与思想的空隙之中才能有所领悟与发现,正如克里希那穆提所说:"对那种虚无的当下体悟才是智慧的开端"。④ 所以在印度美学看来,自我的真正解脱来自对所有知识和信仰的否定。包括佛教、基督教和伊斯兰教在内的所有宗教都是对人类苦难的逃避,他们所发明的灵魂不死思想是这些内容之中最具诱惑力的部分。这种诱惑力不是来自他们振振有辞的阐述,而是来自既无法证明也无法证伪的神秘性。这使它永远拥有一定的信徒,也拥有一定的怀疑者。他们永远谁也无法说服谁。泰戈尔指出:"我们必须有内心的完全解放,它赋予我们力量,使我们立于万物的内在中心,并能体验到从属于梵的无私的欢乐的满足。"⑤

二、无所凝滞的社会等同观念

中国美学也存在一定程度的人人平等或等同观念。儒家在最原始的本性

---

① 克里希那穆提:《生命之书》,华东师范大学出版社 2005 年版,第 309 页。
② 同上书,第 103 页。
③ 同上书,第 75 页。
④ 克里希那穆提:《爱与思——生命的注释Ⅰ》,华东师范大学出版社 2005 年版,第 260 页。
⑤ 泰戈尔:《人生的亲证》,商务印书馆 1992 年版,第 90 页。

上看到人们的等同，无论主张性善论，还是性恶论，其实质是认识到了人类原始本性的一致性，同时也在人们可能达到的最高境界上界定了人的平等，在他们看来，人人是可以成为尧舜的。这样一来，在儒家美学看来，尽管人们在其生命进程之中是存在一定伦理秩序以及因此而形成一定等级制度，但就其原始本性与终极目的方面来看，仍然存在平等甚至等同的情形；与儒家文化的这种认识相比较，道家似乎更加深刻地认识到了人类生来平等的本性，无论老子还是庄子的齐物论思想都似乎表明了这种观念。与中国道家美学相比，印度美学更彻底，如《奥义书》有所谓"美者不美者皆无所凝滞"①的观点，《薄伽梵歌》有所谓："彼遍处无凝滞兮，美恶随其相应，无欣欣亦无戚戚兮!"②对这种观念，我们可以轻而易举地说成是一种消极思想，但事实是许多事物虽然表面看来千差万别，就其实质却是明显相同，甚至完全一致的。这种观点不是抹杀了事物之间的区别，而是认识到了事物的深刻属性。就美与丑而言，也只是事物的表面现象，其实质却是完全一致的。所以佛教有《金刚经》之所谓"凡所有相，皆是虚妄"（《金刚经·如理实见分第五》）的观点。当人们从利己的自私欲望出发观照事物的时候，事物就会因为利己与害己而显现出美与丑的区别，但如果人们从根本上剔除了这种利己的自私欲望，他就能够认识到美与丑原来没有截然不同的分界线，甚至十分和谐。泰戈尔是这样阐述的，他写道："最初我们从周围的事物中分离出美，我们把它与其他事物分开，但是最终我们领悟到它与万物的和谐。此时，美的音乐已不再需要用喧闹的噪音刺激我们，美放弃了暴力以'温柔的人承受土地'的真理吸引着我们的心"。③ 这是因为，"当他有能力看到许多事物从自我利益、从顽固地追求私欲这些观念中摆脱出来时，那时他才能有真正的无所不在的美的见解，那时他才能看到使我们不愉快的并不一定是丑，而是在真实中存在着的美"。④ 许多佛教故事十分明显地说明了这些道理。

————————

① 《波罗摩诃萨奥义书》，《五十奥义书》，中国社会科学出版社1984年版，第99页。
② 《薄伽梵歌》，《徐梵澄文集》第8卷，上海三联书店、华东师范大学出版社2006年版，第18页。
③ 泰戈尔：《人生的亲证》，商务印书馆1992年版，第88页。
④ 同上书，第89页。

许多文化包括儒家文化在内常常有鲜明的是非和等级差异，只是儒家文化有所谓"君子尊贤而容众，嘉善而矜不能"之宽容与大度，但并不能因此等同一切，充其量只是表现了对不同的尊重与认同，即使如此观念，已是强求一律的基督教和伊斯兰教所望尘莫及的。如柳宗元，他虽然对敌我关系有着非同寻常的认识，但他仍然从利己角度思考问题，如其《敌戒》所谓："皆知敌之仇，而不知为益之尤；皆知敌之害，而不知为利之大。……敌存而惧，敌去而舞，废备自盈，祗益为愈。敌存灭祸，敌去招过。有能知此，道大名播。"但柳宗元的认识还并未达到中国道家齐物论的层次。与中国道家文化相比，印度美学认识似乎更加宽容与大度，他们的这种等同观念实际上并不仅仅局限于美的认同，也不仅仅局限于宗教流派内部，而涉及整个人类社会，如《薄伽梵歌》有云："于同心之人，友与敌，漠然者，中立者，所恶与所亲，善人，不善人，——而一视同仁兮，彼为卓越无伦。"①在三大宗教之中，基督教和伊斯兰教都未能达到这样的认识层次，只有佛教才有这样的认识与追求。对此钱穆的看法是有一定道理的。他是这样拿佛教与基督教、伊斯兰教进行比较的，他说：虽然都是宗教，但是印度佛教与基督教和伊斯兰教有很多不同，其中一个不同是，"信佛教，同经修炼，同得成佛。耶回二教，信者仅得灵魂上天堂，绝不得同耶稣与穆罕默德"。"故耶回二教，乃于平等上有极大一不平等，佛教则于不平等上有绝一大平等"。②

正是在这种平等观念的基础之上，印度美学十分重视人与社会的和谐关系，如《薄伽梵歌》有云："既以瑜伽自靖兮，处处等观而皆平；见众生皆在'自我'兮，'自我'在于众生。"③尽管印度美学十分重视智慧，但并不反对行为，而且对布施这种行为尤为看重，这是因为他们将它作为平等对待一切众生，乃至达到所谓普度众生目的的手段，至少也是一种化解社会矛盾，组成和谐人际关系的手段。如《奥义书》所云："世间一切众生，依赐予者而生活，以布施而

---

① 《薄伽梵歌》，《徐梵溪文集》第 8 卷，上海三联书店、华东师范大学出版社 2006 年版，第 54 页。

② 钱穆：《现代中国学术论衡》，三联书店 2001 年版，第 5—6 页。

③ 《薄伽梵歌》，《徐梵澄文集》第 8 卷，上海三联书店、华东师范出版社 2006 年版，第 18 页。

怨敌乃除,以布施而仇雠为友;万事万物,皆安立于布施中,故人谓布施乃至上者也。"①无论印度美学深刻而宽容的平等思想,还是马克思甚至克里希那穆提等思想家之宗旨,都在于通过人类个体自我的全部解放以赢得人类的彻底解放,他们甚至明确地认识到社会革命与平等观念之间的巨大差异。在他们看来,虽然所谓革命常常能够打破社会的不平等模式,但是随着革命的成功,真正意义的社会平等并没有实现,只是以一种形式的不平等取代了另外形式的不平等。马克思将人类社会不平等的根源看成是私有财产,于是主张推翻私有财产;而克里希那穆提则寄希望于摆脱野心与弘扬爱心。他是这样阐述的:"只有当做为个体的你和我从集体中脱离出来时,当我们摆脱了野心、懂得爱的意义时,这样的社会才能被创造出来。"②

无论哪一种平等观念的最终目的,都是彻底地解放人类,而人类的自我解放是一切解放的基础。印度美学无所凝滞的社会等同观念,其根本目的仍然是以自我解放为基础的整个人类乃至自然宇宙的共同解放。《薄伽梵歌》有云:"敌与友其平等分,荣辱斯同;寒暑苦乐俱齐分,婴累皆空。"③而这种以宇宙和自然共同解放作为主旨的社会等同观念,其实已经是其宇宙契合意识的浅层次表现。

三、生命无限的宇宙契合意识

西方人类学家将万物有灵论作为东方野性思维或原始思维的意识来对待,但这种朴素意识,在今天看来,并不比西方人类学家所标榜的开化思维与现代思维落后多少,倒在许多方面是西方美学所难以企及的。与中国道家思想类似,在印度美学看来,生命的根本在于气,生命之气息是生命的真元,所谓永生同样就是大梵,了解永生之道,就是"得与大梵契合而同界,得与诸天契合,等威,而同界矣"。④可见印度美学的宗旨其实就是生命无限的意识。所

---

① 《摩诃那罗衍拿奥义书》,《五十奥义书》,中国社会科学出版社 1984 年版,第 317 页。
② 克里希那穆提:《生命之书》,华东师范大学出版社 2005 年版,第 358 页。
③ 《薄伽梵歌》,《徐梵澄文集》第 8 卷,上海三联书店、华东师范大学出版社 2006 年版,第 18 页。
④ 《摩诃那罗衍拿奥义书》,《五十奥义书》,中国社会科学出版社 1984 年版,第 338—339 页。

谓"与神明同其世界,等其权威,和其德性。充其寿量而长生,子孙蕃衍,畜牧滋殖,声誉光大"①,其实就是这种意识的最精辟阐述。与道家美学将齐物论推广到整个自然界一样,印度美学也将平等观念推广至整个自然界。如《薄伽梵歌》有云:"世间能胜造物兮,唯人宅心于等平;梵天实无垢而平等兮,故斯人自建于梵天。"②平等是印度美学宇宙契合意识的思想基础。《薄伽梵歌》有这样的意识:"彼遍处皆见'我'兮,观万物皆在'我';'我'则不离于彼兮,彼亦不失'我'。"③

在西方美学看来,自然只是无生命的兽类和东西,所以包括柏格森在内的西方生命美学只对人类的生命感兴趣,对人类之外其他事物的生命则熟视无睹,他们常常夸大人类理性精神,甚至将这种属性作为人类的本质属性,他们常常以征服和利用自然为荣,似乎人类之外的其他事物只有作为人类征服和利用的对象才有价值和意义,似乎人类之外的其他事物天生就是人类的敌对势力,就是人类掠夺的东西,而人类也只有在这种征服、利用甚至掠夺之中才能显示其宇宙精英和万物精华的自尊与自信。但印度人则与中国人类似,甚至有过之而无不及。在印度古典美学看来,最高的存在即梵是遍布于宇宙万物的,而且都好像是被神所包围的。他们认为自然界一切事物都是有生命的,甚至是有灵魂的。如《奥义书》指出:"此宇宙之万有,以生命气息而正持","生命气息,即诸体之真元。以生命气息为诸体之真元也,故倘其出离任何肢体,则此一肢体枯干"。④

印度人向来强调人与自然的和谐。在他们看来,宇宙万物绝对不是与人类无关的事物,《奥义书》有云:"人而供给安居,布施饮食,以是则化为凡人世界。人而为畜生求水草,以是则化为牲畜世界。若野兽飞禽以至于蝼蚁,皆得依存养活于其家,以是则化为凡此世界。唯然,有如是知者,如人为己之世界而愿得安乐也,众生亦如是愿其人安乐,唯此为已知且经观测者。"⑤其至如

---

① 《唱赞奥义书》,《五十奥义书》,中国社会科学出版社1984年版,第115页。
② 《薄伽梵歌》,《徐梵澄文集》第8卷,上海三联书店、华东师范大学出版社2006年版,第18页。
③ 同上。
④ 《大林间奥义书》,《五十奥义书》,中国社会科学出版社1984年版,第528、527页。
⑤ 同上书,第536页。

《薄伽梵歌》有这样的意识:"'我'为万物初始兮,庶品有'我'而兴;智者殷性如是兮,礼'我'唯敬念是凭。"①泰戈尔也有明确概括:"对于他们来说人和大自然的和谐是伟大的事实。人能够思索是因为他的思想和周围事物是一致的,人类能够利用自然的力量来达到自己的目的,也只是因为他的力量同宇宙的力量是和谐的,而且长期以来人类的意图同贯穿在大自然里的意图永远不能互相冲突。"②克里希那穆提则从另外的角度阐述了他的意识:"世界并不是与你我截然分开的。这个世界、这个社会就是我们相互之间建立或寻求建立的关系","世界并不是与我们分离的;我们就是这个世界,我们的问题就是世界的问题"。③

我们可以说,印度美学的基本精神其实就是梵的精神。所谓梵的精神其实就是生命精神,如《考史多启奥义书》所说"生命气息者,大梵也。"④"遂知生命气息为大梵。盖由气息而此众生得以生,以气息生者得以存,死者又归入于气息也。"⑤就是认为一切事物都有生命与灵魂。"大梵为真,为智,为无极。"⑥"遂知智为大梵。盖由智而此众生得以生,以智生者得以存,死者又归入于智也。"⑦印度美学的人格理想,是以充满智慧的认识获得最高灵魂的人;是在统一的灵魂中发现最高灵魂与内在我完美和谐的人;是在内心摆脱了全部私欲而亲证最高灵魂的人;是在今世的全部活动中感受到他(最高神),并且已经获得宁静的人,是全面证悟了最高神,已经找到了永久的宁静,与万物结合而进入宇宙生命中的人,是通过社会平等乃至自然平等而达到自我乃至人类的共同解放的人。《薄伽梵歌》有云:"见其平等遍在兮,自在主与万有咸俱;不以自我戕贼'自我'兮,乃践履无上之途。"⑧佛陀甚至将这种梵的精神

① 《薄伽梵歌》,《徐梵澄文集》第8卷,上海三联书店、华东师范大学出版社2006年版,第18页。
② 泰戈尔:《人生的亲证》,商务印书馆1992年版,第5页。
③ 克里希那穆提:《生命之书》,华东师范大学出版社2005年版,第86页。
④ 《考史多启奥义书》,《五十奥义书》,中国社会科学出版社1984年版,第41页。
⑤ 《泰迪黎邪奥义书》,同上书,第308页。
⑥ 《考史多启奥义书》,同上书,第290页。
⑦ 同上书,第309页。
⑧ 《薄伽梵歌》,《徐梵澄文集》第8卷,上海三联书店、华东师范大学出版社2006年版,第18页。

第七章 美学的生命智慧

与其宗教戒律严格联系了起来，建立了最可宝贵的尊重一切自然乃至宇宙生命的生态伦理美学思想。这是印度美学生命智慧最可宝贵的内容。

第八章

美学的教育智慧

第一节　西方美学的教育智慧

一、西方马克思主义美学与现代教育

西方马克思主义美学虽然在许多方面与正统马克思主义有着不尽相同的理论主张,但他们对发达工业社会的批判和对审美解放的重视,使其在政治实践方面无所作为的同时,却在理论尤其是美学研究方面取得了丰硕成果,甚至可以说是对马克思主义在现代工业社会状态的长足发展。其所蕴涵的美学智慧,对我们反思现代教育有着十分深刻的启发意义。

其一,西方马克思主义美学与社会教育。

关注发达工业社会,进行文化批判,是西方马克思主义美学的一个主题。卢卡奇在马克思商品形式将一定社会关系转变为物与物关系虚幻形式理论的基础上,明确指出:商品结构的本质使"人与人之间的关系获得物的性质"①。马尔库塞在结合弗洛伊德与马克思观点的基础上,批判现代资本主义社会是压抑爱欲的社会,指出其文明是压抑性文明。不仅使异化劳动普遍化、制度

---

① 卢卡奇:《历史与阶级意识》,商务印书馆 1999 年版,第 146—147 页。

化,而且使超我非人格化,并且导致了对力比多的约束。如在他看来,不仅"劳动几乎完全异化了"①,而且"由于统治变成了一个无偏见的管理制度,指导着超我发展的形象也就变得非人格化了"②。西方马克思主义美学对发达工业社会的批判,不仅对是一切国家社会发展的严肃思考,而且对是对现代教育及教育思想的严峻挑战。

一切国家的社会建设都应该借鉴西方马克思主义美学对发达工业社会普遍异化的批判理论。马尔库塞至少为我们揭露了以下缺憾:西方现代文明使人们的整个工作活动及娱乐活动普遍地成为一系列甘受管理的有生命物和无生命物,使人类成为全然没有自身存在价值和独立原则的一种物品和原料;且由于社会劳动等级制的发展,不仅使统治合理化,而且使对统治的反抗成为一种不再能得到报酬和补赎的自我犯罪;统治由貌似无偏见的管理制度取代了过去的主人、酋长和首领,从而使攻击性冲动失去了活生生的对象,使仇恨所遇到的都是一些忠于职守的无辜牺牲品;异化劳动不仅占据个体的大部分劳动时间,甚至蔓延到闲暇时间,以及生殖器性欲冲动的方面。既然现代教育要关注现实生活,那么引导青年人通过西方马克思主义美学客观地看待现代工业社会就显得十分必要。这既能够让人冷静地思考西方资本主义文明的缺憾,还能改变崇洋媚外思想。但是在中国现代教育至少在政治理论教育之中不同程度存在排斥西方马克思主义的思想。

其二,西方马克思主义美学与课程教育。

卢卡奇认为,马克思主义辩证法的本质为"具体的总体是真正的现实范畴"③,马克思整体观念是"历史地了解社会关系的方法论的出发点和钥匙"。④ 现代教育应该强化马克思整体观念教育,引导学生树立这样的意识:要对人类社会生活进行整体理解,不能以单纯的自然因素来解释历史,要将主体与客体的全部社会运动作为历史的基础,来突出人类物质存在活动的实践性和社会性。只有在这种把社会生活的孤立事实作为历史发展的环节并把它

①　马尔库塞:《爱欲与文明》,上海译文出版社 2005 年版,第 77 页。
②　同上书,第 745 页。
③　卢卡奇:《历史与阶级意识》,商务印书馆 1999 年版,第 58 页。
④　同上。

们归结为一个总体的情况下,对事实的认识才能成为对现实的认识。总体的观点不仅规定对象,而且也规定认识主体。人应当意识到自己是社会的存在物,同时也是社会历史过程的主体和客体。认识现象的真正对象性,以及它的历史性质和在社会总体中的实际作用,就构成认识的统一不可分性。但这种统一性却为假的科学方法所破坏,出现了"孤立的"事实及其事实群,以及如经济学、法律等专门学科,这种趋势似乎为科学研究大大开辟了道路,使其因为发现事实本身所包含的倾向,并提高到科学地位,乃至使其显得特别"科学",但却严重破坏了整体的具体统一性的辩证法。其实陆象山当年反对朱熹铢分毫析的辨析方法,提倡石称斗量的整体把握方法时已经指出了这一点:"铢铢而称之,至石必缪;寸寸而度之,至丈必差;石称丈量,径而寡失。"(《象山语录》上)卢卡奇坚持认为科学技术的专门化破坏了作为认识主体的人的整体性,使劳动力与个性相分离,被客体化为一种物和商品,乃至导致人类本性的破坏:"分工中片面的专门化越来越畸形发展,从而破坏了人的人类本性。"①

现代教育应该重视卢卡奇对社会劳动分工以及由此所形成的科学乃至学科的严重弊端的认识,在学科尤其课程建设方面要引以为戒。自从有了社会分工,学科分类总是朝着愈来愈狭隘的方向发展。如果这种愈来愈狭隘的学科化、专业化的短视行为,只有一种存在理由的话,那就是便于人们以有限精力进行力所能及的研究,但这种投机引发的直接后果是既制约了科学研究的发展,而且也使人类被肢解为残缺不全的畸形人和片面人。关于越来越狭隘的学科化和专业化发展态势所导致的诸多问题,近年来也引起了国内外许多思想家和教育家的广泛关注,甚至发展到怀疑乃至否定科学的程度,如法国思想家埃德加·莫兰指出:"如果科学不是超学科的,它就从未成为科学。"②雷海宗也认为:"学问分门别类,除因人的精力有限之外,乃是为求研究的便利,并非说各门之间真有深渊相隔。学问全境就是一种对于宇宙人生全境的探讨与追求,各门各科不过是由各种不同的方向与立场去研究全部的宇宙人生

---

① 卢卡奇:《历史与阶级意识》,商务印书馆 1999 年版,第 166 页。

② 埃德加·莫兰:《复杂思想:自觉的科学》,北京大学出版社 2001 年版,第 102 页。

而已。"①

尽管人们越来越认识到学科化和专业化不仅是科学研究的大敌，而且是人类走向自由和解放的绊脚石，尽管学科的交叉、互涉和融合，已经成为20世纪以来学科和专业发展的时代特征，以及科学创新的突破口和学科发展的变革力量，但现代教育却仍以各种方式强化着这种残缺与片面。这种世界性教育通病的直接后果就是将本来完整的人也分割成残缺的碎片。尼采对此有深刻认识："我们当今的教育的确有些令人痛心，是充满异味之碗，碗中杂乱无章地漂浮着无味的碎片：基督教的碎片，知识的碎片，艺术的碎片，连狗都吃不饱的东西。但所提出的治理这种教育的手段几乎同样令人痛心，这些手段便是基督教的狂热、科学的狂热、艺术的狂热，而提出这些治理手段的人也是站不住脚的，这仿佛是想通过罪恶来治愈缺陷。"②爱默生几乎表达了相同的看法："人就像是从躯体上截下来的一段，犹如一群会行走的怪物，神气十足地走来走去，而其实只是一只手指、一段脖颈，一只胃，一只肘，而绝不是一个完整的人。"③其实教育的意义就在于唤醒早已经存在于每一个心灵深处的直觉感悟与生命智慧。除了迫于生存不得已而掌握那些专门知识与技巧之外，大部分知识内容无须花费时间来传授给所有人。学校传授的大部分内容往往只是对那些专家适用，而对普通人是毫无用处的。现代教育日益学科化专业化的趋势已经造成了十分严峻的后果：不仅使不同学科和专业的人丧失了思想交流的共同基础，而且导致了日益严重的片面化与单向度化。日益狭隘的学科化趋势只能强化日渐孤芳自赏、妄自尊大的学科堡垒和孤陋寡闻、妄自菲薄的学科专家。尽管人们总是十分尊重那些所谓的专家，其实这些专家的特长也就是懂得别人不大懂得的东西。事实上，所谓专家如果仅仅是专家，那只能证明他是极其不幸的人，不仅知识结构有严重缺陷，而且人格结构也有严重缺陷。

人首先应该是一个完整的人，而不只是一种职业、专业或学科的人。教育的任务不应该是培养这些知识和人格结构残缺不全的人，而应该培养有完整

---

① 雷海宗：《专家与通人》，选自《大学精神》，辽海出版社2000年版，第221页。
② 尼采：《尼采遗稿选》，上海译文出版社2005年版，第40页。
③ 爱默生：《美国的学者》，选自《爱默生散文选》，百花文艺出版社2005年版，第204页。

知识和人格结构的和谐的人。教育的这种任务,决定了课程的设置必须打破学科和专业界限,尽可能创造条件开设那些无法用现有学科和专业观念来界定的课程,它不属于所有课程,又属于所有课程,总之是那种无法用简单课程概念来归类的那些课程。这些课程的优势,不仅由于基于人性的共同因素,使不同的人具有进行交流的共同思想基础,而且因为它们常常超越所有学科局限具有真正的超学科性,并因此具有培养全面知识和人格结构的优势。

其三,西方马克思主义美学与审美教育。

怀疑科学、崇尚艺术是西方马克思主义美学的一个基本倾向。卢卡奇等西方马克思主义美学家对艺术乃至审美活动寄予厚望。卢卡奇在继承席勒所谓"一切其他的训练都会给心绪以某种特殊的本领,但也因此给它画了一个界限,唯独审美的训练把心绪引向不受限制的境界"[1]等思想的基础上,将改变物化现象的希望寄托于美学,并很大程度上强调了审美的重要性:"生活的全部内容只有在成为美学的时候,才能不能被扼杀","美学原则应该被提高为塑造客观现实的原则"。[2] 马尔库塞指出:"审美功能通过某一基本冲动即消遣冲动而发生作用,它将'消除强制,使人获得身心自由'。它将使感觉与情感同理性的观念和谐一致,消除理性规律的道德强制性,并'使理性的观念与感性的兴趣相谐和'。"[3]现代教育应该确立这样的认识:人类只有通过审美才能走向真正的自由,只有在审美活动之中,感官与精神、感受力与创造力才会幸运地获得均衡发展,而这种均衡就是美的灵魂和人性的条件。所以美是人性的完满实现。美的最高理想就是实在与形式的尽可能完美的结合与平衡,而整合所有的美,使人类在现实世界之中成为审美的人作为人类文明的最重要的任务之一,应该是审美教育的主要任务。

人类一切生命活动的终极目的之一,就是使人类获得自由与解放。马克思虽然没有直接地将审美教育作为实现人类自身自由与解放目标的主要手段,但他同样把"创造着具有人的本质的这种全部丰富性的人,创造着具有丰

① 席勒:《审美教育书简》,上海人民出版社2003年版,第172页。
② 卢卡奇:《历史与阶级意识》,商务印书馆1999年版,第219页。
③ 马尔库塞:《爱欲与文明》,上海译文出版社2005年版,第140页。

第八章 美学的教育智慧

富的、全面而深刻的感觉的人作为这个社会的恒久的现实"①。创造具有人的本质的全部丰富性的人,具有丰富的、全面而深刻的感觉的人,应该是教育的终极目的。审美的目的只在于使人成为具有丰富的、全面而深刻的感觉的完整的人,而不是为了投机取巧、牟取暴利。人们只有在真正的审美状态中,才能感觉到自己好像是脱离了时间与空间的限制,摆脱现实世界物质与精神的束缚,而完全觉得自己是一个自由幸福的人,也只有在这种状态之中,人性的各种因素才不受外力影响和损害完整地表现出来,乃至成为具有丰富的、全面而深刻的感觉的完整的人。实用主义美学虽然对审美无功利有不同看法,但当它将艺术表演乃至一切艺术品作为审美对象,同时也将生活本身作为一种要求艺术地塑造和可以通过审美方式来欣赏的艺术表演或艺术品来看待时,就突破西方美学狭隘艺术视界,具有了更广泛的生活意义。现代教育应该扩大传统审美教育的范围,最大限度地将现实生活本身也作为审美对象,这就能够使人类的审美自由与解放获得更广阔的发展空间。

二、西方现代主义美学与现代教育

西方现代主义美学虽然取得了真正丰硕的成果,形成了诸多美学流派和理论成果,甚至超过了西方历史上的任何时期。但是他们的影响还停留在相当专业的美学领域,对于现代教育似乎没有产生预期的影响,至少是相当多的教育工作者还没有真正认识到其理论价值。我们选择其中几个代表性流派的观点,来探讨西方现代主义美学对现代教育尤其语文教育的作用,也许是有一定启示意义的。

其一,接受美学与阅读教学。

接受美学是 20 世纪西方重视读者研究的最具代表性的美学流派之一。尧斯有这样的看法:"艺术接受不是简单被动的消费;它是有赖于赞同和拒绝的审美活动。"②他们所提出的以读者为研究核心,强调读者在文学活动之中的创造主体地位的文学观,对我们进行现代教育强化学生的主体地位是有重

---

① 《马克思恩格斯全集》第 42 卷,人民出版社 1979 年版,第 126—127 页。

② 尧斯:《审美经验与文学解释学·作者序言》,上海译文出版社 2006 年版,第 13 页。

要指导意义的。

一是激发学生的阅读创造性。接受美学认为：读者是文学阅读的能动创造的主体，所有文学作品只有在读者的阅读过程之中才能最后完成。借用伽达默尔的观点，"艺术作品的存在就是那种需要被观赏者接受才能完成的游戏"①。文学作品的意义只有在读者的阅读过程中才能产生，是作品与读者相互作用的产物。文学作品具有不确定性和空白等意义潜在性，这种意义潜在性构成了文本或审美对象的基础结构即伊塞尔所谓"召唤结构"。正是这种"召唤结构"赋予读者参与作品意义创造的权利。读者可以通过对文学作品的意义的填补和丰富，使其潜在意义获得现实化。阅读教学的首要任务是促使学生充分认识自己阅读创造的主体性，认识文学作品只有经过自己的理解和阐释才最终成为文学作品，否则只是一种孤立于自己而存在的印刷符号。读者阅读的任务就是充分发挥自己的学识修养和审美水平，通过文学作品的某些文字信息，尽可能抓住文学作品的空域，大胆发掘和破译文学作品的潜在意义。如伊塞尔说："所言部分只是作为未言部分的参考而有意义；是意指而非陈述才使意义成形、有力。而由于未言部分在读者想象中成活，所言部分也就'扩大'，比原先具有较多的含义；甚至琐碎小事也深刻得惊人。"②由于文学作品的意义不确定性和意义空白是激发学生阅读创造性的前提，所以阅读教学的中心任务就是引导学生发现并填补这些不确定性和意义空白，所发掘的意义不确定性和空白越多，阅读的想象和思维活动便越活跃，创造性便越大。正因为学生学识修养和审美水平较为有限，发掘与填补的能力不高，教师的引导才显得十分重要。只有在阅读中不消极被动地接受，创造性地将自己的思想感情、艺术趣味与文学作品融为一体，发掘并确定和填补文学作品的意义不确定性和空白，作品的潜在义才能获得具体化或定型化，才能实现与作者共同创造文学作品的目的。如《林黛玉进贾府》，可以对宝黛二人初次见面却似曾相识的原因这一意义空白作些填补：一种可能是宝黛二人曾分别多次听贾母、贾敏等叙说，彼此心目中已有一定印象；一种可能是宝黛二人受遗传因

① 伽达默尔：《真理与方法》上，上海译文出版社 1999 年版，第 215 页。
② 伊塞尔：《本文与读者的相互作用》，选自《二十世纪西方美学名著选》下，复旦大学出版社 1988 年版，第 511 页。

素影响,相貌气质分别有些像贾敏、贾母,而宝黛二人又分别对贾母、贾敏比较熟悉;一种可能是宝黛二人性格、气质相似,可谓"心有灵犀一点通";一种可能是如《红楼梦》所云二人前世有缘,彼此都是"情种"等。当然,我们主张引导学生充分发挥阅读创造性去确定和填补文学作品的意义不确定性和空白,一定要防止牵强附会、随意发挥,要实事求是,对无法确定和填补的潜在义姑且存疑。

二是拓展学生的期待视界。接受美学认为:读者阅读作品时往往具有一种期待视界。期待视界作为一种审美经验是以往审美经验的概括和总结,对过去时代的作品具有普遍适用性。但当某些作品彻底突破并否定这些经验视界,逐渐得到读者认同,就能够进入未来审美视界,形成新的期待视界。一个基本事实是:当阅读的作品与自己的期待视界一致就会丧失兴趣,反之,当作品超出和校正了期待视界便会激发阅读的兴趣。否定并改变期待视界,常常决定一部文学作品的艺术魅力:"有一些作品,在它们问世时,并没有着意写给什么专门的读者群,但它们却极其彻底地突破了人们熟识的文学期待视界,它的读者群只能逐渐发展起来。那样,当新的期待视界比较普遍地流行时,改变了的审美标准的威力就表现为,读者体验到从前成功的作品已经过时了而不再欣赏它。"①熟悉人们的期待视界,充分地引导学生发掘文学作品中所蕴涵的超出和校正期待视界的因素,不仅可以充分地发掘文学作品的创造性因素,而且能够有效提高学生的阅读兴趣,丰富和拓展期待视界,最大限度地提高阅读创造性。如《景阳冈》中武松这位具有传奇色彩的英雄形象,也校正了我们原有的对英雄英勇无畏、所向无敌的期待视界,而展示他出于酒兴偏向虎冈行的形象。当击毙老虎后,见草丛里的人影竟误以为虎,不禁吓得喊了声"啊呀,今番罢了"。学生先前接受的文学作品或获得的经验,往往是后来理解新文学作品的前提,而新的尤其质量较高的文学作品往往内容与形式等方面部分或全部地否定了学生的期待视界,使学生将它置于脑后,又逐渐发展自己去适应文学作品,从而形成新的期待视界。这种能引起学生期待视界变换

---

① 尧斯:《文学史向文学理论的挑战》,选自《二十世纪西方美学名著选》下,复旦大学出版社 1988 年版,第 484 页。

的文学作品,往往能拓展学生的期待视界,形成新的审美标准。善于发掘和捕捉文学作品中能超出和校正学生期待视界的因素,是阅读教学的重点和难点,也是文学作品的精华所在。

三是展示读者的接受方式。接受美学把读者的接受方式区分为垂直接受与水平接受。所谓垂直接受主要是从历史发展角度评价作品被读者接受的情况及其变化,所谓水平接受指同时代人对文学作品接受同中有异、异中有同的状况。欣赏文学作品,既要把它放在历史发展中,也要考虑每一历史阶段本身存在的共时性系统。只有全面结合这两种接受方式,才能达到对文学作品的全方位观照,因为"文学的历史真实在历时性与共时性的交叉点上显露出来"。① 由于文学作品本身具有意义的潜在性,需要相当长的时间才能被理解和认识,同时人们受当时政治、经济、文化等因素限制,到另一时期克服了这一限制,才能形成新的期待视界,才有可能产生新的理解和认识,因此对某一文学作品的垂直接受存在不尽相同的现象。阅读教学只有尽可能列举不同时代对某一文学作品的不同理解和认识,并加以分析,才能使学生形成历史地分析文学作品的能力。如教《孔雀东南飞》,我们可以指出:这篇文学作品公诸后世五六百年,直到明、清之际才引起反响,当时的人们大致都认为是表节义思想的,如朱嘉征《乐府广序》称"义守节也",朱乾《乐府正义》云刘兰芝"从一而终,可谓能守义矣"。直到新中国成立后,游国恩等学者才提出反封建礼教说、反封建制度说、反封建家长制等。近年来也有人从精神分析学的角度提出恋子情结等。教师还应该认识到,即使同一时代,不同读者由于社会经历、文化水平、个人气质和审美倾向不同,对同一文学作品的理解和认识也有所不同。经常关注有关文学作品的学术争鸣,指出并分析同一时代不同人们对同一文学作品的不同理解和认识,有利于帮助学生形成独立思考、认真辨析问题的能力。教师应该充分认识到水平接受的复杂性和多面性,反对简单、机械的单一分析。对学生水平接受出现的复杂性和歧义性要积极鼓励,适当引导,切忌强求同一,排斥异己。

---

① 尧斯:《文学史向文学理论的挑战》,选自《二十世纪西方美学名著选》下,复旦大学出版社 1988 年版,第 495 页。

借鉴接受美学的核心任务,是通过充分发挥学生的主体作用和教师的主导作用,帮助学生积累创造性审美经验,从而最大限度地提高他们的审美创造能力。其实所谓创造性审美经验是有着更丰富内涵的:"创造性的审美经验就不仅是指一种没有规则和范例的主观自由的生产,或者在已知世界之外去创造别的世界;它还意味着一种天才的能力,要使人们所熟悉的世界返璞归真,充满意义。"①在接受美学看来,审美活动常常能够使审美者在审美的回忆之中成功地创造旨在使不完美的世界图像与瞬间经验臻于完美和永恒的最终目标。所以,借鉴接受美学进行阅读教学的根本,还在于帮助学生创造并树立这种最终目标。

其二,语义学美学与阅读教学。

教学的成败某种意义上取决于教学观念,而阅读教学观念主要依赖于对文学作品的理论认识。虽然没有一定美学理论作为指导的阅读教学,并不是完全没有道理的,但有一定美学理论作为指导的教学将是别开生面的。许多教师讲授文学作品,之所以只知道用庸俗社会学图解文学作品,长时间没有明显进步,就是因为缺乏恰当的美学理论作为指导。瑞恰兹非常主张区别情感语言和符号语言,认为艺术中使用的是情感语言,而"诗歌乃是情感语言的最高形式"②等一系列新批评派理论,对我们进行阅读是有十分重要的指导意义的。

一要重视阅读的心理感受。瑞恰兹认为:"我们所有自然而然的言语措辞都是会导致误解的,尤其是我们用于探讨艺术作品的那些遣词造句。"③迄今为止的所有语言,尤其人们平时讨论艺术的语言往往成功地掩盖了被讨论事物的真正本质。这是因为语言的自然倾向都是在哄骗。人们往往变得习惯于那些语言,乃至在讨论艺术作品的语言时会忽略艺术作品中实际存在的东西,也容易忘记这个事实。在瑞恰兹看来,由于语言成功地掩盖了人们谈论的事物,所以批评家针对文学作品所发表的意见,其实并不关涉被谈论的事物本身,而只是涉及批评家自身的批评心态和经验。即所谓"批评意见仅仅是心

---

① 尧斯:《审美经验与文学解释学》,上海译文出版社 2006 年版,第 12 页。
② 瑞恰兹:《文学批评原理》,百花洲文艺出版社 1992 年版,第 249 页。
③ 同上书,第 14 页。

理意见的一个支流,解释价值没有必要导入任何道德或形而上学的思想"①。事实上,人们揭示艺术的本质,或发掘艺术作品的某些普遍规律,基本上都是没有多大意义的。阅读一般情况只是对心理感受的主观描述,而不可能是一种近乎客观的理论阐释,所以不必力求每篇作品都有一个明晰的理性阐释,许多优美的艺术作品本身难以阐释清楚,教学的任务只能是引导学生凭借直觉去感知艺术作品,而不是进行概念判断与理性分析。

二要注意阅读的情感符号。瑞恰兹认为语言有两种用法:"可以为了一个表述所引起的或真或假的指称而运用表述。这就是语言的科学用法。但是也可以为了表述触发的指称所产生的感情的态度方面的影响而运用表述。这就是语言的感情用法。"②科学陈述仅仅为了传达信息,要求排除模糊朦胧,具有逻辑性和真实性;诗的陈述则仅仅用于表达情感,它的任务不在对事实作出报道。诗歌中的陈述本质上是非逻辑推理的,即使出现逻辑推理,也从属于情感,是用以激发情感态度的,要比仅仅是一种参照符号的语言具有更为深远的意义。情感语言在长期发展中甚至会形成某些特定情感符号,使人们通常使用相对稳定的事物抒发特定情感,如"渭城朝雨浥轻尘,客舍青青柳色新"(王维《送元二使安西》)、"今宵酒醒何处,杨柳岸晓风残月"(柳永《雨霖铃》),杨柳几乎是离情别绪的代名词。阿恩海姆有这样的阐释:杨柳依依垂柳摇曳的形态与人在悲哀时心理张力的结构是同形同构的。"一颗垂柳之所以看上去是悲哀的,并不是因为它看上去像是一个悲哀的人,而是因为垂柳枝条的形状、方向和柔软性本身就传递了一种被动下垂的表现性"。③ 除此而外,如"寒风摧树木"(《孔雀东南飞》)、"风急天高猿啸哀"(杜甫《登高》)之中,狂风几乎是沉郁悲凉的感情符号,在"孤云独去闲"(李白《独坐敬亭山》)中,"孤云"显然是孤寂的感情符号。阅读教学要引导学生仔细品味思想感情,并对特定情感符号进行归纳总结。

三要关注阅读的朦胧表征。伊格尔顿这样阐述瑞恰兹的看法,由于科学语句的"拟陈述"非真即假,非假即真,而诗歌语言则非真非假,是一种"情感

---

① 瑞恰兹:《文学批评原理》,百花洲文艺出版社 1992 年版,第 17 页。
② 同上书,第 243 页。
③ 阿恩海姆:《艺术与视知觉》,四川人民出版社 1998 年版,第 619 页。

语言","是一种看上去好像阐释世界而实际上却只是以令人满意的方式将我们对于世界的感情组织起来的'似是而非的表达'"。① 诗作为"情感语言"的最高形式,其情感表现是通过词的情感意义实现的,而词的情感意义则全因说话者和受话者主观意念的不同而表现出差异。一首诗是一些词的有秩序安排,文法和逻辑意义相对稳定,但其联想意义却不仅因人而异,而且对同一读者来说,也可以因事而异和因时而异。如此便出现了艺术作品的多义性问题。由于似是而非的表达,以及对艺术作品意义因人、因事、因时而异的主观解释,常常导致朦胧的多种类型。燕卜逊指出:"在对待各个含混的句法时,不要宣称你在对作者写的东西进行解释,而要说你在展现作者心里想到的东西(这会使传记家感兴趣),或者说你在披露读者心中可能产生的东西(这会使诗人感兴趣)。"②教学中较为普遍存在的现象,是将读者对文学作品的理解一味地认定为作者的意图。正因为如此,对文学作品的阅读,永远不会有唯一正确的终极阅读。但现代教育却变换多种方式强化着所谓唯一正确的终极答案。

真正卓有成就的阅读活动是一种需要读者全身心投入的精神活动。瑞恰兹有这样的强调:"在恰如其分地阅读各类比较伟大的诗歌时,除了读者个人所特有的成分,一切都会卷入进去。必须要求读者不戴眼罩,不可忽视任何相关的东西,丝毫不能松懈而要全身心投入。"③引导学生全身心地投入到阅读之中,不仅是阅读教学的根本原则,同时也是培养和谐人格的一个重要方法。

三、西方后现代主义美学与现代教育

西方后现代主义美学是一种更加复杂的美学现象。这不仅因为理论家的构成并不完全确定,而且其理论主张也不十分一致。事实上人们对后现代主义的认识和评价也完全不同。平心而论,后现代主义美学的大多数理论值得商榷,而且其理论贡献也可能并不令人满意,但是它所显露出来的怀疑乃至否定的精神,却对创造教育具有十分重要的启发意义。

---

① 伊格尔顿:《文学原理引论》,文化艺术出版社1987年版,第56页。
② 燕卜逊:《朦胧的七种类型》,选自《二十世纪西方美学经典文本》第2卷,复旦大学出版社2000年版,第853页。
③ 瑞恰兹:《文学批评原理》,百花洲文艺出版社1992年版,第69页。

其一,后现代主义美学与教育理念。

后现代主义美学的一个基本精神就是怀疑一切、否定一切。在后现代主义美学看来,尽管长期以来,人们总是相信无论自然界、社会界,还是精神界,都存在一定客观的、自在的、不以人们意志为转移的所谓本质规律,如果谁认识到这种本质规律,谁就被认为发现了真理,谁就因此受到人们的尊敬。人们也就毫不怀疑地将这种所谓真理作为具有普遍意义的永久不变的价值、思维和行为准则,用来约束和指导人们的一切活动。但无论作为宗教领域的上帝,科学领域的本质,还是哲学领域的真理,乃至一切领域的至高无上的理念、价值和精神,其实都是人们自己创造出来用以自我安慰和逃避的手段而已。他们认为,无论所谓信仰、知识,还是价值、真理等,其实都是虚无的。尼采是这一精神的先驱。他明确声称:"我赞美一切怀疑","我相信:一切事物的价值必须必将重新得到评估"。① 此后许多后现代主义的思想家如瓦蒂莫、利奥塔、德里达等都基本上持这一态度。虽然人们只有真正喜欢某种事物的时候,才有可能从内心深处真正地接受它,但如果没有真正怀疑甚至否定权威的精神,就不可能有认识和科学的真正进步。

几千年来思想家们总是为了证明某种东西而思考着,但所有想证明某种东西的思想家其实都是可疑的。他们得出来的诸如灵魂得救之类的结论,实际上是一种貌似伟大的专断甚或专制的偏见,但这些伟大的愚蠢却长期以来以真理的姿态行使着教育的权利和使命,并且不断地培养出奴隶式的服从意识与愚蠢的权威精神。教育,无论哪一种层次的教育,其实都在这种极其粗鲁、武断、专制的方式之中系统地强化着奴隶精神的培养。许多教师甚至如那些宗教家、科学家或哲学家一样以真理的权威身份自居,常常变换不同形式重复着"顺我者昌,逆我者亡"的专制教育理念。某些特别偏僻、落后的地区专制色彩更浓,而在许多发达地区也还是以教材和考试等形式不断强化着这种权威性。

教育尤其是高等教育的目的,首先应该是培养一种自由创造的精神。因为它不仅符合自然宇宙创化的基本规律,而且也是人类生命得以绵延与进化

---

① 尼采:《快乐的知识》,中央编译出版社 2005 年版,第 38、139 页。

的主要保证。将教育导向一种具有深远意义的自由与创造是至关重要的,它甚至关系到教育质量与人类进步。实际上怀疑一切的精神就是一种自由创造的精神。所以大胆怀疑一切权威的精神应该受到现代教育的提倡与强化。现代教育应该尽一切可能拓宽自由创造的空间:政府和学校应该为教师创造自由宽松的学术氛围,只要不违背宪法,许多问题都可以在学术范围内自由争论,而且法律也得赋予人们自由表达自己思想意识的权利。教师也应该允许学生按照自己的思想阐述关于一些问题的具体看法,并不都要求符合所谓权威结论,甚至要大力提倡并鼓励那些敢于对权威结论提出怀疑挑战的学生,即使这些怀疑和挑战并不具有自圆其说的能力,只要敢于怀疑和否定权威,就应该受到尊重和表扬。这种理念在高等教育之中显得尤其重要,而且可以贯穿于中学、小学教育之中。雅斯贝尔斯指出:"在大学的势力范围内,除了不可穷尽的真理之外,它不尊崇任何权威;而对于真理,一方面任何人都可以去寻求,但另一方面,谁都不能说自己手中所掌握的真理是十全十美、无以复加的。"①后现代主义美学走得更远,它甚至完全否定了真理的存在。即使按照雅斯贝尔斯的看法,既然没有哪一个人敢于肯定自己所掌握的真理就是十全十美的,那么怀疑这些所谓真理就是理所当然的了。

如果按照后现代主义美学所有真理都是虚无的观点,我们就可以更加理直气壮地怀疑一切了。德里达指出:"去叛逆霸权并质疑权威。从这个角度讲,解构一直都是对非正当的教条、权威与霸权的对抗。"②现代教育也应该有这种叛逆、质疑,乃至对抗权威与霸权的精神。遗憾的是,中国现代教育往往要求学生以教学大纲、教材和教师讲授内容为至高无上的权威,并通过不断得到普遍化的考试制度来强化着这种权威性,这不仅从根本上剥夺了怀疑并追求更高层次真理的权利,而且错误地承认了绝对真理的存在,并将相对真理绝对化了。这不仅是教育的失误,而且是认识上的根本失误。

其二,后现代主义美学与教育策略。

后现代主义美学的又一基本精神是提倡彻底的多元化。后现代主义美学

---

① 雅斯贝尔斯:《大学的理念》,上海人民出版社 2007 年版,第 85 页。
② 德里达:《书写与差异》上,三联书店 2001 年版,第 15—16 页。

不承认有普遍的、统一的观念模式存在,反对将任何一种古老观念模式作为普遍观念模式强加于其他任何人;承认差异的存在,承认开放性,多义性,不可把握性和不可预见性,主张各种观念模式并行不悖、相互竞争,以及彻底的多元。在他们看来,各种观念模式其实都没有压倒其他模式,并要求其他模式屈从的权利,也没有必须服从其他模式的义务。后现代主义美学不是也不再期求创造一种具有普遍真理性质的理论,他们所建构的理论常常依赖对差异或延异的尊重与占有,不再抹去差异与对立,常常在一个物与另一个物、一个对立项与另一个对立项之间摇摆与位移。福柯作了这样的阐述:"它并不想依靠自己和在自身的基础上建立普遍理论,而那些话语可能是这一理论的具体模式。问题是要展开一种永远不能被归结到差别的唯一系统中去的扩散,一种与参照系的绝对轴心无关的分散;要进行一种不给任何中心留下特权的离心术。"①

现代教育应该借鉴后现代主义美学的彻底多元性精神,采取多元教育策略。首先应该给教师以极大自由,无论教学内容还是教学方法方面都应该如此。大学生具有较强的自学能力,教材的内容常常只有在特别需要提醒和强调的时候才有被提及的必要,教师更加艰巨的任务是在学科发展的前沿水平上展示自己的知识与水平,许多情况下尤其有必要用简练的语言概括学科发展的动态及存在的问题,并在所教学科主要问题上深入阐述自己重要而独到的见解。因为这样可以有效激发他们学习的兴趣,培养独立思考和从事科研的能力。应该允许教师离开所教学科及授课内容,拓展到其他学科领域,甚至可以允许教师为了营造新鲜、活跃的课堂气氛暂时离开授课主题闲谈一些学生感兴趣的其他话题,这样既可以突出教师授课的个性化色彩,又可以有效提高教学效率。一个常见的现象是,给学生留下终生印象的往往不是那些与授课主体有关的内容,而是那些游离于主题之外的闲谈,那些真正与主题有关的内容常常由于刻板乏味而最容易被遗忘。真正卓越的教师应该在教学内容和教学方法等方面有鲜明的个性色彩。而且事实上,教育上存在的教学大纲和考试大纲等教育制度,除了具有通过简单规范督促一些不够资格的教师和学

① 福柯:《知识考古学》,三联书店 2003 年版,第 228 页。

校完成相应教育任务的作用之外,绝大多数情况下只能起束缚作用。雅斯贝尔斯指出:"像教学大纲、课业的其他技术性方案这类人工性的指导方法,只会把大学搞成高中,这是和大学的理念相抵触的。"①只有强调个性化教育风格,才有可能形成真正多元化教学模式,最大限度地提高教育质量和效率。相反,任何强调采用一种教学大纲、一种考试大纲,乃至一种教材、一种教学内容和教学方法与模式的教育制度,实际上都是一种对教育资源乃至人力资源的极大浪费。

　　既然不存在真理尤其是绝对真理,既然所有真理其实都是相对真理甚至谬误或虚无,那么,所有学科甚至包括能够成其为科学的学科和不能够成其为科学的学科,其实都不可能通过对普遍性的占有而成其为真理,充其量只能是通过对差异与延异的占有而成其为学科。这样,所有学科的教育其实都可以在不同思想观点甚至相互对立的思想观点之间摇摆不定,而不必一定在其中选择一种思想观点作为唯一正确的思想观点。既然所有学科正是依赖差异而存在,并且依赖差异而发展,那么这种在不同的甚至彼此对立的观点之间摇摆的多元教育策略就真正体现了学科存在与发展的根本。不仅高等教育可以采取这种多元化教育策略,中小学教育也可以根据教学内容采取这种策略。其中比较可行的办法就是采取发散教学法,运用发散思维组织教学,针对某一具体问题,通过许多细致的联想,大胆求异,从不同方向得出解决问题的多元化答案。只要从给定信息中产生信息,甚至从同一来源引发各种不同输出信息,并在众多信息中不确定其中哪些信息真正占据主体地位,就能够实现在众多差异的信息之间摇摆与位移,就能够真正体现出多元教育策略的优势来。希鲁纳认为教学"最理想的结构乃是提出一套命题,从中引出大量的知识"。②一般来说,提出的命题和所引出的知识,数量越多、质量越高,越有利于鼓励学生大胆怀疑、分析和批判司空习惯的现象和已有权威性理论,越有利于培养大胆质疑、标新立异的创造思维。众说纷纭,莫衷一是,这恰恰是创造的突破口。我们甚至可以说教育依赖差异而存在,因为同一而灭亡。

①　雅斯贝尔斯:《大学的理念》,上海人民出版社2007年版,第94页。
②　希鲁纳:《论教学的若干原则》,选自《现代西方资产阶级教育思想流派论著选》,人民教育出版社1980年版,第399页。

后现代主义美学的多元精神，其实就是一种宽容精神。它不仅强调对差异所造成的多元化的敏锐感觉，而且促使人们对不能相互通融思想观点的最大宽容。利奥塔指出："后现代并不仅仅是政权的工具。它可以提高我们对差异的敏感性，增强我们对不可通约的承受力。它的根据不在专家的同构中，而在发明家的误构中。"①现代教育对后现代主义美学多元性精神的借鉴，就是对这种宽容精神的借鉴。尤其高等教育更应该借鉴甚至接受这种兼容精神。要最大限度宽容各种思想观点、课程内容和教学风格，要允许并提倡这种差异与多元化。我们可以这样说，真正的大学，尤其是那些有魄力的大学，应该是多元并存的，而不是追求整齐划一的。

其三，后现代主义美学与科学教育。

尽管科学的使命在于占有普遍性，但由于科学总是投机取巧地希望通过分门别类的研究来缓解研究者的精力与研究任务之间的严重矛盾，而这种越来越细的分门别类研究，只能导致越来越严重的学科交叉现象和重叠现象，并导致彼此之间越来越森严的堡垒对峙与敌视。这种趋势只能使占有最大限度普遍性的希望变得更渺茫，所热衷探讨的普遍性更狭隘。这种普遍性，就其本质上来说，不是在强化科学的合法性，而是在越来越严重地消解这种合法性，并使其彻底陷入越来越严重地分割研究对象及其相互联系，并使研究者本身也越来越被分割为残片与碎片的危险之中。科学一旦自命不凡地企图证明自身存在的合法性，就不可避免地陷入到这种危机之中。

后现代主义美学对科学的这种发展趋势及其弊端有着清醒的认识。在他们看来，不能使自己合法化的科学就不是科学。如果科学用来证明自身合法性的话语看似属于前科学的知识形式，或者类似一种"粗俗"话语，事实上就会使自己降低到意识形态或权力工具的最低地位。这就使科学不仅变成与人类解放的目标毫无关系的东西，而且使人们全部陷入到知识的相对主义之中，乃至由于日益细碎的分割而变成无人能够全部把握的东西。这样一来，科学的普遍性与合法性的证明，就既不可能由那些习惯于传统知识所特有的实证

① 利奥塔:《后现代状态:关于知识的报告》,选自《理性与启蒙——后现代经典文选》,东方出版社 2004 年版,第 392 页。

第八章 美学的教育智慧

性的人民,也不可能由只熟悉自己专业的全体职业性学者来完成。利奥塔痛心疾首地指出:"我们陷入这种或那种特殊知识的实证主义,学者变成科学家,高产出的研究任务变成无人能全面控制的分散任务。"①

现代教育应该从小学开始就着力培养学生的独立思考能力,并在此基础上逐步形成研究性学习的能力,以及从事科学研究的能力。至少在高等教育阶段应该大力强化科学研究能力的培养。按照雅斯贝尔斯的观点,科学研究是"大学的第一要务"。他指出:"因为真理的范围远比科学的范围要广,所以科学家必须作为一个人,而不仅仅是作为一个专家,投身到探索真理的事业中去。所以,大学里面对真理的追求需要那种整全的人的认真投入。"②但现代教育所存在的学科及其课程日益细致的分类,以及高等教育日益细致的院系与科研单位的设置等急功近利的行为,往往会使受教育者限于一隅之地,最终导致科学研究与学科建设的裹足不前。一个不懂得知识整体的人是无法以一个完整的人的身份投入到科学研究之中去的,也无法在科学研究方面取得卓有成就的贡献。雅斯贝尔斯还指出:"学术靠的是与知识整体的关系。倘若脱离了与知识整体的关联,孤立的学科就是无本之木,无源之水。因此,教给学生一种不仅包括他所研究的特殊领域而且也涵盖了所有知识门类的整全意识,这应该提上大学的工作日程。"③

西方现代科学似乎也认识到,他们曾经寄以厚望的自然科学,长期以来在对待人与人尤其是人与自然的关系方面实际上是存在问题的:常常将他人作为竞争的对手,将自然看成征服的敌人。于是提出了构建一种新的和谐关系的需要:"人和自然之间以及人和人之间都需要有一种新关系。"④既然许多科学实际上无法获得合法化证明,那么片面维护科学唯我独尊地位的做法,其实是相当愚蠢的。科学的荣耀在于它能够通过创造丰富的物质财富,尽可能地将人类从动物性的本能欲望之中解放出来,在于通过对自我、社会和自然问题

---

① 利奥塔:《后现代状态:关于知识的报告》,选自《理性与启蒙——后现代经典文选》,东方出版社 2004 年版,第 405—406 页。

② 雅斯贝尔斯:《大学的理念》,上海人民出版社 2007 年版,第 22 页。

③ 同上书,第 75 页。

④ 普里戈金、斯唐热:《从混沌到有序——人与自然的新对话》,上海译文出版社 2005 年版,第 313 页。

的成功解释,使人类克服由于无法成功阐释自我、社会和自然的某些规律而导致的不安全感。但是当无法证明自身存在合法性的所谓科学以至高无上的绝对真理形式呈现在人们面前,甚至严重束缚人类的自由创造精神的时候,这种科学及其科学教育的合法性就值得怀疑了。

第二节　中国美学的教育智慧

一、儒家美学与现代教育

儒家美学作为中国美学的主要流派,虽然在中国教育史曾经产生过深远影响,但这并不意味着儒家美学的教育智慧已经引起人们的高度关注,并全面贯彻于现代教育之中。其实越是司空见惯的东西,越不能为人们深刻领悟,儒家美学的教育智慧就是这样。事实上,儒家美学的许多教育智慧正在被人们搁置与疏远。

其一,儒家美学与教育理念。

西方高等教育的办学理念在不同历史时期,由于人们对人类生存根本问题认识的不同而发生了多次变化,先是听命于基督教,后是服从于国家利益,再是投身于科学研究,现在又是服务于经济需要。中国高等教育的办学理念,先是如蔡元培等教育家主张科学研究,再是为国家社会政治服务,后又是经济建设服务。比较而言,过去大学所针对的问题的确是人类社会发展某一历史阶段必须重视的问题,但毕竟不是关系人类生存和发展的根本问题。人类生存和发展的根本问题,是人类自身生命质量的提高,以及与自然界一切生命的共同生存和发展。要解决这一人类生存和发展的重大问题,必须处理好人与自我、人与社会、人与自然的和谐关系,促进人类自我与社会、自然的和谐发展。

确定教育理念,要瞄准中国乃至人类发展面临的这一长期而永恒的重大生存问题。中国儒家美学有所谓:"大学之道,在明明德,在亲民,在止于至善。"(《礼记·大学》)要形成最富于时代特征的中国大学精神,以及具有一定程度预见性、前瞻性的高等教育办学理念,就必须抓住这些关系人类长远发展的重大问题和主题,把教育理念的重心由经济研究转向道德与美学价值观研究,以及地球及其居民的健康问题。根植于中国传统文化的土壤,对儒家美学的这一思想做符合时代要求的新阐释,将所谓明德理解为加强道德的自我完善以及生命的内在超越,将亲民阐释为关爱人类及其生存的自然和社会环境,将所谓至善解释为达到人与自我、人与社会、人与自然的和谐发展,是确立中国现代教育尤其是高等教育的办学理念的必然选择。甚至可以这样说,一个没有以中国传统文化精神作为基质的大学,是一个没有民族灵魂,也同样没有独特生命力的大学。

这在某种意义上只是一种对传统教育精神的回归。《论语·先进》所记载的孔子与其弟子谈论各自志向的融洽教育情景,其实就体现了这种理念。孔子之所以唯独赞同曾点的这个观点:"莫春者,春服既成,冠者五六人,童子六七人,浴乎沂,风乎舞雩,咏而归。"就是因为这个观点同时也体现了孔子的理念。朱熹对曾点的看法有这样的解释:"曾点之学,盖有以见夫人欲尽处,天理流行,随处充满,无少欠阙。故其动静之际,从容如此,而其言志,则又不过即其所居之位,乐其日用之常,初无舍己为人之意。而其胸次悠然,直与天地万物上下同流,各得其所之妙,隐然自见于言外。"(朱熹《论语集注·先进》)可见孔子的人生理想是对人与自我、社会乃至自然和谐关系的追求。我们可以发现,孔子的教育并不仅仅局限于有限的书本知识和课堂之内,而将其教育目光指向了自我的心灵世界、社会的政治秩序尤其是自然的生态系统,且保持了与自我、社会和自然极其融洽的关系。儒家美学向来重视人类与自然的圆融和谐。《周易》有所谓:"夫大人者,与天地合其德,与日月合其明,与四时合其序,与鬼神合其凶吉。"(《周易·乾文言》)只有消除人类与自然可能存在的敌对与矛盾,与自然乃至宇宙生命融为一体,与天地合其德,与日月合其明,与四时合其序,与自然交感俱化,参通宇宙创造进化本性,才能实现人类与自然的持续和谐发展,这应该成为现代教育尤其高等教育的主要理念。

其二,儒家美学与人格教育。

儒家美学的人格理想是君子和圣人。人格教育的过程应该是生命不断创化的过程。怀特海教育思想的一个可贵贡献在于注意到了教育的节律,他主张:"学生应该在适合的时间,在他们到达恰当的心理发展阶段时,学习不同的学科,采用不同的学习方式。"①但他的主要着眼点仍限于学生阶段学科知识和生存力量的积累与变化方面,并没有揭示人的整个生命过程及其智慧规律。一切学科知识与能力的终端显现形式仍应该是生命智慧,而不应该是其他任何东西。《周易》作为儒家美学经典,深刻揭示了生命的"富有"与"日新"的特点。在儒家美学看来,生命是绵延和流动的,常常体化合变,生生不息,但这种生生不息绝不是机械循环,而是生生相续,新新不停的,有超越,有创造,有进化的。生命在生生不息的创造与进化过程中,必然创造出生命的各种新境界与新形态,创造出生命智慧的各种新观念,以及表达这种生命智慧的语言。孔子所谓"吾十有五而志于学,三十而立,四十而不惑,五十而知天命,六十而耳顺,七十而从心所欲,不逾矩"(《论语·为政》)的观点,为人格教育的循序渐进提供了思想基础。人格教育应该按生命创化规律,依次分三个阶段进行:第一阶段从十五至三十岁思考与追求生命和谐,激励学生从普通庶民向知书达理的士人提升;第二阶段从四十至五十岁了解与认识生命和谐,引导学生从知书达理的士人向君子提升;第三阶段从六十至七十岁是实现与完成生命和谐,促使从君子向圣人发展。当然人格教育也不是一蹴而就的,必须有刚健笃实、辉光日新的精神,必须如张载所云有"人一己百,人十己千"(《张子正蒙·乾称篇下》)的奋斗精神。也许现代教育最为薄弱的就是这种奋斗精神的教育。

现代教育无限夸大了特定专业知识教育和技能训练的价值和意义,以为在有限的学校教育阶段就能完整教给学生终其一生所需要的各种专业知识和技能,于是许多出于假设的学科与课程越来越多,乃至使学生从小学甚或幼儿时期就背负着沉重的课业负担。但事实上任何教育都无法教完学生终其一生所需要的各种专业知识和技能。许多情况下不管给学生灌输了多少专业知识和技能的细节,这些细节在日常生活之中得到应用的几率也是微乎其微的,许多学生常常会遗忘教材、笔记以及为准备考试而死记硬背的所有细节。真正不能被轻易遗忘的只是那些日积月累、潜移默化所形成的各种素质,尤其是人

---

① 怀特海:《教育的目的》,选自《现代西方资产阶级教育思想流派论著选》,人民教育出版社 1980 年版,第 124 页。

格品质。我们甚至可以这样说,那些片面强调专业知识与技能训练而忽视人格的教育,其实是将学生作为无生命的工具来看待的。在这种教育之中,家长和教师所关心的仅仅是他们的各门课程的学习成绩,而不是他们的人格尊严,所关心的仅仅是在短时间内让他们获得步入社会与就业的门票和护照,而不是他们的独立精神。在这里,学生仅仅作为一种服从成人意志的工具,甚至单纯的知识记忆库,以及专业知识和技能的考试机器而具有价值。学生本来有着自己的独立精神与和谐人格,他们自身本来就存在着发现的好奇心与创造的精神,但由于这种教育,由于家长、教师的监督、教训甚至惩罚,其独立人格受到无情压抑乃至扭曲。这些年来,我们总是听到人们责怪学生道德观念单薄、自私、狭隘、任性、庸俗,缺乏责任心,思想境界不高,但很少有人从教育角度进行深刻反思。对此蒙台梭利的反思是有道理的,她说:"在每一个教育理想中,在迄今为止的所有的教育理论中,教育这个词差不多总是和惩罚这个词是同义语,目的总是要儿童服从成人,成人替代了自然,并且用他的推理和目的取代了生活的法则。"①

儒家美学的理想人格特征是中庸。中庸并不是简单折中,而是对过度和不及两个极端的克制和避免,因为过度与不及常常与放纵乃至纵欲的非理性相关,甚至是恶德的孪生兄弟。中庸则建立在克制的基础上,与理性的德性相联系。孔子十分强调中庸的德性特征:"中庸之为德也,其至矣乎!"(《论语·雍也》)虽然伦理学上的中庸思想并不是在任何情况下都与德性相联系,但绝大多数情况是如此,这就使中庸思想具有了一定合理性,避免了过度和不及的偏颇和局限,具有了温和与两全的人格特征。孔子更具体地阐释了中庸的德性所具有的美的特性即所谓"尊五美,屏四恶"。他所谓"五美"就是"君子惠而不费,劳而不怨,欲而不贪,泰而不骄,威而不猛",意思是能够使百姓获得恩惠而不至于浪费,能够使百姓劳作而不至于产生怨愤,能够使自己满足欲望而不至于助长贪婪,能够使自己安泰而不至于滋生骄傲,能够使自己威严而不至于凶猛;所谓"四恶"就是"不教而杀谓之虐,不戒视成谓之暴,慢令致期谓

---

① 蒙台梭利:《童年的秘密》,选自《现代西方资产阶级教育流派论著选》,人民教育出版社1980年版,第86页。

之贼,犹之与人也,出纳之吝谓之有司",不行政教而施杀戮,不事戒备而行惩罚,缓于期限而急于刑法,平均分配但吝啬财物。(参见《论语·尧曰》)。孔子的这一思想后来被《中庸》作了进一步发挥:"诚者,天之道也;诚之者,人之道也。诚者不勉而中,不思而得,从容中道,圣人也。"(《礼记·中庸》)也许朱熹的阐释更切近人类生命的本体:"中庸者,不偏不倚、无过不及,而平常之理,乃天命所当然,精微之极致也,惟君子为能体之,小人反是。"(朱熹《四书章句集注·中庸》)

有许多思想会随着历史条件的变迁而死去,但一些关系民族文化精神的基本思想却具有永恒的价值和意义。亚里士多德中庸也有类似看法:"过度和不及是恶的特点,而适度则是德性的特点。"[1]他甚至将中庸的德性与美直接联系了起来,将中庸直接看成美的特性,指出:"过度和不及都破坏完美,唯有适度才保存完美。"[2]在中国是董仲舒将中庸与美直接联系起来,并且视为美的特性,他认为:"夫德莫大于和,而道莫正于中。中者,天地之美达理也,圣人之所保守也。"(《春秋繁露》卷十六)和谐社会的构建首先应该是和谐人格的构建,而和谐人格的构建首要的任务就是进行中庸人格的教育。中庸人格的教育,应该以"君子惠而不费,劳而不怨,欲而不贪,泰而不骄,威而不猛"(《论语·尧曰》)作为重要参考指标。

其三,儒家美学与生活教育。

在怀特海看来,小学以至中学阶段主要应该学习书本知识,到了大学阶段才有必要与周围的社会进行广泛接触。他是这样看的:"在中学阶段,学生伏案学习;在大学里,他应该站起来,四面瞭望。"但是教育从一开始就不应该隔断学生与社会乃至自然的联系。古希腊尤其先秦时期儒家的教育已经与社会和自然保持了密切联系。无论刮风下雨、吃饭穿衣,无论自我的心灵世界、社会的政治秩序,还是自然的生态秩序本身都蕴涵着生命的智慧。许多伟人的丰富生命智慧,都是深入观察、发现和体验自我、社会和自然的产物。作为中国儒家美学最高智慧的《周易》,就是"近取诸身,远取诸物"(《周易·系辞

---

① 业里士多德:《尼各马可伦理学》,商务印书馆2003年版,第47页。
② 同上书,第46页。

下》）的典范。《周易·系辞上》曾这样阐述道："仰以观于天文,俯以察于地理,是故知幽明之故。原始反终,故知死生之说。"朱熹也有这样的看法:"若一个书不读,这里便缺此一书之理;一件事不做,这里便缺此一事之理。大而天地阴阳,细而昆虫草木,皆但理会。一物不理会,这里便缺此一物之理。"（《朱子语类》卷一百十七）

现代教育将学生控制在教学大纲、教材和教师的讲授内容之中,仅仅关注专业和学科知识的传授,严重疏忽对学生生活境况的关注,尤其忽略了对人与自我、社会和自然和谐关系的关注,这不仅剥夺学生与自我、社会和自然接触的机会,而且限制了学生在与自我的对话、与社会的接触、与自然的交融之中体悟和获得生命智慧的权利。虽然只有在生活实践中所体悟的生命智慧,才是独特、深刻和彻底的,才能在生活之中真正发挥效用,才能真正成为自己的生命智慧,但现代教育还是不假思索地选择了禁锢与封锁,这种简单粗暴和不负责任的教育在很大程度上扼杀了学生的生命智慧。儒家美学所蕴涵的教育智慧是独特的、丰富的、深刻的。也许人们过去曾经深恶痛绝的东西,在今天看来恰恰是最可宝贵的;也许人们今天所重视的,恰恰是将来所抛弃的。但这并不影响儒家美学本身博大精深的内涵,以及它永远的影响力。任何生命智慧都有一定当代意义,教育智慧亦是如此。

二、道家美学与现代教育

道家美学是中国美学体系之中最为自由与解放的。这不仅因为它没有儒家美学那么强烈的功利目的以及烦琐的礼仪规范,而且因为它没有禅宗美学乃至佛教美学严格的教义与戒律束缚。道家美学虽然也曾在一定历史时期受到批评,甚至被当做悲观厌世思想受到批判,但这并不影响道家美学在中国美学智慧之中的特殊地位。客观地讲,与儒家美学相比较,道家美学的智慧似乎更丰富、深邃,与禅宗美学相比较,道家美学似乎更地道、豁达、方便,所以探讨道家美学智慧同样具有十分重要的意义。

其一,道家美学与人格教育。

道家美学是以圣人、至人、真人、神人作为其理想人格的。这个人格虽然涉及许多方面,但主要地表现为大巧若拙、上善若水、大美无言等方面。身教胜于言教,要求学生做到的,教师首先必须做到。因此教师的人格常常是学生人格形成的最直接榜样。有人说教师是人类灵魂的工程师,太过崇高,因为除了孔子、苏格拉底这些人类思想范式的创立者,许多人不配;有人说教师是知识杂货店的小商贩,太过平庸,因为那是机械地兜售四平八稳的知识,没有任何怀疑、批判和创造,教师不该如此;有人说教师是"臭老九",太过卑微,因为那是不尊重知识、不尊重人才的时代噩梦,教师不应如此。尽管受商品经济大潮以及有关政策体制的影响,绝大多数教师甚至学生也不得不沉溺于应付各种量化考核与等级评估,不得不赶升学率,赶论文、专著、获奖和科研项目的数量与级别,不得不经受各种社会的诱惑与冲击,遭受疲惫、焦虑等痛苦的煎熬,乃至难以守候清净的心灵。但任何人如果要从狭隘自我物质利益之中突破出来, 走向更高生命境界, 就必须具有大巧若拙、上善若水、大美无言的人格。这不仅是教师人格最高境界的体现,而且也是学生终身学习的榜样。

大巧若拙的品格。老子指出:"大直若屈,大巧若拙,大辩若讷。"(《老子》第四十五章)守拙是一种人生智慧,更应该是教师的一种职业品格。教师是科学思想和文化知识的传播者,必须对科学与文化有最清醒的认识,引导学生正确地认识科学文化自身存在的优势和缺憾。追求真理应该是科学和文化的基本精神,但是当科学满足于将世界分割成支离破碎的专业,将生命肢解为支离破碎的学科堡垒的时候,科学就丧失了这种精神,它不仅使世界变得模糊不清,而且使生命变得残缺不全;知识就是力量,但同一个培根,还说知识是蜘蛛网,既缺乏实质,也没有用处。教师是科学思想和文化知识的创造者,必须对喧嚣、造作、浮躁的社会风气有最清醒的认识,引导学生形成正确的人生观和学术观。必须心无挂碍,远离颠倒梦想,警惕烦琐、无用的"技术"和"知识"对人的束缚和异化,谢绝机巧对生命的扭曲以及对自然的破坏;必须甘守清静讲台和学术殿堂,淡泊明志,宁静致远,还原一个完整本真、自由创化的生命本性;必须不迷信教材,不迷信权威,敢于发掘自家宝藏,识心见性,自成智慧人生!

上善若水的品格。善,具有责任性与利他性,历史上曾一度成为宗教的任务。其实宗教的作用是有限的,充其量只是一种马克思所说的弱者的叹息。即使能够抚慰绝望者的心灵,也无法排除不同宗教的敌视与狭隘。我们不能指望一张连自身的存在都无法证明的空头支票。榜样的作用是无穷的。教师应该具有"上善若水"的品格,具有甘为人梯、乐于奉献的精神。老子有云:"上善若水,水善利万物而不争。处众人之所恶,故几于道。居善地,心吾渊,与善仁,言善信,政善治,事善能,动善时。夫为不争,故无尤。"(《老子》第八章)教师应该立身正直,居心敦厚,本着一切为了学生的宗旨,广施博爱而无所私,惠及学生而不求报。尽管有些人不愿意指点迷津,但是作为教师却不仅应该指点教学和科研的迷津,而且乐意指点生命的真谛,宇宙的奥秘。尽管有些人生怕徒弟超过自己,但是作为教师却不仅应该尽一切可能帮助学生,而且应该以学生超过自己为光荣,以学生不及自己为耻辱。

大美不言的品格。随着审美的日常生活化,我们迎来了一个审美的自由自觉时代,但也导致了过分注重身体装饰,过度追求时尚的审美泛滥。这不仅使美堕落为漂亮,而且导致了审美的疲劳与冷漠。我们应该知道,一个不知道欣赏美的人是不健全的,一个片面追求形体美的人同样是肤浅的、低层次的。最高层次的美是大美,大美是无言的。庄子认为:"天地有大美而不言,四时有明法而不议,万物有成理而不说。"(《庄子·知北游》)教师应该具备这种大美品格,尊重学生的个性和生命,顺任自然,因势利导,"行不言之教"(《老子》第二章),让学生在潜移默化之中,形成和谐的人格。应该看到,最成功的教育,不是得力于语言上的威慑和强制的手段,而是得力于率性而动,自我养成;不是依赖于语言上的自我夸耀和自以为是,而是依赖于渊博的学识,为而不争的人格力量;不是得益于语言上的教诲和信息的交流,而是得益于心灵的沟通,精神的感化。

其二,道家美学与知识教育。

道家美学对知识乃至智慧的学习几乎采取了一概否定的态度,如老子有"绝圣弃智"、"绝学无忧"(《老子》第十九章)、"为学日益,为道日损"(《老子》第四十八章)诸说,但老子也不是一概反对知识和智慧,而是反对那些烦琐无用,只能束缚人们的头脑,不能体现永恒自然规律和生命智慧的所谓知识和智慧。因为在他看来,真正永恒的自然规律和生命智慧是无法用语言表达的,而用语言表达出来的,并不是真正永恒的规律和智慧。即所谓"道,可道,非常道"。(《老子》第一章)既然能够用语言表达出来的,并不是真正永恒的规律和智慧，那理所当然就没有必要耗费大量精力去学习了。由于语言文字本身无法全面准确地表达微妙复杂的本质和规律，所能表达的只是能表达的本质和规律，而能表达的本质和规律往往是本质和规律的某些极其表面化和偶然化的东西，甚至是刻板僵死的东西，是微不足道的；语言文字和作为语言文字载体的书籍仅仅是本质和规律的有限记录，是启发思维、获取本质和规律的工具，而非本质和规律本身。真正微妙复杂、难以言传的本质和规律却存在于语言文字乃至作为其载体的书籍之外。所以庄子得出结论：今人所阅读的书籍及其所记载的所谓知识和智慧，其实只不过是"古人之糟粕"（《庄子·天道》）而已。

道家美学因为否定语言乃至否定了见诸语言的一切知识和智慧的学习，似乎有些偏颇，但冷静思考，仍有可取之处。现代教育的缺陷是过于迷信语言的表达功能，迷信一切见诸语言文字的书籍乃至知识和智慧的学习，甚至通过日益普遍化、权威化的考试，以及升学、招聘、晋级等与工资待遇相联系的做法，在无节制地夸大着其功能，并以极合理合法的方式无限度地吞噬着人们的宝贵时间、精力乃至生命。导致这种现象的原因是十分复杂的，但有一点是肯定的，那就是对人们自身生命的不尊重。教育上乃至社会上存在的这种形式的浪费乃至扼杀人们生命的行为，已经不是一个误人子弟的罪名所能定性的。当年强调"知识无用"与现在迷信"知识就是力量"，是同样愚蠢的。因为这两种看法同样绝对地对待了知识。应该是烦琐、片面、肤浅只能体现暂时真理而不能体现永恒真理的知识，不仅无用而且有害，甚至束缚人们的思想。但那些真正能揭示永恒真理的知识则不仅有用，而且值得永远学习。有一个不可否认的事实是：人们永远不可能达到对事物永恒真理的认识，所能达到的只是暂时性认识，充其量也只是暂时真理。所有认识的意义只在于帮助人们进一步获得更深刻的认识，即使达到了永恒真理的认识，但这种认识一旦借助语言表达出来，就不再是永恒的真理，而可能是某种僵死的东西。

尽管道家美学否定学习知识和智慧的必要性，但他们并没有一概否定探索真理的价值和意义。老子主张："致虚极，守静笃。万物并作，吾以观复。"（《老子》第十六章）那些一味相信通过学习书本就能获得知识和智慧的观念是错误的，但因此一概否认知识和智慧的看法同样是片面的。只不过由于语

第八章　美学的教育智慧

言本身的局限,"知者不言,言者不知"(《老子》第五十六章)而已。这里至少给予现代教育以两点重要启示:一是阅读书籍,不能迷信语言本身的意义,应该尽可能读懂读透语言文字背后深藏的知识和智慧;二是撰写书籍,不要指望语言文字能够穷尽所参悟的所有知识和智慧。为此在实际教育之中,不可过于拘泥于语言文字,甚至也不妨强调一些得意忘言,只求心领神会,不求所有道理都见诸语言文字表达。甚至可以为此进行必要的考试改革,打破完全依赖卷面的语言文字表达评判成绩的考试模式,积极创造条件,在具体语言环境之中借助其表情、动作等身体表现直接感知学生的知识和智慧。

师生面对面的交流比单纯地听录音或看录像要好得多。这些年大力推行所谓现代化教学手段,在许多学校的多媒体教室之中,为了让学生能清楚看到投影上的教学内容,总是不得不关掉教室的灯,使教师与学生在昏暗不明的教学情境之中从事教学活动。既不能让教师看到学生的眼睛,也不能让学生看到教师的表情。这种多媒体教学,在我看来是十分失败的。因为它使复杂的教学活动简单化为单纯的画面与声音的交流,很大程度上取消了教师与学生借助眼神、表情、手势和动作等进行心理交流与情感沟通的机会,从而使教师难以通过学生的表情了解教学效果,难以从学生的神情中体会教学的成功与喜悦。所以盲目迷信现代化教学手段并不一定是好事。

其三,道家美学与审美教育。

与西方美学家相比,中国美学家似乎不大重视美的阐述。与儒家美学相比,道家美学更不重视美的阐释。这并不表明他们对美缺乏深刻体悟,而是因为他们对美的认识远远超过西方美学家,体会到最高层次的自然天地之大美是无言的,即庄子所谓"天地有大美而不言"(《庄子·知北游》),才对美的阐释保持了十分谨慎的态度。所有这些并不表明他们放弃了对天地大美的追求。《庄子·知北游》有所谓"圣人者,原天地之美而达万物之理"的观点,明确体现了他追求天地大美的理想。对此,徐复观的观点是有道理的,他说:"老庄思想当下所成就的人生,实际是艺术的人生,而中国的纯艺术精神,实际系由此一思想系统所导出。"①

---

① 徐复观:《中国艺术精神》,华东师范大学出版社 2001 年版,第 28 页。

道家美学本无意于艺术和审美的探讨,但他们对"道"的精神追求,使他们在最高层次上与艺术乃至艺术人生不谋而合。道的境界在最高层次上就是艺术的境界、审美的境界,这不仅因为艺术使道具象化、物态化,道使艺术具有了生命的精神与灵魂,还因为道的境界与艺术的境界共同诞生于自由与解放的心灵世界与创造精神。人生的艺术化或艺术化的人生则将道的精神与艺术的精神炉火纯青地融合在一起,并在相互感发与激励之中提升到最高境界。可以这样说,所谓艺术化的人生或人生的艺术化,其实就是将天地乃至一切大自然所蕴涵的自由、解放精神即所谓道的精神与艺术的精神高度融合起来,并贯彻于人生的具体实践之中,庄子将这种精神描述为"游"的精神。庄子之所谓"游"是一种与天地万物相调和并最大限度超越了天地万物限制的生命大自由与大解放,是一种既遵循天地万物的自然规律,又不执著于具体事物且受其束缚,既顺应了自我的本性,又不受制于自我本性及其功利目的的驱使的真正自由解放,是宇宙万物的自然规律、自我的生命本性与自由创造精神的不谋而合与高度默契。庄子《养生主》之"庖丁解牛"的寓言有所谓:"以神遇而不以目视,官知止而神欲行。依乎天理,批大郤,导大窾,因其固然。"

　　最高境界的人生教育也就是艺术教育和审美教育。现代教育虽然对艺术和审美教育给予一定关注,但真正意义上与人生教育相结合并能上升到包含天地万物自由创造精神的艺术和审美教育似乎还没有真正受到人们的重视,至少还没有形成全社会的共识。现代教育之中的艺术和审美教育,充其量还只是一种分门别类的课程学习的附庸,甚至许多情况下还只是一种出于选择职业、解决就业问题考虑的策略而已。而出于就业与谋生手段考虑的艺术乃至审美教育是与真正的自由创造精神相背离的,并不是真正的审美教育。因为作为一种职业尤其谋生手段考虑的艺术教育是根本不可能使人感到自由与解放的愉快的。只有艺术不作为一种职业选择和谋生手段,而仅仅作为一种非功利的兴趣与爱好的时候,它才有可能使人们真正感到快乐与幸福。许多艺术课程甚至美学课程貌似属于艺术和审美教育的范畴,但由于这些课程在很大程度上放弃了与天地万物相交融、相协调并不受其束缚的大自由与大解放精神,乃至丧失了真正的艺术和审美教育功能。如果说,一个缺乏顺应自然而不受其束缚、顺任本性而不为其驱使的自由创造精神的人生是不幸的人生,那么,一个缺失了自由创造精神的教育,是不负责任的、充满失误的。中国现代教育的问题还不仅仅是缺失了自由创造精神,而且从学生的童年时代起就剥夺了他们与生俱来的与天地万物相协调并与天地万物一并创化的自然本性。这种问题不是一个学校和一个地区的问题,而是全民族的问题。

艺术化的人必然是兼备天地万物整体之美的完整的人、丰富的人、圆满的人,而不是只知其一不知其二,偏执一技之长,乃至各种感官不能相互配合,各种技艺不能相互取长补短的片面的、残缺的、单向度的人。庄子反对由于割裂天地万物之整体,离析天地万物之联系,偏执古代圣贤的全部智慧,通过分门别类研究所形成的各有所长,但无法相互通融和交互使用的偏执一端的知识与技术,以及因此而导致的残缺、分裂的片面化的人生,崇尚贯通天地万物整体之美和古代圣贤完整智慧,以及因此而形成的完备、周遍的道术和圆满、丰富、完美的人生。他在《天下》中指出:"判天地之美,析万物之理,察古人之全,寡能备于天地之美,称神明之容。"并继而哀叹道:"后世之学者,不幸不见天地之纯,古人之大体,道术将为天下裂。"不幸的是,庄子的呼吁长期以来并未受到人们的重视,近年来由于卢卡奇、马尔库塞等西方马克思主义美学家对单向度的人的阐释,才逐渐引起了人们的关注。即使如此,也还很少有人把这一思想与庄子联系起来。现代教育的一个主要任务,应该是培养具有丰富完整人格和自由解放精神的人的教育。而这种教育与分门别类的学科和专业教育格格不入。因此压缩、合并和简化课程门类与学科目录,开设一定数量的能最大限度超越学科和专业限制的课程势在必行。

三、禅宗美学与现代教育

禅宗美学作为印度佛教中国化的产物,是印度美学与中国儒家美学、道家美学相互交锋与融合的产物,是中国佛教思想体系之中最具创造性的美学体系之一。禅宗美学对中国生命智慧的影响是极其深远的,其所蕴涵的教育智慧同样丰富、独特,对我们进行现代教育改革有着深刻的启发意义,甚至是诊治积习已久的应试教育的一剂良方。

其一,禅宗美学与教育理念。

禅宗美学虽然以其独特理论思辨和简洁修持方法,打破了佛教传统教条和宗教仪式,对中国哲学思想、文化心理以及文学艺术等领域产生了极其深远的影响,但其勇于创新、灵活多样的教育理念却并没有对中国现代教育产生多大影响,甚至没有引起教育工作者的广泛重视。在创新教育显得更加重要的时代,吸收和借鉴中国禅宗美学精神,对形成创造教育理念,无疑有着十分重要的作用。

一是一切即真理。智慧和真理是普遍存在的,是无处不在,无时不有的。一切事物都蕴涵着智慧和真理,一切即智慧和真理。禅宗认为:"青青翠竹,尽是真如;郁郁黄花,无非般若。"(《祖堂集》卷三)是谓佛法即真如、般若往往应物而形,对缘而照,通过青青翠竹、郁郁黄花乃至现象界一切事物而呈现出来,充满于一切现象界之中,是无处不在,无时不有的。现象界的一切事物都是真如本性、般若智慧的体现形式。一切即真如、般若。所谓真如、般若其实就是智慧,就是真理。惠能指出:"般若者,唐言智慧也。"(《坛经·般若品》)既然如此,以发现和认知智慧和真理为目的教育,就不能仅仅局限于教材乃至课堂,因为教材和课堂只能提供别人已经发现和认识的智慧和真理,不能代替学生对智慧和真理的发现和认识,而真正尚未被发现和认识的智慧和真理更多地存在于一切现象界即自然界和社会界。教材乃至课堂教学以外的一切现象界所蕴涵的智慧和真理是无穷无尽的,是任何教材乃至课堂教学内容所无法比拟的,是创造的源泉。因此教材乃至课堂教学的内容应该是引发和开启学生研究一切现象界的平台和钥匙,而不应是禁锢学生的牢笼和锁链。遗憾的是现代教育绝大多数不同程度地将学生限制于教材和课堂教学的牢笼之中,不仅使学生丧失了从现象界直接获得更多智慧和真理的机会,而且使他们成了某种陈腐智慧和真理的奴隶,使他们原本活跃的大脑变成了别人思想的跑马场,甚至如爱迪生所说:"大学培养的科学家只看到教他们寻找的东西,因而错过了大自然的巨大秘密。"

二是不执一法。没有对人类已有智慧和真理的不取不舍、无滞无碍,就不可能有对人类文明成果的兼容并蓄,也不可能有人类未知领域智慧和真理的全面获得。禅宗认为:一切万法,本自人生,只要以真如本性、般若智慧观照一切现象界,对十一切万法,不取不舍,立亦得,不立亦得,来去自由,无滞无碍,就能够见性成佛。惠能指出:"无一法可得,方能建立万法。"(《坛经·顿渐品》)庄子亦云:"大知闲闲,小知间间。"(《庄子·齐物论》)是谓有大智慧者,率性虚淡,无是无非,不取不舍;有小聪明者,却心胸狭窄,有是有非,有取有舍。虽然为人处世方面的无是无非,不取不舍可能并不可取,但一个真正伟大的具有创造性的人,在借鉴一切人类文明成果方面,必须摒弃根据自己主观爱好与是非观念武断地是其所是、非其所非,乃至以此作为取舍标准的狭隘偏废做法;必须废弃先入为主的主观作风,不以己之所非为非,己之所是为是,而以不做取舍、无所滞碍的开阔心胸乃至兼容并蓄的大智态度对待一切文明成果。要吸收其精华,但并不剔除其糟粕,而是变废为宝,化腐朽为神奇。因为只有不执著一切法才能不受其束缚,才能用遍一切法。相反,任何有先入之见的武断取舍都可能导致学习的偏差和狭隘,以及认识的片面性与肤浅性。

三是举一反三。现象界一切事物形相的特殊性无不蕴涵着本质和规律的普遍性,普遍性无不呈现于一切特殊性之中,一切特殊性无不蕴涵着普遍性。禅宗认为:一个佛法即真如和般若往往应物而形,呈现出种种形相,而一切形相其实都为一个佛法所统摄,都蕴涵着永恒和普遍的真如和般若。也就是僧璨所谓"一即一切,一切即一"(《五灯会元》卷一)。是谓一切现象界的事物,理虽万殊而性同得。现象界存在永恒而且普遍的智慧和真理,这个智慧和真理就存在于现象界一切事物的特殊形相之中。也就是本质和规律作为一种普遍性存在于现象界一切事物的不同特殊形相之中并通过这种特殊性而呈现出来。唯其如此,通过现象界某一事物特殊形相,不仅可以获得关于这一事物的规律和智慧,而且能够获得其他事物乃至一切现象界的规律和智慧。现代教育必须借鉴禅宗"一即一切、一切即一"的思维方式,引导学生通过某一事物特殊形相所具有的普遍智慧,举一反三,触类旁通,类推出现象界其他特殊形相所蕴涵的普遍规律。

其二,禅宗美学与教育过程。

禅宗美学主张通过静中思考,以期达到悟道目的,而悟道分三个阶段。青原惟信禅师云:"老僧三十年前未参禅时,见山是山,见水是水。及至后来,亲见知识,有个入处。见山不是山,见水不是水。而今得个休歇处,依前见山只是山,见水只是水。"(《五灯会元》卷十七)禅宗美学的这一理论符合人类审美和创造的规律。借鉴这一理论组织包括语文教学在内的教育活动,可以将其分为以下三个阶段进行。

一是见山是山,见水是水——前教育阶段。悟道的第一阶段,是指参禅者执著于现实客体,没有注入主体的情感和意志,所审视的对象仍是纯客观的。现代教育要重视前教育阶段。这种前教育阶段类似于课前预习,要求学生根据过去经验形成关于教材知识范畴的一定期待视野。虽然这一期待视野可能并不十分深刻,但作为一种知识经验,往往体现为对客观存在的较为冷静、客观的认识,几乎并不掺杂个人的理解与认识,至少极大地排除了主观因素的不必要干扰。这一阶段的显著特点即是师生所审视的对象属于纯客观范畴,没有注入主观审美情感和意志。即使有也仅是先前形成的一些经验,丝毫不带创造色彩。但这并不等于降低了对师生的要求,其实掌握常规性经验已非轻而易举之事,加上学生的年龄特征决定了他们的抽象思维能力还较差,对事物纯客观的认识和记忆还比较困难,如果不依靠一定指导更困难。这一阶段的中心任务是使学生见山是山,见水是水,也就是使学生掌握纯客体的审视对象,全面掌握教材的知识谱系和事物的客观存在。这一阶段基本处于识记层面,即使有全面认识,亦未能超越教材的知识谱系和事物的客观存在,虽然教师所起的作用仅是根据教材知识谱系做一点提示和指导,但为后两个阶段创造性教育奠定了基础。否则后两个阶段的教育就无法付诸实施或达到预期目的。

二是见山不是山,见水不是水——教育阶段。悟道的第二个阶段意指参禅者由于主体的介入,而使客体发生变形。这一阶段颇似庄子《养生主》中庖丁目无全牛的情形。庖丁从无非全牛到目无全牛,尽管由于主体情感和意志的介入而使客体发生变形,但这并不是对客体的歪曲,而是对客体认识的深化。由此可见,没有主体的介入便不会有对客体认识的深化。事实上,人类的一切认识活动,如果没有主体的介入,就不可能形成关于事物的感知,所谓教材充其量不过是孤立于学生而存在的一种外在事物。对教材的理解和阐释必须有学生主观意志的介入才能实现,进行现代教育要充分认识到师生主体介入的重要性。只有师生主体的介入,才能充实和填补教材的空白和意义的不确定性,才能领会教材字里行间深藏着的奥秘,以及事物偶然现象之中所潜伏的某些规律性,才能最终达到认识的目的。为了促使学生形成关于事物更为

229

正确的认识,大胆怀疑甚至否定前一阶段所形成的期待视野和知识经验也是十分必要的。可以较为详尽地占有现有一切资料,并仔细地辨析各种观点与看法的差异,或部分或全部地否定已有经验和观点。事实上局部否定只是意味着局部创造,全盘否定才有可能形成最具创造性的结论。如果说前一阶段仅仅是教育的基础,那么这一阶段便是教育的中心环节,因为没有这一阶段对前一阶段教材知识谱系和事物表象经验的怀疑乃至否定,便不会有对教材知识谱系和事物客观存在的更深入认识,更不会有学生创造力的充分发挥。这一阶段的显著特点是最大限度地介入学生主体,与前一阶段纯客观地理解教材和事物截然相反。学生主体介入越多,所发挥的创造性越大,对教材和事物的充实和填补越突出,分析与变形的程度越高,所形成的关于教材和事物这一客体的认识便越深刻,其教育效果便越显著。防止强求一律,压抑学生主体性的充分发挥的现象,是第二阶段教育必须重视的问题。即使有些介入并不符合客体,甚至完全歪曲了客体,也不可大加禁止。因为要真正实现对教材和事物规律的最深层次的认识还得依赖第三阶段。

三是见山仍是山,见水仍是水——后教育阶段。一般认为教育阶段是教育的最后阶段,而后教育阶段的任务仅仅是对第二阶段教材和事物经验的复习和巩固。但我们所谓后教育阶段则是整个教育活动的终端显现形式。如果说教育阶段仅仅让学生学会了通过主体介入而使教材知识谱系和事物客观存在发生变形的方法和途径,那么后教育阶段才是教育任务的最后完成阶段,也是教育最终取得结果的阶段。这一阶段十分类似于参禅的第三阶段。参禅的第三阶段,乃是参禅的最高境界,这时人们所审视的客体,既不是第一阶段的纯客体,也不是第二阶段带有浓厚主体色彩的客体,而是主客体高度融合的客体。是类似于庄子梦蝶的物化境界,是由主客体高度融合乃至物我两忘、齐物等观而形成的关于教材知识谱系和事物客观规律的最为达观、深刻的认识阶段。但这种见山仍是山,见水仍是水,已远远不是第一阶段的山和水,乃是融合着主客体的、理解和认识更为深化的山和水,也就是融合了主客体乃至深得其精髓的客体。后教育阶段的主要任务是,关注教材的知识谱系和事物的客观规律,乃至最大限度超越语言文字可能导致的对于规律和智慧的歪曲,达到"得意而忘言"的境界。后教育阶段作为教育的第三阶段,如同参禅的第三个阶段一样,乃是教育的最高境界。其所以是最高境界,首先在于学生主体与教材乃至所有客体达到高度和谐统一。这种和谐统一已很难分别哪些属于主体,哪些属于客体,可谓客体中有主体,主体中有客体,更确切地说已无所谓客体或主体,客体即主体,主体即客体。其次表现在这种主客体的和谐和统一,已彻底摆脱了语言文字与生俱来的局限性的束缚。在此,重要的已不是诸如山和水这样的语言文字符号及其所标识的概念,而是其中所蕴涵的"道"和"意"。可见这一阶段的教育尽管不是中心环节,却是极其重要又最难驾驭的一个阶段。其难点主要在于"道不可言"的"道"和"得意忘言"的"意"实际上是"无"。所以走出语言文字的羁绊,行不言之教是至关重要的。

其三,禅宗美学与教育方式。

禅宗美学最富于影响力的是其最为丰富和独特的施教方式。禅宗美学言语启发与行为开悟等方面丰富独特的施教方式,大概是世界教育史最别具一格的了。言语启发常常见诸师徒问答。对于徒弟的质疑,师傅常常以违背惯常逻辑思维的似答非答、双关语、隐语、念诗来回答,以打破语言本身的概念化局限,使徒弟能够最大限度地超越语言对思维的束缚,从而启发徒弟直接体悟生命的智慧。最为常见的方法如铃木大拙所总结主要有矛盾法、超越对立法、否定法、肯定法、反复法和呼喝法等。① 行为开悟常常是师傅为了破除徒弟的迷雾与疑团,采取看似十分寻常但有些违背惯常逻辑思维甚至全然否定语言的行为动作诸如当头棒喝、竖拂子、擎拳举指之类来开启徒弟的生命智慧。无论哪一种施教方式,其根本目的都是开启徒弟的生命智慧,主要特征是随缘任运,其基本原则有三:

一是应机接化。所谓应机至少包含了两个方面的内涵,一是因材施教,针对徒弟的根基与悟性采取不同施教方式,也就是所谓"路逢剑客须呈剑,不是诗人莫献诗";二是因地制宜,依据具体情境采取适当施教方式,也就是"安禅未必须山水,灭却心头火自凉"。正是由于禅宗美学十分讲究接引方式,形成了各种对症下药的独特施教方式,甚至形成了禅宗不同流派的施教风格。如沩仰宗的接引方式常以手画各种圆相拓呈。曹洞宗以"五位君臣"(君位:正

① 参见铃木大拙:《禅风禅骨》,中国青年出版社1989年版,第165—166页。

中偏;臣位:偏中正;君视臣:正中来;臣向君:偏中至;君臣合:兼中到)勘辨学人见解的真伪、修正的深浅。云门宗以"函盖乾坤"、"截断众流"、"随波逐浪"三句标示宗纲和接引徒众。临济宗接引学人的方法有"四料简"、"四照用"、"四宾主"、"四种喝"等。"四料简"即"有时夺人不夺境,有时夺境不夺人,有时人境俱夺,有时人境俱不夺"。"四照用"即"有时先照后用,有时先用后照,有时照用同时,有时照用不同时"。"照"相当于"夺境","用"相当于"夺人"。"四宾主"即"宾看主"(学生勘验老师)、"主看宾"(老师勘验学生)、"宾看宾"、"主看主"(老师学人都进入最高境界)。"四种喝"即"有时一喝如金刚宝剑,有时一喝如踞地狮子,有时一喝如探竿影草,有时一喝不作一喝用",法眼宗接引学人不拘一格,"对病施药,相身裁缝,随其器量,扫除情解"。(参见《古尊宿语录》中华书局中国佛教典籍选刊本"前言")。

现代教育虽然也强调因材施教与因地制宜,但班级授课制的特点决定了教师的权力极其有限。他们必须针对全体学生施行教育,而这种教育的最为理想情形也只是针对大多数学生尤其是中等学生施教,难免存在好学生吃不够而差学生却无法消化的问题,真正意义的因材施教事实上是不可能的。至于因地制宜更是纸上谈兵了。且不说日益封闭的教室与教学管理制度已经严重割断了教学内容、教学方式与具体日常生活情境的联系,就连日益庞杂的固定教材、教学大纲或课程标准之类也越来越显示着政府的权威性。所有这些无疑在教学内容、教学方式与教学情境之间竖起了一道森严的障碍,严重剥夺了教师因地制宜实施应机接化教育方式的权力,理所当然也人为地浪费了可供利用的丰富教学资源。一些教育题材的艺术作品虽然表面上欣赏应机接化方式,但绝大多数只是一些哗众取宠的游戏。所有这些暴露了现代教育尤其中国现代教育的缺陷。在这里,按部就班的常规性教学管理拥有至高无上的权威性,但这只是对少数态度不认真的教师和学生可能有用,对绝大多数教师不但没有价值,反而造成彼此之间的不信任,对具有创造性的教师和学生无疑是有害的。可是日益标准化、规范化的教学管理模式正在通过科学管理的包装强化着权威性。近年来虽然也在提倡教学内容和方式的改革方面取得了一定成绩,但其随缘任运的程度仍十分有限。

二是自见本性。任何自我本身就是一个完整的世界,现象界的一切事物必须通过自我才能获得反映,一切智慧和真理必须通过自我才能获得。只有反求诸己,充分发掘自家宝藏,自性自悟即独立思考,才能够获得关于现象界的智慧和真理。强调反求诸己、自性自悟是禅宗美学的一种重要思维方式。在禅宗看来,一切真如本性、般若智慧即所谓万法往往不离自性,从自性而生,不必求诸外物,只要自性清净,自心见性,即至佛境。惠能认为:"万法尽在自心。"(《坛经·般若品》)因此禅宗美学十分重视学生的主体性。师傅只是暗示和引导徒弟,帮助他们树立自心即佛的自信心,还原一尘不染的清净精神境界与无拘无束的自由精神境界,以期在清净与自由之中体悟到生命的智慧,从来不对学生包办代替。在他们看来,施教在于师傅,修业在于本人。教师只能引导学生悟道,但不能代替他们悟道。真正的教育,应该是教师只提出问题,完全由学生自己寻求答案,而不是教师将解决问题的所有办法和答案一无所剩地告诉学生。但中国现代教育的一切答案似乎都完全体现在教材的阐述和教师的讲解之中,学生的任务只是记忆这些答案,并且准确无误地照搬在试卷或作业之中。有些甚至将这些任务转嫁给家长。

　　教育的目的是让学生排除各种原因所导致的焦虑,达到心灵的清净和精神的自由,但现代教育却并没有完成这一伟大使命。相反,几乎所有的教育都以灌输各种文化理想、社会习惯,并尽可能刺激自我欲望,使其别无选择地填置于学生的大脑,使学生从接受教育的那时起就面临各种矛盾的理想、需求和欲望的困扰,乃至陷入焦虑与痛苦的精神炼狱。似乎一切教育都不约而同地以遏制学生的自由天性、强化接受与服从意识为己任。但实际上每一个人,自从他成其为人的那天开始,就必然拥有一个极其丰富、极其深邃、极具潜能的内心世界,和不受任何约束与限制的自由精神,同时还存在着力图自由表达各种思想的自由。所有在某些方面卓有成就的伟大人物,并不是因为他们拥有超乎常人的本领,而是因为他们恰到好处地摆脱了各种束缚,恰到好处地发掘和利用了自我的潜能与自由创造精神。爱因斯坦说:"在很大程度上,我都是受我的本性的驱使去做事情。为此而获得了太多的尊敬和热爱。"①许多人认为这只是一种自谦的说法,其实他揭示的是事实。学校教育的中心任务,与其

①　爱因斯坦:《自画像》,选自《爱因斯坦晚年文集》,海南出版社 2000 年版,第 7 页。

说是传授系统的专业知识，不如说是最大限度地帮助学生发掘自身潜能，发挥自由创造的生命精神。扎实的知识某种程度上是对现有智慧和真理的机械积累，但真正的创造则是对知识的否定，学习的终极目的是在现有智慧和真理基础上依靠独立思考的生命本性探求人类未知智慧和真理。

三是说即不中。禅宗美学认为：一切佛经，都因为人的智慧而生成，真正玄妙的佛理是语言文字所无法表达的。于是禅宗与老庄一样对作为语言文字载体的书籍乃至佛教经典采取了不迷信甚至否定的态度。惠能有云："诸佛妙理，非关文字。"（《坛经·机缘品》）不赞成对佛教经典的逐句阐释和死记硬背，而追求圆通意会，崇尚超佛越祖甚至呵佛骂祖，是禅宗美学的一个主要思维方式。语言及其所指称的概念都有特定的内涵与外延，只能揭示事物的可概念化的部分以及理性的逻辑推理结果，而不能对不可概念化的部分以及非理性的直觉感悟进行界定，禅宗对语言的这些局限有着深刻认识，使他们产生了贬低甚至否定语言及其概念的思想。在他们看来，依靠语言以及概念的说明和论证是不可能将觉悟者的生命体悟传达给其他人的。如果这种体悟能够用语言以及概念与推理加以说明，这种体悟就是僵死的、刻板的、肤浅的。柏格森对此也有深刻认识："最活跃的思想也会在表达它的形式中僵化。词语反叛观念。文字扼杀精神。"① 所以禅宗对徒弟关于"佛法"、"涅槃"等关键性问题或核心概念，不得已而采取"即汝便是"、"你是谁"、"无柴烧猛火"、"麻三斤"、"泥牛入海"等诸多类似貌似答非所问的简单词句或者动作等奇特的暗示方式让徒弟自己体悟。人们总是迷信过去的经验以及作为这种经验概括的概念，以为谁掌握了这些概念，谁就拥有了生命智慧，其实这些僵死的概念只能代表过去生命活动的结果，并不能从根本上构成未来生命活动的智慧。因为生命的价值与意义在于创造，而教育上充斥的这些僵死概念，恰恰与才华横溢的创造行为背道而驰，与墨守成规的学究习气同流合污。它只是以崇尚学识的形式做着扼杀天才的勾当。

对现代教育充斥概念现状的反感似乎已经成为人们的共识。正如怀特海所说："每一次曾经引起人类巨大震动的思想革命，就是对无活力的概念的一

---

① 柏格森：《创造进化论》，商务印书馆 2004 年版，第 108 页。

次激情的反抗。啊,由于对人类心理的可悲的无知,有些教育制度就用它自己所造成的无活力的概念重新把人类束缚住了。"①现代教育对概念阐释与论证的强调已经到了无以复加的地步。概念像幽灵一样正在徘徊在每一个教师与学生的脑际之中,腐蚀和束缚人们的思维方式与行为习惯,大批量地复制和生产着没有任何创造力的劳动机器。不迷信教材乃至一切书籍,敢于否定权威学者所建构的关于现象界本质和规律的权力话语,力求超越语言文字自身局限的羁绊而寻求对不可言传的本质和规律的认识和掌握,应该是追求对智慧和真理圆通意会和得意忘言的明智选择。

第三节　印度美学的教育智慧

一、印度吠檀多美学与现代教育

吠檀多美学作为印度正统哲学的主要流派,是一种早于佛陀时代产生的哲学流派,在思维方式、感知方式甚至思想观念的许多方面都有其独特性,至今对印度文化产生着深刻影响。仍然是印度人特别是印度教徒个人品格、情操、伦理、信仰以及人生观和世界观赖以形成的思想基础。它所蕴涵的教育智慧值得我们进行认真梳理。

其一,印度吠檀多美学与宇宙观教育。

吠檀多美学作为印度正统派的主要代表,是以《奥义书》、《薄伽梵歌》和《梵经》作为正统经典的。吠檀多是"知识"和"密义"的意思,代表着"吠陀的终结"。与印度佛教美学不同,它主张有我。虽然《奥义书》关于梵的阐释并不完全一致,但其基本精神是相信梵我同一或梵我不二论,认为世界的客观本原与主观的自我完全统一。如《唱赞奥义书》就有"此与彼同一"②,《由谁奥

① 怀特海:《教育的目的》,选自《现代西方资产阶级教育思想流派论著选》,人民教育出版社 1980 年版,第 111 页。

② 《唱赞奥义书》,《五十奥义书》,中国社会科学出版社 1984 年版,第 77 页。

义书》有"'大梵'为真、智、乐'自我'","'自我'为真、智、乐'大梵'"①。后来《薄伽梵歌》继承了《奥义书》的"梵我同一"观点,至《梵经》甚至发展成为"梵我不二",如《梵经》就有"这(个我)与这(梵)的合一"②,"梵是我"、"我是梵"诸说③。这种梵我同一或梵我不二论思想的独特影响是形成了一元论思维方式,并通过对印度佛教等其他流派的影响而最终形成典型的东方思维方式。虽然中国美学也主张一元论,但比较而言,似乎印度美学尤其是吠檀多美学更悠久、更明确、更系统。一元论的价值,在于要求人们不再以对立的二元论思维方式看待世界。当人们用对立的二元论思维方式看待世界的时候,总是将世界上的一切事物一分为二,从而导致不必要的矛盾冲突,且使人们不能看到事物整体。

所谓梵我同一或梵我不二论,自然应该包含人与自我、人与社会和人与自然的和谐关系。与中国人一样,印度人对自我以及宇宙万物同样保持一种整体观点。《唱赞奥义书》明确提出"人自当有大度量"、"太阳酷热而无怨"、"有雨而不怨"、"不怨季节"、"不怨世界"、"不责牲畜"等格言,主张"与诸神明同其世界,等其权威,合其德性。充其寿量而长生,子孙蕃衍,畜牧滋殖,声誉光大"④。吠檀多美学的这种精神与《周易》所谓"与天地合其德,与日月合其明,与四时合其序,与鬼神合其凶吉"(《周易·乾文言》)十分相似。吠檀多美学甚至将这种精神提高到他们所崇尚的梵的境界,认为:"是涵括一切业,一切欲,一切香,一切味,涵括万事万物而无言,静然以定者,是吾内心之性灵者,大梵是也。"⑤可见,借鉴印度吠檀多美学,有利于形成对世界的整体观点,至少在对待人与自我、人与社会和人与自然关系的问题上,不再如西方宗教、哲学和科学那样极端地夸大二元对立。这些年对整体观点与和谐精神,虽然有所重视,但许多人文科学和社会科学类课程的发掘仍十分有限,还没有被提升到东方文化精神甚至宇宙文化精神的高度。

---

① 《由谁奥义书》,同上书,第 265 页。
② 《梵经》,《古印度六派哲学经典》,商务印书馆 2003 年版,第 253 页。
③ 《梵经》,《古印度六派哲学经典》,商务印书馆 2003 年版,第 343 页。
④ 《唱赞奥义书》,《五十奥义书》,中国社会科学出版社 1984 年版,第 108—115 页。
⑤ 同上书,第 139 页。

西方美学存在的二元论，已经使许多美学家付出了惨重代价，古往今来关于美的客观性与主观性问题的争论，浪费了许多美学家的大量精力，但对美学首先应该关注的最为根本的宇宙生命精神即"天地之美"却总是语焉不详。西方美学对二元论的强调，也影响了他们的思维方式和对世界的整体认识，使他们总是将人与自我、人与社会、人与自然作为矛盾对立的两个方面来看待。使他们不仅将自我看成灵魂与肉体、神性与兽性、意识与无意识对立的产物，将社会看成一部分人或阶级与另外一部分人或阶级斗争的产物，将自然看成不同物种之间弱肉强食的生存竞争的产物，而且将这种对立绝对化。如果说基督教将自然看成是上帝的创造物，最终影响了人们对宇宙万物整体的认识，那么基督教之外的科学乃至其他文化甚至将自然看成了人类显示其生产力和征服自然能力的实验场。这种二元论的恶劣影响至今天显得越发突出。所以提倡一元论思维方式的教育可以有效防止人们将世界绝对化地看成矛盾对立的产物，可以有效避免人类由于盲目自尊所导致的对自然变本加厉地剥夺与侵略，可以有效形成相应的自然生态意识。正是在这个意义上讲，弱化二元论思维方式的统治地位，在一定程度上强化带有东方文化色彩和整体观点的一元论思维方式的教育，不仅可以改变思维定势，而且可以培养广大和谐的宇宙生命精神。

其二，印度吠檀多美学与人生观教育。

现代教育常常片面强调二元论思维方式的重要性，甚至将其毫无区别地称为科学辩证法，事实上现代教育给予了较高评价的二元论，其精神实质不过是宗教尤其是基督教的副产品。因为只有强调了二元论，强调了灵魂与肉体的二元论，才有可能为灵魂脱离肉体存在提供辩护。反之，如果灵魂与肉体是一元的，随着肉体的死亡，灵魂也必然随之死亡的话，宗教就理所当然丧失了所谓灵魂安顿的思想基础了。一切宗教存在的前提就是承认灵魂可以脱离肉体而存在，唯其如此，关于灵魂进入天堂或地狱的说法才有存在理由。笛卡尔作为灵魂与肉体二元论的大力倡导者，他得出的最有力结论是"灵魂可以没有肉体而存在"①。二元论尤其是灵魂与肉体二元论，不仅为所有宗教尤其基

---

① 笛卡尔：《第一哲学沉思集》，商务印书馆1986年版，第82页。

督教提供了辩护理由,而且为基督教将宇宙创生的权利归结为上帝提供了理由。如笛卡尔看来,自然"不表示别的,而是上帝本身,或者上帝在造物里所建立的秩序和安排而说的"①。所以现代教育大力提倡一元论思维方式的教育,事实上能够有效抵制宗教的不良影响,防止宗教信仰给予人的束缚与欺骗,尤其能够在一定程度上抵制因狭隘宗教宣传所造成的不同宗教体系之间的文化甚至军事冲突。

吠檀多美学是印度教一个主要流派理论,这种理论的特点主要是要求人们通过修行完成生命由个我向最高我的升华。众所周知,西方文化总是认为包括中国和印度文化在内的东方文化是消极遁世的。其实包括印度在内的东方文化的特点在丁重视人的终极问题的思考,要求人们通过对现实世界一切束缚与羁绊的超越而获得精神自由与解放。这种超越虽然使包括印度在内的东方人,与西方人相比可能在某种程度上丧失了对现实利益的最大关怀,似乎有了某种程度的消极遁世思想,但也容易使人们的心灵世界较多地处于清净状态,乃至免却许多焦灼与烦躁,是明显有利于倡导人们进行道德自我完善与精神内在超越的。《梵经》特别强调生命由个我向最高我的升华。在吠檀多美学看来,个我与最高我之间存在着差别。个我相当于驾驭马车者,他或达到世俗状态,或达到解脱,个我只有从身体中解脱出来才能与最高我同一。最高我才是生命所要达到的最高目的,是一切的控制者、主宰者和统治者。个我与最高我的差别主要是由身体等限制性因素造成的。个我的真实存在是无限的知识,而其唯一的基本属性则是对最高我的直觉。然而这些个我的基本属性被无明所掩盖,在接近解脱时,必须理解对最高我的直觉。所谓最高我其实就是个我的本质状态,这个状态产生于对无明的消除。最高我作为最高主宰者,即是梵,意味着绝对的完美,具有无限的卓越特性,除此而外,没有什么东西具有这样无限的性质。《梵经》认为"(无限者的)特性(仅)适合于(最高我)"。② 西方美学除席勒、马尔库塞之外很少有人意识到审美的这种解放与升华性质。虽然西方美学在苏格拉底时代也有过一定追求,但后来被主张二

① 笛卡尔:《第一哲学沉思集》,商务印书馆 1986 年版,第 82 页。
② 《梵经》,《古印度六派哲学经典》,商务印书馆 2003 年版,第 266 页。

元论的宗教精神和科学精神所取代。我们提倡吠檀多美学以及包括中国美学在内的一元论思维方式教育，一个主要目的就是强化人生观教育，不再把人生观教育的任务片面地推卸给政治理论课程，美学更应该承担起这样的任务，因为它有着政治理论课程所没有的优势。

印度吠檀多美学有许多值得借鉴的思想。如主张克制情欲冲动，弃绝执著、烦恼、焦虑、愤怒，保持清净的心境等，《薄伽梵歌》有云："彼离绝乎贪、嗔兮，而逍遥乎根境，'自我'主制诸根兮，自克者得乎清净。"[①]现代教育面临的一个主要问题就是克服全社会存在的浮躁、焦虑心理。各种相互矛盾的物质欲望与精神追求，以及超越物质欲望与精神追求之间的矛盾，乃至各种道德范式、思想信仰、价值标准的方方面面的交错、混杂与重叠等，使得许多人因为无所适从而不可避免地陷入普遍的浮躁、烦恼、疲惫、厌倦、焦虑状态中。在这种社会背景中，克服各种欲望，保持清净，才是现代教育首先应该面对的最主要问题。而对这一问题的解决，仅仅依赖心理咨询显然是不够的。当然西方美学也有持一元论的，但并没有形成西方美学的主流话语，如费尔巴哈就是这样。在他看来，把人分割为身体与灵魂、感性与非感性的，只是一个理论上的分割，在实际生活之中，这种分割常常是被否定的。人类并不是用灵魂来思维和感觉，灵魂不过是人格化、实体化、转化为一个思维、感觉和意志的机能或现象；也不是用脑来思维和感觉，脑只是生理学上从整个身体分离出来作为独立东西被固定化了的器官，脑只有与头和身体关联起来才成为思维器官。他认为感官是一切幸福和快乐的源泉，否定感官就是堕落、仇恨乃至一切病态的源泉，肯定感官才是生理、道德和理论上健康的源泉。压抑感官，只能使人忧郁、龌龊、淫荡、畏缩和凶残，感官满足才能使人快活、勇敢、直爽、自由和善良。所有人在快乐的时候都是善良的，而在痛苦的时候则是凶残的，感官的有意或无意的被剥夺正是痛苦的源泉。他甚至将感官的包容一切现象和世界乃至最终达到审美享受的感性作用看成人类区别于动物的标志。[②] 西方美学上的这种

---

① 《薄伽梵歌》，《徐梵澄文集》第 8 卷，上海三联书店、华东师范大学出版社 2006 年版，第 26 页。

② 参见费尔巴哈：《反对身体和灵魂、肉体和精神的二元论》，选自《费尔巴哈哲学著作选集》上，商务印书馆 1984 年版，第 212—213 页。

一元论,虽然并未形成西方美学的主流话语,但却为后来的享乐主义美学提供了理论基础,也没有形成良好的人生观教育。

其三,印度吠檀多美学与方法论教育。

西方美学家往往将视觉、听觉视为审美感官,将其他具有感性特征的感官看成低级感官,甚至不承认它们是审美感官。在他们看来,视觉和听觉不直接涉及功利和欲念,能保持事物的定性,甚至能直接为认识和理性服务或与其保持联系;嗅觉、味觉和触觉具有物质享受性和无空间性,不是刺激人们消灭现实世界事物的存在,就是不便于获得空间再现。如亚里士多德、阿奎那、黑格尔、弗·费肖尔、桑塔亚那等都有这样的看法,其中黑格尔的看法有一定代表性:"艺术的感性事物只涉及视听两个认识性的感觉,至于嗅觉、味觉和触觉则完全与艺术无关。"[1]在西方美学中,马赫和阿恩海姆的阐述略为全面些。马赫有这样的论述:"知觉整个来说也几乎是与思想、愿望、欲求结合在一起出现的。"[2]阿恩海姆这样强调道:"人的诸心理能力在任何时候都是作为一个整体活动着,一切知觉中都包含着思维,一切推理中都包含着直觉,一切观测中都包含着创造。"[3]但是这种观点产生时代较晚,也没有形成深刻影响。

与西方美学家相比较,似乎中国古代美学家对感官的论述更加全面,如老子、孟子、墨子、荀子的论述几乎涉及眼耳鼻舌身意等全部感官。相对来说,印度佛教对感官整体感知性的认识更系统,如《心经》有"眼耳鼻舌身意",不过如老子等一样持否定态度。佛教所谓人有眼根、耳根、鼻根、舌根、身根和意根即所谓六根,由六根攀缘色境、声境、香境、味境、触境和法境六境,生起眼识、耳识、鼻识、舌识、身识和意识六识的观点,事实上起源于印度吠檀多美学。如《爱多列雅奥义书》有云:"若以语言而得言,若以气而呼吸,若以眼而得见,若以耳而得闻,若以皮而得触,若以意而得思,若以下气而得消化,若以肾而得泄,——则我将为何者耶?"[4]《考史多启奥义书》云,若以般若分别加于语言、气息、眼识、耳识、舌识、手、身、生殖根、足、意,以这十般若根分别得名,香,色,

---

① 黑格尔:《美学》第 1 卷,商务印书馆 1979 年版,第 48 页。
② 马赫:《感觉的分析》,商务印书馆 1986 年版,第 152 页。
③ 阿恩海姆:《艺术与视知觉》,四川人民出版社 1998 年版,第 5 页。
④ 《爱多列雅奥义书》,《五十奥义书》,中国社会科学出版社 1984 年版,第 25 页。

声、味、业、苦乐、阿难陀、欲乐、后嗣、行、思想、所知、欲望。"唯此十外境，皆属般若；十般若根，皆应以外境。若无本境，必无般若根；若无般若根，必无本境"。"此诸本境安于般若根，而般若根安于生命气息。唯彼生命气息，即般若自身（智慧自我），是即阿难陀，不老而永生者也。"①虽然印度吠檀多美学对感官的认识并不一致，但明显比佛教六根说更早、更细致。

比较西方美学与东方美学尤其印度吠檀多美学的目的，是为了清楚地认识西方美学关于感官认识的不全面性，并尽可能在现代教育中通过全面训练来培养学生的丰富感觉。一个仅仅强调视觉和听觉而忽略其他感觉，或仅仅强调了理性而忽略感性感官的认识，都因为有选择而具片面性，都不利于培养健全人格。当人们从二元论思维方式出发对感官有所选择，把视觉和听觉这些较有理性色彩的感官从众多感觉之中抽离出来重点强调的时候，或将所有与心理密切相关的较有理性的感觉从人的感觉系统之中分离出来加以鼓吹的时候，他们事实上在顾此失彼，在无限度地夸大理性的作用而无视感性的重要性。但真正的智慧常常以感官的整体性发生作用，并不是仅仅从理性的部分感官派生出来。我们不能指望专门化训练能够培养出马克思所说的"具有人的本质的这种全部丰富性的人"和"具有丰富的、全面而深刻的感觉的人"②，因为任何专门化训练都有选择性。有意识地区分感官的实质，就是选择感官和感知对象，但真正最具创造性、最富于智慧的感觉，常常是不加选择的整体感觉。因为选择意味着理性对感性的干扰和压抑，意味着感官整体效应的缺失以及智慧与创造的丧失。

这种没有选择的感觉其实就是直觉。直觉的存在常常对用来感知的感官以及感知对象都是不加选择的。事实上，印度吠檀多美学所谓"此与彼同一"、"梵是我"、"我是梵"诸说在室利·阿罗频多看来就是直觉作用的产物。直觉的价值在于，不仅能够使人们的所有感官发生整体作用，感知每一个感官所能单独感知的事物，而且能够感知任何一个感官都无法单独感知的事物，尤其是那些真正微妙复杂的智慧。所以感官整体性作用的价值，并不是所有感

---

① 《考史多启奥义书》，同上书，第60页。
② 《马克思恩格斯全集》第42卷，人民出版社1979年版，第126页。

官所形成的合力,而是远远超出感官整体作用所形成的合力的超感官。室利·阿罗频多这样描述了吠檀多美学所崇尚的直觉:"若使我们细心考验,则发现'直觉'是我们的第一位老师。'直觉'常是给隐障了而居于我们的心思活动之后。'直觉'从'未知者'那里带给人以光辉底使信,皆是人的高等知识的开端。'理性'只是从后下方参与,要看它从这辉煌底收获中可得到什么利益。"①

直觉和理性是两种同样重要的认识途径和方法,直觉的作用在于整体感知宇宙万物,而理性的任务是从整体之中抽离出某些因素进行细致分析。在具体认识活动之中,常常并不单独发生作用,而是相互配合的。甚至在创造性等方面,直觉还有着理性所没有的独特优势。具体来说,直觉常常关注宇宙万物的整体,从大处着眼,即使关注细节,也只是将其作为构成整体的不可分割因素看待,其自然倾向是无所选择地将相关知识融会贯通成为完整统一体,甚或超越这些知识羁绊和逻辑限制直达真实体悟。理性则相反,它通常采取分析和分解方法,总是将宇宙万物看成矛盾对立的各种因素的组合体,关注因素超过对整体的兴趣。其自然倾向是用对立的二元论思维方式来思考各种因素,以自我认识作为标准,在各种对立因素之中选择那些与自我认识相一致的观点、看法,舍弃不一致的观点与认识,最终通过吸收、引申或批评、剔除,形成貌似无懈可击然而只是一种自圆其说的知识谱系。比较而言,虽然直觉与理性一样都并不总是正确的,但直觉却没有先验假设、结论、信仰和观念的羁绊,无须对知识作孰是孰非的判断与选择,而理性却总有判断与选择及相关标准的限制,所以直觉常常是自由的、富有创造的,理性则总是受知识和观念的束缚。

片面重视理性而无视直觉的现象,已经是这些年学术界乃至教育界十分普遍的现象。虽然有些人已经认识到感性和直觉的重要性,但由于长期以来根深蒂固的崇尚理性的传统,决定了人们总是将感性认识看成认识的低级阶段,将理性认识视为认识的高级阶段。这种认识的偏差直接导致了人们对感性尤其直觉的态度,使得与理性一样具有认识真实存在功能的直觉,在现代教

---

① 室利·阿罗频多:《神圣人生论》上,商务印书馆 1984 年版,第 70 页。

育计划之中丧失了应有地位,甚至处于被排挤和打击的境地。有相当一部分教育工作者轻视直觉,认为直觉往往靠不住,只有理性才是掌握稳固和确切知识的唯一途径。或仅仅将直觉看成个别天才的偶然灵感,认为只有艺术创作才需要这种天赋,或认为虽然可能具有一定创造性,但无法进行培养,于是直觉在现代教育计划之中的地位被严重削弱。这种片面强调理性却忽视直觉的教育,只是那些本来就没有突发奇想,只会按部就班的人的一种不负责任、一劳永逸的投机取巧行为罢了。但这种行为的后果却相当严峻,用阿恩海姆的话说,"在教育中,偏重某一面而忽略另外一面或将两者割裂开来都只会让我们试图使之完满的心灵变得残缺不全"①。我们借鉴印度吠檀多美学的感官整体性观点,主要是为了改革现代教育之中存在的片面重视理性而忽视直觉的偏差与缺憾。我们应该清醒地认识到,教育的真正使命应该是培养具有丰富感觉、理性与直觉协调发展的全面的人。

二、印度佛教美学与现代教育

佛教美学作为非正统哲学的主要代表,虽然在印度诞生并经过两千多年的发展趋于衰落,但却深刻影响了印度乃至世界其他地区人们的价值观念、思维方式和生活习惯,形成了雅斯贝尔斯所谓世界其他地区从未有过的"亚洲独有的气氛",以及中国和日本乃至其他地区"生活的新要素"。② 因此,发掘与整理佛教美学的现代教育智慧,应该是一项长期的工作。

其一,佛教美学与和谐教育。

佛教美学最可宝贵的价值在于超越了一切宗教性,又包含了一切宗教性。这使它超越佛教的狭隘范围,具有十分宽容与豁达的和谐精神。所谓和谐精神的实质不是武断地强求同一,而是尊重差异,既反对丧失原则的同流合污,也反对独断专行的强求一律。佛教美学以其宽容与豁达的和谐精神,成为三大宗教之中最能体现与人为善性质,且发生暴力冲突事件最少的宗教。充分认识和发掘佛教美学的和谐教育资源具有十分重要的现实意义。佛教之所以

---

① 阿恩海姆:《艺术心理学新论》,商务印书馆 1994 年版,第 35 页。
② 雅斯贝尔斯:《大哲学家》,社会科学文献出版社 2006 年版,第 72 页。

是所有宗教之中最与人为善且发生暴力事件最少的宗教,是因为它虽然立足于佛教,但其宽容与豁达的和谐精神事实上已经远远超越了佛教自身的教派局限而拥有了更加普遍的宗教意义。在佛教看来,古往今来的一切圣贤、一切宗教领域的先知先觉,其实都是得道者,只是由于各自具体历史时期和地域有别,各自体悟与认识程度有别,最后形成了不同价值观念、思维方式和生活习惯,以及迥然有别的传化方式。"一切贤圣,皆以无为法而有差别。"(《金刚经》无德无说分第七)印度佛教从来没有像基督教和伊斯兰教那样一味排斥其他宗教,也没有像其他宗教那样一味贬低甚至攻击异教徒,显示出十分达观与开放的思想,这是特别有利于培养学生开阔的襟怀与开放的视界的。

现代教育正在强化着各种狭隘的是非观念。如果说开发乡土教材或校本课程,某种程度还有培养热爱家乡、热爱祖国的情绪的性质,那么日益得到强化的选择题则正在十分可悲地强化着孰是孰非的狭隘意识,尤其当"齐心协力"与"同心同德"之间被武断地认定只有一种是正确答案的时候,这种违背和谐精神的教育模式显然还在大行其道。说到底,所谓孰是孰非的标准化试题以及对与错二者必居其一的考试方式,其实是西方二元论思想极端发展的结果。因为按照二元论思维习惯,答案不是对就是错,不存在既对又错,也不存在既不对又不错。我们进行和谐教育,应该充分发掘印度美学的和谐思想资源,培养学生的和谐意识。由于人们观照角度的不同,同一事物总是被人们归结出不同特征。印度佛教寓言盲人摸象的故事、苏轼"横看成岭侧成峰,远近高低各不同"的诗句,所揭示的都是这个道理。事实上,人们所面对的事物,从来都不像人们所想象得那么是非分明,常常是中有非、非中有是,甚至无是无非,亦是亦非。我们必须教育学生形成对一切价值观念、思维方式和生活习惯的豁达态度,关注并尊重差异性。这是和谐教育的宗旨所在。

其二,佛教美学与经典教育。

如果我没有判断错误的话,中国现代教育应该是从反叛经典尤其是儒家经典、废除死记硬背开始的,到如今反叛儒家乃至所有经典几乎成为不争的事实,但废除死记硬背却并没有实现,而且变换形式扮演着越来越重要的角色,成为应付一切考试必需的至高无上素质。于是,曾几何时,应付考试的能力,也就是死记硬背的能力,竟成为我们这个时代飞黄腾达的真正法宝。平心而论,现行背诵标准答案的教育,并不比过去背诵经典的教育更加高明。我们固然不能死守儒家经典的狭隘界限,但必要的经典背诵应该提倡。我们虽然说佛教美学有着十分达观的超宗教性,但这并不意味着佛教就全然反对经典诵读。事实上,佛教美学常常将诵读经典作为开启生命智慧的钥匙。在佛教美学看来,受持诵读《金刚经》等佛教经典,能够开启佛法智慧,成就第一稀有功德。如《金刚经》云:"若有善男子、善女人,能于此经受持读诵,即为如来以佛智慧,悉知是人,悉见是人,皆得成就无量无边功德。"(《金刚经》离相寂灭分第十四)

实施这种教育的最佳方式是选择那些不属于任何宗教和思想流派,至少不属于任何学科体系的思想家的经典著作作为教材。这就是我们所谓的经典教育。美国教育家赫钦斯主张普通教育应该以开设永恒课程为核心,永恒课程主要由永恒学科组成。在他看来:"永恒学科首先是那些经历了许多世纪而达到古典著作水平的书籍。我恐怕许多这样的书都是古代和中世纪时期的。可是尽管那样,这些书还是属于当代的。一本古典著作是这样的书,它在任何时代里都是属于当代的。这就是它成为一本古典著作的原因。"[①]不过他所谓永恒学科之经典大多数是有一定学科界限的。我们并不绝对排斥这些经典,但更欣赏那些不属于任何学科但能彻底影响人类生命并能开启生命智慧、提升生命境界的经典。

实施经典教育显然存在许多困难,至少不能短期内赢得学生的支持。但这种教育能够让学生受益终生。现代教育的一个致命弱点是满足于特殊领域专业知识和技能的传授,忽视了与人的整个生命相关的生命智慧教育。某一个数学或其他学科问题的解决也只是表明了某一特殊问题的解决,充其量也只是体现了人们认识和解决问题能力的发展,并不能证明其生命智慧的增加,但生命智慧却关乎人类至少是个体生命的生命境界。现代教育的学科化和专业化实际上只是一种急功近利的短视行为。退一步讲,一个有着丰富生命智慧的人无论钻研什么专业知识与技能都轻而易举,但一个只知道特定领域专

---

① 赫钦斯:《普通教育》,选自《现代西方资产阶级教育思想流派论著选》,人民教育出版社1980年版,第207页。

业知识和技能的人,想要触类旁通,领悟生命智慧,则是困难的。经典教育要循序渐进。让学生在并不了解经典词义的情况下,熟读并背诵,且用一生时间,在日常生活和生命的创化之中体会、玩味、解悟乃至证悟经典所蕴涵的生命智慧,以期实现生命的和谐。我们甚至可以把童年时代看成熟读记忆经典的阶段,把青年和中年时代当成解悟和证悟经典的阶段,把老年时代作为解悟与证悟之后践行经典的阶段。这些年有些有识之士已经开始启动中华经典诵读工程,这是一项十分有意义的事情,但似乎并没有在全社会得到大力倡导,甚至仍停留在民间行为层面。这是教育工作者尤其是那些教育管理者值得重视的艰巨任务。

佛教美学虽然提倡诵读经典,但绝对不迷信经典。所谓经典仅仅是开启生命智慧的钥匙,而不是终极真理和智慧,事实上,佛教美学是极力反对将暂时性认识作为终极真理和智慧来看待的,因为这样不仅不能起到开启生命智慧的目的,反而束缚人们依据本性开启自身智慧。《楞严经》有云:"暂得如是,非为圣证,不作圣解,名善境界。若作圣解,即受群邪。"(《楞严经》卷九)现代教育的又一致命弱点是,常常将关于事物的暂时性认识或阶段性研究成果作为事物的本质规律来顶礼膜拜,不允许学生有丝毫怀疑和批判,甚至必须一字不变地照搬在试卷上,才能取得好成绩。将僵死概念与刻板原理作为至高无上的真理死记硬背,显然是教育的一大犯罪行为。

其三,佛教美学与互动教育。

教育从来都是师生双向互动而形成的整体性行为。这个整体性至少包括教师与学生情绪和心境的相互唤醒,归根结底体现为通过情绪的相互唤醒以期达到开悟生命智慧的目的。为了达到这一目的,必须使情绪或心境处于最为适当的唤醒水平。最早注意到这一教育规律的不是西方心理学,而是印度佛教。佛教美学的优势在于比其他宗教、哲学和心理学等更深刻地意识到了这种双向互动,以及由此而达到的直觉开悟。如《楞严经》早就意识到了审美活动乃至一切认知和开悟活动主体与客体的双向互动性:当一个人感知某一事物的同时,这一事物同样也感知这一个人。《楞严经》有"汝今见物之时,汝既见物,物亦见汝"。(《楞严经》卷二)佛教美学的这一认识并不比胡塞尔肤浅。真正成功的教育同样应该强调传授者与接受者的情绪唤醒、智慧启发与直觉开悟的双向互动。情绪往往具有互动性,常常在两个或两个以上的人之间通过相互作用进行转让,使一个人情不自禁地进入对方的感受状态之中。

情绪互动常常把两个或两个以上的人结合成一个共同的或共享的情绪体验领域,并且形成共同的课堂情绪。由于情绪唤醒水平不同,对教学效率产生的影响也不尽相同。要使课堂情绪唤醒处于最优水平,参与互动的师生都需作出努力,尽可能排除各种生活杂念的干扰,保持澄澈明净的心境。因为只有在这种情绪唤醒水平与心境之中,参与教育的教师与学生才能真正形成教学情绪的良性互动、直觉开悟的相互感发,以及生命智慧的共同开启。心理学的研究成果证明,一般来说情绪唤醒处于中等水平时效率最佳,过高或过低都会影响效率。对这种心境与情绪状态,佛教有很多描述:当情绪唤醒达到最佳水平的时候,常常能够使人们排除一切善念与恶念,达到清净澄澈的心理境界。这时,不仅能够使主体与客体双向互动,而且能够最大程度地实现主客体的高度融合、理智与直觉的共同发动和生命智慧的相互启发。如《大乘本生心地观经》有云:"无垢明净,内外澄彻,最极清凉。月即是心,心即是月。尘翳无染,妄想不生。"在这里,保持师生个体对诸如工作、学习、人际关系、健康状况及休息等情境的评价在某种程度上决定着情绪的性质。我们甚至可以说,在某种意义上,人类学习的基础不是概念化,而是对某种精神状态的完善理解和根据移情对它的重构。

佛教美学强烈反对为外物侵扰而陷入焦虑、迷茫的情绪状态和心境,将维持中等水平情绪唤醒的希望寄托于消除妄念。认为只有消除一切妄念,进入清净心境,才能达到直觉开悟的目的,反之,如果杂念进入头脑,陷入迷乱与焦虑状态,就可能无法达到开悟。《楞严经》有云:"其念若尽,则诸离念一切精明,动静不移,忆忘如一。当住此处,入三摩提。""有忆魔入其心腑,旦夕撮心,悬在一处。失于正受,当从沦坠。"(《楞严经》卷九)与佛教开悟相似,成功的教育当使教师与学生排除一切杂念,保持清净的情绪与心境,全身心地投入到教学之中。保持最优水平的情绪唤醒,可最大限度地激活人们的创造性思维,实现教学效率的最优化。

参考文献

一、美学概论类

王朝闻主编:《美学概论》,人民出版社1981年版。

杨辛、甘霖:《美学原理新编》,北京大学出版社1996年版。

刘叔成等:《美学基本原理》(第三版),上海人民出版社2001年版。

朱立元:《美学》,高等教育出版社2002年版。

董学文:《美学概论》,北京大学出版社2003年版。

郭昭第:《审美形态学》,人民文学出版社2003年版。

凌继尧:《美学十五讲》,北京大学出版社2003年版。

杨春时:《美学》,高等教育出版社2004年版。

汤森德:《美学导论》,王柯平译,高等教育出版社2005年版。

郭昭第:《文学元素学:文学理论的超学科视域》,中国社会科学出版社2006年版。

二、西方美学类

朱光潜:《西方美学史》(2卷本),人民文学出版社1979年版。

鲍桑葵:《美学史》,张今译,商务印书馆1985年版。

吉尔伯特、库恩:《美学史》,夏乾丰译,上海译文出版社1987年版。

蒋孔阳等:《西方美学通史》,上海文艺出版社1999年版。

塔塔科维兹:《古代美学》,杨力等译,中国社会科学出版社 1988 年版。

塔塔科维兹:《中世纪美学》,诸朔维译,中国社会科学出版社 1993 年版。

塔塔尔凯维奇:《西方六大美学观念史》,上海译文出版社 2006 年版。

克罗齐:《美学史》,王天清译,中国社会科学出版社 1984 年版。

李斯托威尔:《近代美学史评述》,蒋孔阳译,上海译文出版社 1980 年版。

奥夫相尼科夫:《美学思想史》,吴安迪译,陕西人民出版社 1986 年版。

舍斯塔科夫:《美学简史》,樊辛森等译,上海译文出版社 1986 年版。

古辛娜:《分析美学评析》,李昭时译,东方出版社 1990 年版。

勃兰克斯:《十九世纪文学主流》(6 卷本),人民文学出版社 1981—1982 年版。

韦勒克:《近代文学批评史》(1—4 卷)杨自伍译,上海译文出版社 1987—1997 年版。

蒋孔阳:《德国古典美学》,商务印书馆 1981 年版。

朱狄:《当代西方美学》,人民出版社 1985 年版。

北京大学哲学系美学教研室编:《西方美学家论美和美感》,商务印书馆 1980 年版。

莱德尔编:《现代美学文选》,孙越生等译,文化艺术出版社 1988 年版。

李普曼编:《当代美学》,邓鹏等译,光明日报出版社 1984 年版。

所罗门编:《马克思主义与艺术》,程代熙等译,文化艺术出版社 1989 年版。

陆梅林编:《西方马克思主义美学文选》,漓江出版社 1990 年版。

刘小枫编:《现代性中的审美精神》,上海三联书店 1997 年版。

蒋孔阳主编:《十九世纪西方美学名著选》(英法美卷),复旦大学出版社 1990 年版。

蒋孔阳主编:《十九世纪西方美学名著选》(德国卷),复旦大学出版社 1991 年版。

蒋孔阳主编:《二十世纪西方美学名著选》(2 卷本),复旦大学出版社 1988 年版。

江怡编:《理性与启蒙——后现代经典文选》,东方山版社 2004 年版。

参考
文献

王鲁湘等编译:《西方学者眼中的西方现代美学》,北京大学出版社 1987 年版。

董学文等编:《现代美学的新维度》,北京大学出版社 1990 年版。

伍蠡甫编:《西方文论选》(上、下),上海译文出版社 1979—1980 年版。

伍蠡甫编:《现代西方文论选》,上海译文出版社 1983 年版。

伍蠡甫编:《西方文艺理论名著选编》(上、中、下),北京大学出版社 1985—1987 年版。

北京大学哲学系编:《古希腊罗马哲学》,商务印书馆 1961 年版。

朱立元主编:《二十世纪西方文论选》(2 卷本),高等教育出版社 2002 年版。

胡经之主编:《西方二十世纪文论选》(4 卷本),中国社会科学出版社 1989 年版。

洛奇编:《20 世纪文学评论》(上、下册),葛林等译,上海译文出版社 1987 年版,1993 年版。

科恩编:《文学理论的未来》,程锡麟等译,中国社会科学出版社 1993 年版。

朱立元主编:《二十世纪西方美学经典文本》(4 卷本),复旦大学出版社 2000 年版。

陆贵山主编:《马克思主义文艺论著选讲》,中国人民大学出版社 2003 年版。

王岳川编:《后现代主义文化与美学》,北京大学出版社 1992 年版。

塞尔登等:《当代西方文学理论导读》(英文版),外语教学与研究出版社 2004 年版。

汤森德编:《美学经典选读》(英文影印本),北京大学出版社 2002 年版。

赵敦华:《西方哲学简史》,北京大学出版社 2000 年版。

梯利:《西方哲学史》(增补修订版),商务印书馆 1995 年版。

赵敦华:《基督教哲学 1500 年》,人民出版社 1994 年版。

北京大学哲学系编:《西方哲学原著选读》(上下卷),商务印书馆 2002 年版。

洪谦:《现代西方哲学论著选读》,商务印书馆 1993 年版。

陈启伟:《现代西方哲学论著选读》,北京大学出版社 1992 年版。

熊伟:《存在主义哲学资料选集》(上),商务印书馆 1997 年版。

《柏拉图全集》(4 卷本),人民出版社 2003 年版。

柏拉图:《理想国》,商务印书馆 1986 年版。

苗力田编译:《亚里士多德全集》(10 卷本),中国人民大学出版社 1996
年版。

亚里士多德:《政治学》,商务印书馆 1965 年版。

亚里士多德:《诗学》,《诗学·诗艺》,人民文学出版社 1962 年版。

亚里士多德:《尼各马可伦理学》,商务印书馆 2003 年版。

奥维德:《爱经》,光明日报出版社 2000 年版。

《路加福音》,《新约全书》,中国基督教协会 1989 印发。

《马太福音》,《新约全书》,中国基督教协会 1989 印发。

席勒:《审美教育书简》,上海人民出版社 2003 年版。

席勒:《秀美与尊严》,文化艺术出版社 1996 年版。

康德:《判断力批判》(2 卷本),商务印书馆 1964 年版。

康德:《实用人类学》,上海人民出版社 2002 年版。

黑格尔:《美学》(3 卷本),朱光潜译,商务印书馆 1979—1981 年版。

黑格尔:《历史哲学》,上海书店出版社 2006 年版。

《马克思恩格斯选集》,人民出版社 1995 年版。

《1844 年经济学—哲学手稿》,《马克思恩格斯全集》第 42 卷,人民出版
社 1979 年版。

马尔赫恩编:《当代马克思主义文学批评》,北京大学出版社 2002 年版。

韦勒克、沃伦:《文学理论》(修订版),刘象愚译,江苏教育出版社 2005
年版。

叔本华:《作为意志和表象的世界》,商务印书馆 1982 年版。

弗洛伊德:《精神分析引论》,商务印书馆 1984 年版。

弗洛伊德:《精神分析引论新编》,商务印书馆 1987 年版。

车义博编:《弗洛伊德主义著作选辑》(上),辽宁人民出版社 1988 年版。

《尼采遗稿选》，上海译文出版社 2005 年版。

尼采：《权力意志》，中央编译出版社 2000 年版。

尼采：《瞧！这个人》，《尼采文集》，改革出版社 1995 年版。

尼采：《快乐的知识》，中央编译出版社 2005 年版。

尼采：《悲剧的诞生——尼采美学文选》，北岳文艺出版社 2004 年版。

鲍姆嘉通：《美学》，文化艺术出版社 1987 年版。

黑格尔：《美学》（3 卷本），商务印书馆 1979 年版。

黑格尔：《精神现象学》（2 卷本），商务印书馆 1979 年版。

黑格尔：《哲学史讲演录》，贺麟等译，商务印书馆 1981 年版。

柏格森：《创造进化论》，商务印书馆 2004 年版。

笛卡尔：《第一哲学沉思集》，商务印书馆 1986 年版。

费尔巴哈：《费尔巴哈哲学著作选集》，商务印书馆 1984 年版。

卡西尔：《人论》，上海译文出版社 1985 年版。

格罗塞：《艺术的起源》，商务印书馆 1984 年版。

威廉·冈特：《美的历险》，中国文联出版公司 1987 年版。

马林诺夫斯基：《巫术科学宗教与神话》，中国民间文艺出版社 1982
年版。

杰弗森等：《西方现代文学理论概述与比较》，湖南文艺出版社 1986
年版。

詹·弗雷泽：《金枝精要》，上海文艺出版社 2001 年版。

列维－布留尔：《原始思维》，商务印书馆 1981 年版。

列维－斯特劳斯：《野性的思维》，商务印书馆 1987 年版。

维柯：《新科学》，人民文学出版社 1987 年版。

克罗齐：《美学的历史》，中国社会科学出版社 1984 年版。

克罗齐：《美学原理·美学纲要》，外国文学出版社 1983 年版。

丹纳：《艺术哲学》，人民文学出版社 1963 年版。

埃斯卡皮：《文学社会学》，浙江人民出版社 1987 年版。

普列汉诺夫：《没有地址的信·艺术与社会生活》，人民文学出版社 1962
年版。

马赫:《感觉的分析》,商务印书馆 1986 年版。

维特根斯坦:《哲学研究》,商务印书馆 1996 年版。

胡塞尔:《纯粹现象学通论》,商务印书馆 1992 年版。

胡塞尔:《生活世界现象学》,上海译文出版社 2002 年版。

《胡塞尔选集》(2 卷本),上海三联书店 1997 年版。

《海德格尔选集》(2 卷本),上海三联书店 1996 年版。

《拉康选集》,上海三联书店 2001 年版。

梅洛－庞蒂:《知觉现象学》,商务印书馆 2001 年版。

杜夫海纳:《美学与哲学》,中国社会科学出版社 1985 年版。

杜夫海纳:《审美经验现象学》,文化艺术出版社 1992 年版。

尧斯等:《接受文学与接受理论》,辽宁人民出版社 1987 年版。

尧斯:《审美经验与文学解释学》,上海译文出版社 2006 年版。

瑞恰兹:《文学批评原理》,百花文艺出版社 1992 年版。

韦斯坦因:《比较文学与文学理论》,刘象愚译,辽宁人民出版社 1987 年版。

德里达:《书写与差异》(2 卷本),三联书店 2001 年版。

萨义德:《文化与帝国主义》,三联书店 2003 年版。

福柯:《知识考古学》,三联书店 2003 年版。

艾布拉姆斯:《镜与灯:浪漫主义文论及其批评传统》,北京大学出版社 2004 年版。

维戈斯基:《艺术心理学》,上海文艺出版社 1985 年版。

斯托洛维奇:《审美价值的本质》,中国社会科学出版社 1984 年版。

皮亚杰:《发生认识论原理》,商务印书馆 1981 年版。

苏珊·朗格:《情感与形式》,中国社会科学出版社 1986 年版。

苏珊·朗格:《艺术问题》,中国社会科学出版社 1986 年版。

阿恩海姆:《艺术心理学新论》,商务印书馆 1994 年版。

阿恩海姆:《艺术与视知觉》,四川人民出版社 1998 年版。

门罗:《走向科学的美学》,中国文联出版公司 1984 年版。

卡冈:《艺术形态学》,三联书店 1987 年版。

参考文献

卡冈:《美学与系统方法》,中国文联出版公司 1985 年版。

曼·弗兰克:《正在到来的上帝》,《后现代主义》,社会科学文献出版社 1999 年版。

卢卡奇:《审美特性》,中国社会科学出版 1986 年版。

卢卡奇:《历史与阶级意识》,商务印书馆 1999 年版。

霍克海默、阿多诺:《启蒙辩证法》,上海译文出版社 2006 年版。

阿多诺:《美学理论》,王柯平译,四川人民出版社 1998 年版。

伊格尔顿:《美学的意识形态》,王杰等译,广西师范大学出版社 1997 年版。

伊格尔顿:《文学原理引论》,文化艺术出版社 1987 年版。

马尔库塞:《爱欲与文明》,上海译文出版社 2005 年版。

马尔库塞:《审美之维》,广西师范大学出版社 2001 年版。

马尔库塞:《现代美学析疑》,文化艺术出版社 1986 年版。

罗兰·巴特:《阅读的快乐》,《罗兰·巴特随笔选》,百花文艺出版社 2005 年版。

詹姆逊:《快感:文化与政治》,中国社会科学出版社 1998 年版。

福柯:《性经验史》,上海人民出版社 2002 年版。

加达默尔:《真理与方法》(2 卷本),上海译文出版社 1999 年版。

尤·鲍列夫:《美学》,冯申、高叔眉译,上海译文出版社 1988 年版。

李普曼编:《当代美学》,光明日报出版社 1986 年版。

科赫:《马克思主义和美学》,漓江出版社 1985 年版。

埃伦·迪萨纳亚克:《审美的人》,商务印书馆 2004 年版。

让·博德里亚尔:《完美的罪行》,商务印书馆 2000 年版。

查伦·斯普瑞特奈克:《真实之复兴》,中央编译出版社 2001 年版。

理查德·舒斯特曼:《实用主义美学》,商务印书馆 2002 年版。

理查德·舒斯特曼:《生活即审美》,北京大学出版社 2007 年版。

韦尔施:《重构美学》,上海译文出版社 2006 年版。

雅斯贝尔斯:《时代的精神状况》,上海译文出版社 2003 年版。

雅斯贝尔斯:《大哲学家》,社会科学文献出版社 2006 年版。

默顿:《科学社会学》(2 卷本),商务印书馆 2003 年版。

卡斯特:《克服焦虑》,三联书店 2003 年版。

韦伯:《社会科学方法论》,中央编译出版社 2002 年版。

莫兰:《复杂思想:自觉的科学》,北京大学出版社 2001 年版。

加斯东·巴什拉:《梦想的诗学》,三联书店 1996 年版。

汤因比:《历史研究》,上海人民出版社 2005 年版。

里德雷:《美德的起源》,中央编译出版社 2004 年版。

昂弗莱:《享乐的艺术》,三联书店 2003 年版。

海登·怀特:《形式的内容:叙事话语与历史再现》,文津出版社 2005
年版。

莎士比亚:《亨利五世》,《莎士比亚全集》,第 3 册,人民文学出版社 1994
年版。

《巴尔扎克论文艺》,人民文学出版社 2003 年版。

《艾略特诗学文集》,国际文化出版公司 1989 年版。

罗曼·罗兰:《巨人三传》,安徽文艺出版社 1998 年版。

茨威格:《六大师》,漓江出版社 1998 年版。

梭罗:《瓦尔登湖》,上海译文出版社 2006 年版。

《爱因斯坦晚年文集》,海南出版社 2000 年版。

《现代艺术札记》(文学大师卷),外国文学出版社 2001 年版。

《现代艺术札记》(演艺大师卷),外国文学出版社 2001 年版。

《现代艺术札记》(美术大师卷),外国文学出版社 2001 年版。

《爱默生散文选》,百花文艺出版社 2005 年版。

杨身源、张弘昕:《西方画论辑要》,江苏美术出版社 1990 年版。

奇普:《塞尚、凡·高、高更通信录》,广西师范大学出版社 2002 年版。

兰德勒姆:《创造天才的特点》,《现代外国哲学社会科学文摘》1995 年第
12 期。

E. R. 希尔加德、R. L. 阿特金森、R. G. 阿特金森:《心理学导论》,北京大
学出版社 1987 年版。

哈肯:《协同学——大自然构成的奥秘》,上海译文出版社 2005 年版。

参考文献

普里戈金、斯唐热:《从混沌到有序——人与自然的新对话》,上海译文出版社 2005 年版。

希鲁纳:《论教学的若干原则》,《现代西方资产阶级教育思想流派论著选》,人民教育出版社 1980 年版。

雅斯贝尔斯:《大学的理念》,上海人民出版社 2007 年版。

三、中国美学类

李泽厚、刘纲纪:《中国美学史》,中国社会科学出版社 1984—1987 年版。

叶朗:《中国美学史大纲》,上海人民出版社 1985 年版。

笠原仲二:《古代中国人的美意识》,三联书店 1988 年版。

徐复观:《中国文学精神》,上海书店出版社 2004 年版。

徐复观:《中国艺术精神》,华东师范大学出版社 2001 年版。

潘知常:《中国美学精神》,江苏人民出版社 1993 年版。

朱良志:《中国艺术的生命精神》,安徽教育出版社 1995 年版。

朱良志:《中国美学十五讲》,北京大学出版社 2006 年版。

叶维廉:《中国诗学》,人民文学出版社 2006 年版。

刘若愚:《中国文学理论》,江苏教育出版社 2006 年版。

高友工:《美典:中国文学研究论集》,三联书店 2008 年版。

王柯平:《跨世纪的论辩——实践美学的反思与展望》,安徽教育出版社 2006 年版。

冯友兰:《中国哲学史》(2 卷本),中华书局 1961 年版。

汤用彤:《汉魏南北朝佛教史》,中华书局 1988 年版。

汤用彤:《魏晋玄学论稿》,上海古籍出版社 2005 年版。

张岱年:《中国哲学大纲》,中国社会科学出版社 1982 年版。

唐君毅:《中国哲学原论》(导论、原性、原道、原教篇),中国社会科学出版社 2005 年版。

唐君毅:《生命存在与心灵境界》,中国社会科学出版社 2005 年版。

牟宗三:《中国哲学十九讲》,上海古籍出版社 2005 年版。

郭齐勇:《中国哲学智慧的探索》,中华书局 2008 年版。

吕澂:《中国佛学源流略讲》,中华书局 2002 年版。

方立天:《中国佛教哲学要义》(2 卷本),中国人民大学出版社 2005 年版。

任继愈:《中国佛教史》(3 卷本),中国社会科学出版社 1981 年版,1985 年版,1988 年版。

任继愈:《中国道教史》,上海人民出版社 1990 年版。

卿希泰:《中国道教史》(4 卷本),四川人民出版社 1994 年版。

印顺:《佛法概论》,上海古籍出版社 1998 年版。

印顺:《中国禅宗史》,江西人民出版社 2007 年版。

北京大学哲学系美学教研室编:《中国美学史资料选编》(两卷本),中华书局 1980 年版。

叶朗主编:《中国历代美学文库》(9 卷 18 册),高等教育出版社 2003 年版。

郭绍虞主编:《中国历代文论选》(4 卷本),上海古籍出版社 1979—1980 年版。

何文焕辑:《历代诗话》(2 卷本),中华书局 1981 年版。

丁福保辑:《历代诗话续编》(3 卷本),中华书局 1983 年版。

王夫之等:《清诗话》,上海古籍出版社 1999 年版。

郭绍虞选编:《清诗话续编》(4 卷本),上海古籍出版社 1983 年版。

唐圭璋主编:《词话丛编》(5 卷本),中华书局 1986 年版。

《四书五经》(3 卷本),中国书店 1985 年版。

《十三经注疏》,中华书局 1979 年版。

《国语》,上海古籍出版社 1988 年版。

高明:《帛书老子校注》,中华书局 1996 年版。

程树德:《论语集释》(4 卷本),中华书局 1990 年版。

《黄帝内经素问》,中医古籍出版社 1997 年版。

李道平:《周易集解纂疏》,中华书局 1994 年版。

郭庆藩:《庄子集释》(4 卷本),中华书局 1961 年版。

王先谦:《荀子集解》(2 卷本),中华书局 1988 年版。

参考文献

《韩非子集解》,《诸子集成》第 5 册,中华书局 1954 年版。

《吕氏春秋》,《诸子集成》第 6 册,中华书局 1954 年版。

《淮南子》,《诸子集成》第 7 册,中华书局 1954 年版。

苏舆:《春秋繁露义证》,中华书局 1992 年版。

楼宇烈:《王弼集校释》(2 卷本),中华书局 1980 年版。

范文澜:《文心雕龙注》(2 卷本),人民文学出版社 1958 年版。

何宁:《淮南子集释》(3 卷本),中华书局 1998 年版。

僧肇:《肇论》,《中国佛教思想资料选编》第 1 卷,中华书局 1981 年版。

僧肇:《般若无知论》,《佛教经籍选编》,中国社会科学出版社 1985 年版。

郗超:《奉法要》,《中国佛教思想资料选编》第 1 卷,中华书局 1981 年版。

慧思:《诸法无诤三昧法门》,《中国佛教思想资料选编》第 1 卷,中华书局 1981 年版。

吉藏:《大乘玄论·佛性义》,《中国佛教思想资料选编》第 2 卷第 1 册,中华书局 1983 年版。

道绰:《安乐集》,《中国佛教思想资料选编》第 2 卷第 3 册,中华书局 1983 年版。

赜藏主:《古尊宿语录》(2 卷本),中华书局 1996 年版。

余嘉锡:《世说新语笺疏》,中华书局 1983 年版。

郭朋:《坛经校释》,中华书局 1983 年版。

慧皎:《高僧传》,中华书局 1992 年版。

普济:《五灯会元》(3 卷本),中华书局 1984 年版。

静筠二禅师:《祖堂集》(2 卷本),中华书局 2007 年版。

《坛经》,《禅宗七经》,中国宗教文化出版社 1997 年版。

陶弘景:《养性延命录》,《道教经典精华》(下),宗教文化出版社 1999 年版。

李中梓:《内经知要》,《中华医书集成》第 1 册,中医古籍出版社 1999 年版。

柳宗元:《柳河东集》,上海古籍出版社 2008 年版。

周敦颐:《周子通书》,上海古籍出版社 2000 年版。

张载:《张子正蒙》,上海古籍出版社 2000 年版。

程颢、程颐:《二程遗书》,上海古籍出版社 2000 年版。

陆九渊、王阳明:《象山语录,阳明传习录》,上海古籍出版社 2000 年版。

朱熹:《四书章句集注》,中华书局 1983 年版。

朱熹:《朱子语类》(8 卷本),中华书局 1986—2003 年版。

《王阳明全集》(4 卷本),红旗出版社 1996 年版。

王夫之:《庄子解》,中华书局 1964 年版。

《戴震集》,上海古籍出版社 1980 年版。

沈复:《浮生六记》,人民文学出版社 1980 年版。

《太清神鉴》,《四库术数类丛书》第 8 册,上海古籍出版社 1991 年版。

钱穆:《现代中国学术论衡》,三联书店 2001 年版。

鲁迅:《青年必读书》,《鲁迅全集》第 3 卷,人民文学出版社 1981 年版。

蒋国保编:《生命理想与文化类型－方东美新儒学论著辑要》,中国广播电视出版社 1992 年版。

刘梦溪主编:《中国现代学术经典》(方东美卷),河北教育出版社 1996 年版。

方东美:《华严宗哲学》(上、下),台北黎明文化事业公司 1981 年版。

方东美:《中国大乘佛学》,台北黎明文化事业公司 1983 年版。

刘梦溪主编:《中国现代学术经典》(马一浮卷),河北教育出版社 1996 年版。

《熊十力选集》,吉林人民出版社 2005 年版。

熊十力:《新唯识论》,中华书局 1985 年版。

《宗白华全集》(4 卷本),安徽教育出版社 1994 年版。

宗白华:《美学散步》,上海人民出版社 1981 年版。

《朱光潜美学文集》第 2 卷,上海文艺出版社 1982 年版。

朱光潜:《谈美·谈文学》,人民文学出版社 1988 年版。

李泽厚:《美学三书》,安徽文艺出版社 1999 年版。

余时英:《文史传统与文化重建》,三联书店 2004 年版。

《汤用彤选集》,吉林人民出版社 2005 年版。

参考文献

《冯友兰选集》,吉林人民出版社 2005 年版。

蒋孔阳:《美学新论》,人民文学出版社 2006 年版。

叶朗:《胸中之竹——走向现代之中国美学》,安徽教育出版社 1998
年版。

赵朴初:《佛教常识答问》,北京出版社 2003 年版。

铃木大拙:《禅风禅骨》,中国青年出版社 1989 年版。

李约瑟:《中国古代科学思想史》,江西人民出版社 1999 年版。

桑原骘·藏:《东洋史说苑》,《中国人三书》,北方文艺出版社 2006 年版。

《从文自传》,《沈从文全集》第 13 卷,北岳文艺出版社 2002 年版。

雷海宗:《专家与通人》,《大学精神》,辽海出版社 2000 年版。

四、印度和其他东方美学类

邱紫华:《东方美学史》(2 卷本),商务印书馆 2003 年版。

今道友信:《东方的美学》,三联书店 1991 年版。

邱紫华:《印度古典美学》,华中师范大学出版社 2006 年版。

金宜久:《伊斯兰教概论》,青海人民出版社 1987 年版。

沙宗平:《伊斯兰哲学》,中国社会科学出版社 1995 年版。

恰特吉、达塔:《印度哲学导论》,李志夫译,台北国立编译馆、台北幼狮文
化事业公司 1981 年版。

恰特吉、达塔:《印度哲学概论》,伍先林、李登贵、黄彬译,台北黎明文化
事业公司 1993 年版。

德·恰托巴底亚耶:《印度哲学》,商务印书馆 1980 年版。

乔荼波陀:《圣教论》,巫白慧译,商务印书馆 1999 年版。

梁漱溟:《印度哲学概论》,上海人民出版社 2005 年版。

汤用彤:《印度哲学史略》,上海古籍出版社 2006 年版。

姚卫群:《印度宗教哲学概论》,北京大学出版社 2006 年版。

黄心川:《印度哲学史》,商务印书馆 1989 年版。

吕澂:《印度佛学源流略讲》,上海人民出版社 2002 年版。

杨惠南:《印度哲学史》,东大图书 1995 年版。

巫白慧:《印度哲学——吠陀经探义与奥义书解析》,东方出版社 2000 年版。

孙晶:《印度吠檀多不二论哲学》,东方出版社 2004 年版。

《梵经》,姚卫群《古印度六派哲学经典》,商务印书馆 2003 年版。

《奥义书》,中国社会科学出版社 1984 年版。

《薄伽梵歌》,《徐梵澄文集》第 8 卷,上海三联书店、华东师范大学出版社 2006 年版。

中国佛学院:《释氏十三经》,书目文献出版社 1989 年版。

实叉难陀译:《华严经》,上海古籍出版社 1991 年版。

《金刚经》,《佛教经典精华》(上),宗教文化出版社 1999 年版。

《楞严经》,《禅宗七经》,宗教文化出版社 1997 年版。

《大乘本生心地观经》,《佛教经典精华》(下),宗教文化出版社 1999 年版。

安萨里:《圣学复苏精义》(2 卷本),商务印书馆 2001 年版。

克里希那穆提:《爱与思——生命的阐释1》,华东师范大学出版社 2005 年版。

克里希那穆提:《生命之书——365 天克里希那穆提禅修》,华东师范大学出版社 2005 年版。

克里希拉穆提:《最初和最终的自由》,华东师范大学出版社 2005 年版。

泰戈尔:《人生的亲证》,商务印书馆 1992 年版。

室利·阿罗频多:《神圣人生论》(2 卷本),商务印书馆 1984 年版。

参考文献

后 记

　　经过几个月的努力,终于完成了这部美学讲义的修订工作。原来给学生讲,要待相当长时间才打算作为专著出版,但由于偶然的机缘,使我获得了尽快出版的机会。我要由衷感谢人民出版社领导与李之美编辑的不弃之恩。是他们的热情肯定,使我增加了提前出版的勇气,加快了修订的速度。但同时我也感到不安。还是那句话,文字的形成似乎只是为了显露僵化的缺憾。好在文字并不代表思维的停顿与僵化。文字和书籍是死的,但我们是活的。书籍的价值只在于激活人们的思维,产生更多有价值的思考,而不在于故步自封。

　　如果说在人民文学出版社出版的《审美形态学》代表了我 2002 年以前的美学思考,那么这本《审美智慧论》则主要体现了我近年来的想法,其中自然会流露出某些思想观念或美学兴趣的变化痕迹。尽管我目前还不能确定至少在结束修订的时候还不能确定将来会怎么变化,但有变化是肯定的。我同时也真诚期待专家和读者给予批评指正,帮助我完成以后的变化。

　　本书受到天水师范学院文艺学重点学科建设经费资助,在本书交付出版社后,本人又幸得国家社科基金项目立项,因而拙著也算是 2008 年国家社科基金项目"中国文学经典的生命智慧研究"的一个阶段性成果了。

作　者

2008 年 9 月 14 日中秋节补记

责任编辑:李之美

图书在版编目(CIP)数据

审美智慧论/郭昭第著. -北京:人民出版社,2008.11
ISBN 978 - 7 - 01 - 007395 - 8

Ⅰ.审…　Ⅱ.郭…　Ⅲ.审美分析　Ⅳ.B83 - 0

中国版本图书馆 CIP 数据核字(2008)第 159971 号

审美智慧论
SHENMEI ZHIHUI LUN

郭昭第　著

人民出版社 出版发行
(100706　北京朝阳门内大街 166 号)

北京新魏印刷厂印刷　新华书店经销

2008 年 11 月第 1 版　2008 年 11 月北京第 1 次印刷
开本:710 毫米×1000 毫米 1/16　印张:16.75
字数:255 千字　印数:0,001 - 4,000 册

ISBN 978 - 7 - 01 - 007395 - 8　定价:35.00 元

邮购地址 100706　北京朝阳门内大街 166 号
人民东方图书销售中心　电话 (010)65250042　65289539